特大型灯泡贯流式机组安装及运维关键技术研究

晋健　主编

中国水利水电出版社
www.waterpub.com.cn
·北京·

内 容 提 要

本书总结提炼了沙坪二级水电站机电安装、调试检验和运行维护的典型技术与实践经验，总结了整个水电站从机电安装到运行维护的特色经验和技术水平，全面论述了沙坪二级水电站从安装到运维的科学理论依据和技术知识。全书共分为四个篇章，包括综合篇、机电安装篇、调试检验篇以及运行维护篇。第一篇章主要综合介绍灯泡贯流式机组的发展，第二篇章主要包括灯泡贯流式机组机电设备的安装工艺、方案、技术特点及典型计算方法，第三篇章主要包括灯泡贯流式机组水工设施、泄流设施、自动化设备、GIS设备和信息安全系统的调试试验，第四篇章主要包括机组运行可靠性、典型缺陷、隐蔽缺陷及运行特点的经验总结和要点提炼。

本书具有大渡河沙坪二级水电站的建设和管理特色，可供工程技术人员、机电安装人员、试验安装人员及灯泡贯流式机组运行维护人员和大专院校师生参考，也可作为从事水力发电设计、研究、建设和管理人员参考。

图书在版编目（CIP）数据

特大型灯泡贯流式机组安装及运维关键技术研究 / 晋健主编. -- 北京 : 中国水利水电出版社, 2021.8
ISBN 978-7-5170-9832-4

Ⅰ. ①特… Ⅱ. ①晋… Ⅲ. ①灯泡贯流式水轮机一发电机组 Ⅳ. ①TK733

中国版本图书馆CIP数据核字(2021)第163265号

书　　名	**特大型灯泡贯流式机组安装及运维关键技术研究** TEDAXING DENGPAO GUANLIUSHI JIZU ANZHUANG JI YUN - WEI GUANJIAN JISHU YANJIU
作　　者	晋健　主编
出版发行	中国水利水电出版社 （北京市海淀区玉渊潭南路 1 号 D 座　100038） 网址：www.waterpub.com.cn E - mail：sales@waterpub.com.cn 电话：（010）68367658（营销中心）
经　　售	北京科水图书销售中心（零售） 电话：（010）88383994、63202643、68545874 全国各地新华书店和相关出版物销售网点
排　　版	中国水利水电出版社微机排版中心
印　　刷	北京瑞斯通印务发展有限公司
规　　格	184mm×260mm　16 开本　18 印张　438 千字
版　　次	2021 年 8 月第 1 版　2021 年 8 月第 1 次印刷
印　　数	0001—2000 册
定　　价	**108.00** 元

本书编委会

主　编：晋　健

副主编：何加平　汪文元　谢明之　何　滔

编　委：郑圣义　李龙华　汪广明　熊　玺

　　　　卢玉龙　韩　强

序

PRELDE

“白玉金边素瓷胎，雕龙描凤巧安排；玲珑剔透万般好，静中见动青山来。”沙坪二级水电站于2012年5月开工建设，2017年6月首台机组投产发电，2018年9月，全部机组投产运行，6台装机58MW的灯泡贯流式机组在汹涌澎湃大渡河水的驱动下，响彻在两岸巍峨青山峡谷间。

灯泡式机组安装有其区别于立式机组的特点，安装过程中绝大多数设备均需翻身吊装，主机设备结构尺寸都比较大，灯泡式机组的过流部件如尾水管、外管型壳等大多又为薄壁结构，解决好设备吊装过程中的变形问题就是一大难点，同时低水头径流式灯泡贯流式机组电站的安全经济运行受到的挑战也是其一大典型特点。

沙坪二级水电站，系大渡河流域首次对灯泡贯流式机组的探索，建立之初，在勘测设计、工程建造、机电安装等各方面都遇到了极大的挑战，公司党委提出了“建精品、创标杆”的要求，希望沙坪公司大胆探索，直面挑战，勇攀高峰。沙坪的同志们不负众望，作为流域灯泡贯流式机组建设、运行的先锋军，先后实施了混凝土生产运输浇筑全程智能监控、3D数字厂房、基于IEC 61850的水电厂设备通信体系及其智能监控系统、柔性发电与防洪风险多维决策管控等技术，取得了丰硕的成果，在工程建设、机电安装、运维管理等各方面，做出了骄人的成绩，圆满实现了“建精品、创标杆”目标。

沙坪公司联合设计、建造、监理、安装单位，总结了具有灯泡贯流式机组典型特征的水电站机电安装、运维管理经验和技术，全面论述了沙坪二级水电站安装和运维的科学理论依据和技术知识，对今后大渡河流域沙坪一级、枕头坝二级乃至国内外大型灯泡贯流式水电站的机电安装和运维管理具有一定的借鉴意义和参考意义。

[signature]

2021年7月

前言

PREFACE

1 对外界大环境的认识

水电集可再生性、清洁高效、安全性高、稳定度高、价格优惠等多种优势于一身，是当今社会性价比较高的能源之一，近百年来全球大力推广水电开发并取得了巨大进展。我国水电开发同样取得了辉煌成果，无论从水电消费量、累计装机容量还是新增装机容量，我国均处于全球第一，是全球水电第一大国。

严格高标准的行政准入审批、要求较高的技术难度和巨大的资金投入是水电的主要壁垒，尤其是关键枢纽工程。进入“十三五”以后，我国水电开发已明显放缓，一方面是国家政策引导，另一方面是西南地区电力消纳能力不足和开发成本过高导致水电开发的整体进度将持续放缓。

发达国家从20世纪30年代开始大规模开发水电，70年代以后开发速度放缓，而我国则从20世纪60年代开始了水电建设的高潮。国际水电协会（IHA）发布的《Hydropower status report in 2020》（2020水电现状报告）显示，尽管全球水电装机容量增长放缓，但2019年水力发电量仍增长2.5%，水电仍然是世界上最大的可再生电力来源。目前，全球水电装机容量已超过1300GW。据国际可再生能源机构（IRENA）所做的《Global renewable energy outlook in 2020》（2020年全球可再生能源展望），到2050年，这一指标需要增长60%左右，才能有助于将全球气温升幅控制在较前工业化水平的2℃以内。对整个能源行业来讲，2019年新冠肺炎疫情已经造成了前所未有的动荡和不确定性。能源行业正在经历一场巨大的非自愿改革——这一改革可产生更加可持续发展的未来，水电行业依旧具有相对的稳定性、灵活性和可靠性。

而在国内，坐落在祖国西南的四川，水力资源极其丰富，随着国家“西电东送”的政策指引和特高压项目的建设，将有助于四川水电外送规模倍速提升，水电利用率将得到提升。

2　对贯流式机组的认识

水电的分类方式有多种，一般根据水电站上下游水位的差值可以将水电站分为坝式水电站、引水式水电站、混合式水电站、抽水蓄能电站和潮汐电站等五类主要类型。

随着水电资源流域式开发程度不断深化，以灯泡贯流式为代表的径流式电站的开发即将迎来一轮高峰，与中高水头电站相比，安装灯泡贯流式的小型径流式水电站同样可提供同等水平的稳定基荷，并在实时电网和电力市场不断变化的情况下及时作出响应，径流式水电站以其较高的供电可靠性和运行灵活性，在新时期水电开发进程中具有极大的优势。

灯泡贯流式机组作为坝式水电站机组的重要成员之一，在低水头电站的开发中优势明显，特别是水资源利用提升电能供给方面占据优势。从基本的机组结构来说，同等容量灯泡贯流式机组尺寸相较于立式或轴流式机组更小，实际所需占地面积小，水电站的土地资源利用率较高。从水轮机的运行特性方面看，贯流式的高效率区要比同等容量轴流式的高效率区宽广得多，允许的过流能力更大，特别是在额定水头的工况下，贯流式过流能力大的优势较为明显，更适合流量大、水头低的特性，在水能利用方面更充分。

在坝址地形狭窄、低水头、大流量的水电开发中，灯泡贯流式机组在能量指标、厂房布置尺寸、枢纽布置、土建工程量、设计制造难度、经济指标等各方面都占有较为明显的优势。

3　沙坪二级水电站工程概况

沙坪二级水电站位于四川省乐山市峨边彝族自治县和金口河区交接处，上接沙坪一级水电站，下邻龚嘴水电站，枢纽采用右岸主河床布置泄洪建筑物、左岸布置河床式发电厂房的布置形式，电站正常蓄水位554m，坝顶长319.4m，最大坝高63m，坝顶高程557m，总装机容量34.8万kW，共布置6台单机容量为5.8万kW（截至目前国内单机容量最大）的灯泡贯流式机组，为Ⅱ等大（2）型工程。沙坪二级水电站工程于2008年12月开始筹建，2010年12月导流明渠工程开工，2011年3月通过可行性研究报告审查，2012年3月获得国家核准，2012年5月动工建设，环保水保高标准严格要求，作为CDM开发项目获得了国家发展改革委批复，2013年11月一期截流，2015年3月实现二期转流，2017年3月下闸蓄水，2017年6月首台机组投产发电，2018年9月6台机组全部投产发电。

在移民方面，项目同时囊括多项开创性纪录：全省第一个完成移民安置竣工验收的大型水电项目，全省第一个移民投资控制在可研概算内的项目，全省第一个复建公路涉及隧道实现移民安置竣工验收的项目，成为四川省全省移民安置验收的标杆和样板，社会影响巨大。

沙坪二级水电站规划搬迁安置人口53户175人，S306（二级公路）改建线路总长5.28km，建设征地2474.95亩，2019年12月通过竣工验收。四川省扶贫开发局对沙坪二级水电站移民工作给予高度肯定，指出沙坪二级水电站移民安置标准高、验收要求高，是全省移民安置竣工验收的样板，四川省扶贫开发局及参加各方要全面总结经验，在全省乃至全国推广。大渡河公司党委高度认可并赞赏“沙坪质量”与“沙坪速度”，强调沙坪二级水电站移民安置工作质量高、推进快，是大渡河水电开发投资控制的典范，竣工验收的顺利通过，为公司后续项目推进积累了丰富的经验并提供了样本式的借鉴范本。

在工程建设方面，以智慧工程为指引，积极开展电站三维设计、混凝土质量智能管控等科技研究，在碎屑灰岩、夹薄层粉砂质页岩，节理裂隙比较发育的地质条件下，高标准保证了开挖质量，基建单元工程合格率100%，优良率93.1%；导流明渠工程开挖半孔率93%，导流明渠混凝土浇筑的80个断面937个检测点中，74.9%的不平整度控制在±2cm范围内。边坡开挖克服了地质困难，刷新了同类地质条件的水电边坡质量纪录，沙坪智慧工程鉴定成果达到国际领先水平，创造了行业标杆。

在机电安装接机发电方面，将三维机电安装技术运用到电站安装过程中，为高效优质安装水电工程机电设备提供了更加直观、清晰、全面的智能平台，为打造智慧企业实施了有益探索。在机电安装、辅机选型、设备运行、桥架安装、电缆敷设、管路布置等精细化机电安装工作中，编制了《金属结构标准化施工工艺》《电气设备安装标准化手册》等34

个精细化管理标准。在现场施工中，有效强化了电缆敷设、二次配线、预埋焊接、接地扁铁等精细化施工，机电安装单元工程优良率达100%。

在运行维护方面，有效应对年内多次洪峰考验，经受住了6880m^3/s投产以来最大过境洪峰考验。通过开展水电集群分解协调关键耦合因子分析、柔性发电与防洪风险多维决策管控、超短期水电调控自适应解耦全局优化配置研究、贯流式机组自适应偏差运行稳定域分析等课题，将困扰沙坪二级闸门频繁动作的顽疾进行了研究治理，闸门动作次数由最初的年动作18000余次降到5200余次，随着课题的继续研究和项目的推进，闸门动作次数有望可控制在年动作1200次以内。顺利通过集团安全生产标准化验评，在标准化建设期间，新增和修订安全制度共75项，生产制度共67项。同时开展了“厂站综合数据平台”“智能巡屏”“灯泡贯流式机组配水环螺栓预紧力监测”“基于实时精准定位的健康智能设备研究应用”“泄洪闸闸门应急控制系统建设”“智能钥匙”等多项科技项目，优化运维环境、提升运维效率、保障运维质量、严守运维安全，助力建设“无人值班、少人值守”的世界一流智慧企业、世界一流水电生产企业。

4　沙坪二级水电站机组主要参数

东方电气集团东方电机有限公司为沙坪二级水电站生产的水轮机型号参数见表1。

表1　　沙坪二级水电站水轮机主要参数

型　号	GZ(774)-WP-720	最大水头	24.6m
转轮公称直径	7200mm	最小水头	5.9m
水轮机额定出力	58MW	额定转速	88.2r/min
水轮机最大出力	62.5MW	额定流量	457.66m^3/s
额定水头	14.3m	飞逸转速（协联/非协联）	(200r/min)/(280r/min)

东方电气集团东方电机有限公司为沙坪二级水电站生产的发电机型号参数见表2。

表 2　　沙坪二级水电站发电机主要参数

型　号	SF-WG58-68/8750	功率因数	0.925
额定容量	62.7MVA	额定励磁电压	410V
额定功率	58MW	额定励磁电流	1015A
额定电压	10.5kV	冷却方式	密闭自循环强迫空气冷却
额定电流	3447.8A	制动时间	2min

5　社会发展与智慧企业引领下的沙坪探索和实践

从人类诞生之初，迄至今日，由最初始的石器时代，到人类学会使用火开始，再到近代工业革命，每一次时代的变革创新都将人类文明推上了一个前所未有的高度。到如今，大数据、互联网+、人工智能等全新的名词如雨后春笋般以极高的频率出现和应用在我们的生活中时，宣告着我们已进入一个崭新的时代——数字信息时代。

能源是现今人类社会赖以生存和发展的物质基础，是推动社会运转和发展前进的基本动力。电力能源是这个时代最主要的能源之一，发展至今，其自动化程度已达到一定的阶段。怎样使传统行业在新时代抢占新的制高点，焕发新的生命力，继续挖掘并发挥其潜在动能，为社会更好地奉献清洁能源，推动经济效益、社会效益、生态效益与人文机制、管理机制、科技机制同步发展，是值得我们深刻思考的问题。

社会的不断发展，催生了电力能源供应侧装机容量不断地增加。当今正进行得如火如荼地供给侧改革，前所未有的以摧枯拉朽之势促使了电力企业间的竞争，也以暴风骤雨之态翻开了发电企业变革新的篇章。

在这个时代中，机遇与挑战并存，危机与生机同行。在这个时代中，处处充斥着无形却又随处可见的变革，失败、困惑、灭亡的案例不胜枚举，成功、引领、辉煌的例子也是数不胜数。身处在这个伟大的时代，我们已然置身于创新与改革的漩涡，在风口浪尖、惊涛骇浪狂风暴雨的正中心。如何正确认清自己、找到自己前进的方向，是这个时代给我们出的一份考卷。

党的十九大规划并描绘了面向新时代的发展蓝图。建设网络强国、数字中国、智慧社会，推动互联网、大数据、人工智能和实体经济深度融合，发展数字经济、共享经济，把握历史契机，搭乘上互联网和数字经济发展的“高铁”，以信息化培育新动能，用新动能推动新发展。

在知识、信息和数据爆发的今天，智慧企业给我们指出了一条正确且光明的道路，在智慧中引领、用创新的视角去探知这个世界的变化；在智慧中成功，用创新的头脑去探寻变化的根源；在智慧中辉煌，用创新的思维去促进自身的变革和行业的发展。

大渡河沙坪二级水电站的智慧建设，使我深刻地理解了智慧企业内在的含义和精髓，掌握了生产力与生产关系本质上的联系。而不是生搬硬套一些看似关键实则不适用的理念与技术，不仅要将设备由传统的繁重、复杂、累赘、脆弱的痛点打造为轻便、模块、虚拟、自主的优势，解决设备的自动化、数字化、智能化进步难题，而且要解决管理上的决策优化并促进组织结构的改变，充分考虑“人”在其中的重要作用，注重“人性”的发展，更加注重个性化需求与特点，颠覆传统自上而下的金字塔管理模式，转向管理更加透明、人员更加优化、流程更加简单、工作更加高效的矩阵式管理形式。

智慧电厂的建设道阻且长，未来可期，沙坪的智慧电厂建设正以稳健的步伐、独特的视角、清晰的思维持续推动电力信息化新的革命，以智慧电厂弄潮儿的姿态，立杆于潮头，适应正在到来的蓬勃迅猛发展的经济社会的需要。我相信，卓越的沙坪建设者们正在创造和引领未来电厂的一个新时代。

沙坪各方建设者用勤劳、智慧和汗水浇灌的6台国内单机容量最大的灯泡贯流式机组已响彻在大渡河畔，六载风雨，岁月峥嵘，其中不乏迷茫、困难和退缩，但更多的是信心、勇敢和坚持。在时代的风暴中，执科技为笔，以工程为卷，交出了沙坪的答卷。

本书以沙坪二级水电站为出发点，开展特大型灯泡贯流式机组安装及运维关键技术研究，详细阐述了沙坪二级电厂在大渡河智慧企业建设的背景下，灯泡贯流式机组安装及运维关键技术，以及关键技术的背景、原因、过程、理念、碰到的困难与解决方法，旨在为灯泡贯流式机组电站或其他相关行业提供一个新的变革研究思路和技术交流经验分享，促进智慧企业建设在各行各业生根发芽开花结果，推动智慧模式的广泛应用，共享智慧企业发展的丰富成果与美好生活。

鉴于我们水平与视野所限，书中谬误或不足之处在所难免，恳请读者和同行专家批评指正。

主编

2020年11月16日

于四川成都国能大渡河流域水电开发有限公司

目录 CONTENTS

运 行 维 护 篇

综　合　篇

灯泡贯流式机组的发展

罗金红[1]　熊　玺[2]

（1. 四川二滩建设咨询有限公司，四川成都　610000；
2. 国电大渡河沙坪水电建设有限公司，四川乐山　614300）

摘　要：本文根据灯泡贯流式机组发展历程，主要叙述灯泡贯流式机组水电站结构特征、应用的范围、机组优劣特点及未来发展的前景和趋势。

关键词：灯泡贯流式水轮发电机组；发展

1　概述

世界上最早研制灯泡贯流式水轮发电机组是从1892年开始，至今已有一百多年历史。20世纪80年代初，我国第一台自行研制的灯泡贯流式机组诞生——广东白垢灯泡贯流式水电站机组；由此拉开了灯泡贯流式水轮发电机组在我国应用的日益普及，机组势能落差小于20m水头段以下机组的开发进入实用性阶段。灯泡贯流式水轮发电机组由于效率高、成本优势等原因，近年来在我国低水头水电站开发中呈现快速发展态势。

2　灯泡贯流式机组特点

2.1　灯泡贯流式机组优势

电站投资相对较低。灯泡贯流式水电站为河床式开发类型，水轮发电机组为卧式水平布置，坝区及机坑开挖深度相对较浅，引水管道较短，大坝高度较矮，土建施工工程量相对较少，因此，土建投资相对较低。另外，贯流式电站所在位置一般地势较平坦，离城市较近，重型设备运输方便，同时现场施工和设备安装也更便利，因此降低了有关费用，还可缩短工期，从而实现提前发电的目标。

灯泡贯流式机组适应的河流水资源相对较丰富。一般一条河流上平原地区、水头利用较低地区、山谷地段不适应建高水头电站区域均可开发灯泡贯流式机组；低水头灯泡贯流式机组的开发，使得下游相对低水头电厂径流量大，克服了其单位电量耗水大的劣势。

机组效率高。灯泡贯流式机组轴线是水平布置安装的，没有混流机组一样的蜗壳，流道由圆锥形导水机构和直锥扩散形尾水管组成从流道进口到尾水管出口（如图1所示），水流沿水平轴向几乎呈直线流动，水流平顺，水力损失小，效率高。另外，贯流式水轮机为双调节机组，机组的发电工况可由导叶调节水流量大小，再通过协联关系，由桨叶调节机组效率。因此，这种双调节机组能适应水头变化率较大的电站，从而保证其高效率运

作者简介：罗金红（1982—　），男，工程师，大专，研究方向：水能机械技术与应用。

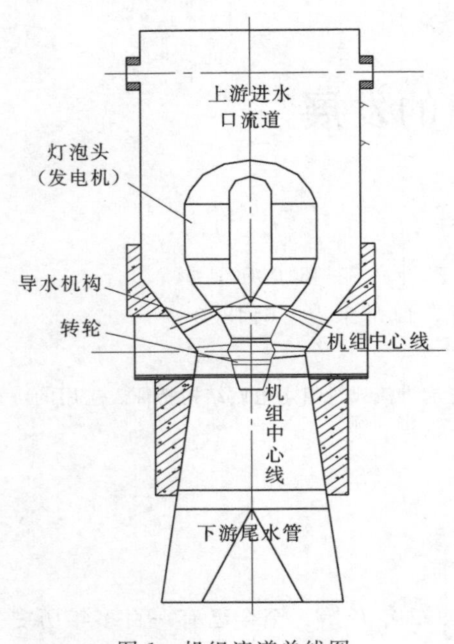

图 1　机组流道单线图

行，甚至在极低水头时也能稳定运行（如超低水头 1.5m 以下）。

机组运行成本低。灯泡贯流式水电站往往位于经济发达、人口稠密的平原或河谷地区，输电线路投资较少；可充分利用城市资源（如零件加工、物流到货等），减少不必要的投资；其紧急停机方式采用在导水机构上加装重锤，当调速器等设备故障时，利用重锤自重自动将导叶关闭，重锤方式设备简单，每年的维护工作量很少；同时机组过流设备汽蚀比高水头机组相对轻微，年维护费用少。

社会效益更大。灯泡贯流式水电站一般可实现发电、防洪、供水、航运等综合利用功能，其社会效益相对其他类型电站而言更大。另外，贯流式电站由于位于地势较平坦的地区，它的大坝可同时作为当地交通桥梁道路使用，这样就不必另外修建桥梁。

2.2　灯泡贯流式机组不足

机组使用流量大。由于其运行水头低，根据水轮机功率公式 $P=9.8\eta QH$ 可知，要想达到同样的功率 P，水头 H 越少，机组流量 Q 就必须越大，即与高水头机组（H 大）相比，同样的装机容量 P，需要更大的流量 Q。也就是，发同样多的电量，灯泡贯流式机组比其他类型高水头机组需更多的水流量。

机组尺寸、重量大，导水机构等部件易出故障。灯泡贯流式机组由于其水头低，与高水头机组相比，单位容量的额定流量大得多，其机组尺寸、重量体积自然也大得多。特别是导水机构部分，导叶、拐臂、连杆等体积和重量也随之增加，运行过程中也容易出故障。

油系统比较复杂。由于低水头灯泡贯流式机组为双调节机组，油压操作系统包括导叶调节和转轮桨叶调节两部分（高水头混流机组只有导叶调节部分）。其中，转轮桨叶调节部分的设备包括受油器、内外操作油管路、结构复杂的转轮体，这些设备故障几率大，影响发电。

大坝长、泄水闸部分投资较多。灯泡贯流式水电站一般修在河面较宽的位置，因此电站拦河大坝较长，泄水闸门较多，并且每道闸门都需要配套启闭机及操作控制系统装置，这一部分的投资与厂房及发电设备的投资比率接近 0.8∶1.0（其他类型电站约为 0.4∶1）。

雨季洪水时由于流量过大机组往往被迫停机。灯泡贯流式机组由于上下游水位差本来不大，当入库流量太大时，开闸泄水，上下游水位差就更少；当上下游水位差少时机组运行工况不稳定，甚至无法运行，往往只能停机（其他类型电站在开闸泄水时只影响发电负荷，一般不需停机）。

河道垃圾较多、影响机组发电。灯泡贯流式水电站由于上游河道流经城市较多，垃圾自然多，对环境影响较大，且影响水轮发电机功率输出；另外，有时为了清污，被迫停机拉闸泄水排污情况时有发生。

灯泡贯流式机组的安装及大修难度大。由于贯流式机组的主轴为卧式水平布置，定子、转子和导水机构等大件需翻身吊装才能就位，再加上本体尺寸过大，吊装过程中易变形等问题的出现，因此大大增加了安装和检修难度。平时小修，如空冷风机、空冷器和受油器等维修也较困难。

水电站库区投入多。修建低水头贯流式机组电厂，库区淹没区域较大，移民搬迁量增大。同时，为减少移民搬迁及交通设施等淹没赔偿，通常要在库区两岸修建一定长度的防洪大堤和抽水泵站，这些设施每年的运行维修费也较高。

3　我国灯泡贯流式机组的发展

我国研制大、中型灯泡贯流式水轮发电机组的起步较晚，但发展很快，从20世纪80年代初到现在，可以简单分为五个发展阶段。

（1）探索、研究阶段。这个阶段的代表为1984年投产的我国自行研制的广东白垢电站的机组（转轮直径5.5m、单机容量10MW，见图2），它是我国自行研制的大、中型灯泡贯流式机组的始祖。由于是试验机组，机组投产后，生产厂家及科研院所进行了各方面的测试，取得了很多非常宝贵的第一手资料，并为后续大型机组的开发提供了技术保障。

图2　灯泡贯流式机组转轮

（2）进口设备学研阶段。同时在20世纪80年代初，引进湖南马迹塘的灯泡贯流式机组以后，我国开始了较大规模的学习、研制国外贯流式机组技术，并取得了宝贵经验和重大突破，这也是我国在大、中型灯泡贯流式机组设计制造发展史上的第一级台阶。

（3）实际应用阶段。20世纪90年代初，通过多年的消化吸收国外贯流式机组技术后，我国自行生产了转轮直径达5.8m、单机容量18MW的广东英德白石窑机组，这是我国在大、中型灯泡贯流式机组的设计制造发展史上的第二级台阶。

（4）引进技术、合作生产制造阶段。20世纪90年代后期，单机容量从20MW、30MW到40MW的大型机组的需求量不断出现。我国最大的水轮发电机组制造和研究单位哈尔滨电机厂、东方电机厂也加入了研究制造的行列，世界著名厂商如富士电机、阿尔斯通等跨国公司介入国内水轮发电机组制造业的激烈市场竞争和技术合作。通过引进、消化和吸收国外的先进技术，大量先进的独具特色的灯泡贯流式机组设计、制造技术被引进。与国外公司合作制造的贯流式水电站有广西百龙滩水电站贯流式机组（6×32MW、D_1=6.4m、富士-富春江、1996年投产）和广西贵港水电站贯流式机组（4×30MW、D_1=6.9m、ABB-东电、1999年投产），引进了湖南大源渡贯流式机组（4×30MW、D_1=7.5m、维奥、1998年投产）和广东飞来峡贯流式机组（4×35MW、D_1=7.0m、维奥、

1999 年投产）。

（5）全面提升阶段。2000 年以来，灯泡贯流式机组的生产制造进入了第五个发展阶段，可自行设计、制造大型灯泡贯流式机组，技术得到全面提升。2001 年由东方电机厂制造的四川红岩子水电站贯流式机组（3×30MW、D_1＝6.4m、东电）投产发电、2003 年四川桐子壕水电站贯流式机组（3×36MW、D_1＝6.8m、东电）、青海尼那水电站贯流式机组（4×40MW＝160MW、D_1＝6.0m、由天津阿尔斯通设计制造）和湖南洪江水电站贯流式机组（5×45MW＝225MW、D_1＝5.46m、前两台由日立-ABB 联合设计制造、后三台由哈电制造）相继投产发电，标志着我国已经能够生产单机容量 30～45MW 等级的机组，并已具备生产更大容量灯泡贯流式机组的能力。

4　国内大型灯泡贯流式机组的发展前景和趋势

我国的水能资源位居世界第一，低水头径流式水电站的装机容量约占水电装机容量的 16%，随着中、高水头水电站的不断开发完成投产，机组装机已转入到对低水头径流式水电站的加速开发之中。从 2010 年以来，我国对灯泡贯流式水电站的开发进入了一个新的开发高潮，对大容量机组的需求不断增加；先后引进和自主生产的大型贯流式机组的水电站有广西长洲灯泡贯流式机组群、广西桥巩水电站、全国最大单机容量沙坪二级水电站等贯流式机组（6×5.8MW）。未来我国对大型灯泡贯流式机组的需求将达到高潮，更大直径、更大单机容量的机组层出不穷的出现，目前已建和在建的大型灯泡贯流式电站单机容量在 5.8MW 以上的机组约有 100 台。

图 3　全国已投产单机容量最大沙坪二级水电站厂房

2010 年投产的广西桥巩水电站 8 台灯泡贯流式机组和 2018 建成投产的四川沙坪二级水电站 6 台机组的全部顺利投产，标志着我国灯泡贯流式机组的制造能力达到了国际先进水平。沙坪二级水电站是我国目前已投产单机容量最大（58MW）的灯泡贯流式机组，6 台机组全部由东方电厂设计制造，见图 3。湖南洪江水电站灯泡贯流式机组应用水头最高达 27.3m，从而使灯泡贯流式机组突破了过去最高应用水头不超过 25m 的界限。广西梧州长洲水电站（15×42MW、D_1＝7.5m、由东电设计制造 4 台、天津阿尔斯通设计制造 3 台、哈电-双富联合设计各制造 4 台）是目前世界装机容量最大（630MW）、装机台数最多的大型灯泡贯流式水电站。广西桥巩水电站装机 8 台贯流式机组，单机容量均达到 57MW。

通过我国近 30 多年来对灯泡贯流式水电站的开发，从发展趋势来看，机组装机容量越做越大，从单机 10～58MW 并将研制开发 60MW 以上机组，机组尺寸也越做越大，转轮直径从 5.5～7.5m。同时机组在水头高低应用上也有重大突破，原来普遍认为灯泡贯流式机组的合理应用水头为 5～25m，但从现在的发展趋势来看，贯流式机组不仅适应在高水头段的稳定运行；湖南洪江水电站最高应用水头已达 27.3m，出现大容量、小转轮直径、高转速的灯泡贯流式机组，而且从经济上考虑，是最为经济的。贯流式机组在低水头段的开发也有突破，出现了众多应用水头只有 3～5m 的灯泡贯流式水电站，出现了大转轮直径、小容量、低转速的灯泡贯流式机组。

机 电 安 装 篇

大型灯泡贯流式水轮发电机定子吊装防变形探讨

韩　强　杨　涛

（中国水利水电第七工程局有限公司，四川成都　610000）

摘　要： 灯泡贯流式发电机的定子是水轮发电机组的重要部分，其结构为薄壁环形结构，在定子翻身吊装过程中均会发生不同程度的变形，尤其是单点吊装，定子的圆度方向变形量很大，给定子套装转子造成困难，甚至出现损伤定子绕组绝缘的现象，影响安装质量。通过自制的定子滑动套装装置，有效解决了大型灯泡贯流式水轮发电机定子安装中的变形，确保了安装质量和工期。

关键词： 沙坪二级水电站；定子；吊装；定子滑动套装工具；变形控制

1　工程概述

沙坪二级水电站工程安装 6 台单机容量为 58MW 的灯泡贯流式水轮发电机组，总装机容量为 348MW，是该型式机组的单机容量而言，目前居国内之首。沙坪水电站定子机座高度 3050mm，最大直径 9300mm，定子铁芯内径 8250mm，铁芯高度 1450mm，定子装配总重量 129.05t。定子装配属于薄壁环形结构，在定子翻身吊装过程中均会发生不同程度的变形，尤其是单点吊装，定子的圆度方向变形，不仅给定子套装工作造成困难，甚至有可能出现损伤定子绕组绝缘的现象，影响安装质量。因此，防止定子吊装变形是定子安装的重点工作内容。

2　定子的结构特点

沙坪二级水电站大型灯泡贯流式水轮发电机的定子结构在设计方面具有以下特点：

（1）机座采用轴向 V 形筋结构，通风更流畅，轴向刚度更好（变形、挠度小），如图 1（a）所示。

（2）定位筋采用双鸽尾结构，机座与铁芯具有 1mm 间隙，铁芯能径向自由膨胀，消除热膨胀内应力，避免铁芯翘曲，如图 1（b）所示。

（3）特殊的定子铁芯压紧结构与工艺措施保证铁芯长期压紧，如图 2 所示。

（4）定子线棒新换位技术，减小线棒环流损耗降低股线间温差 5～8℃，延长寿命。

（5）先进成熟的 F 级绝缘系统及优良的电磁结构材料。

作者简介： 韩强（1972—　），男，高级工程师，学士，研究方向：水电站电气。

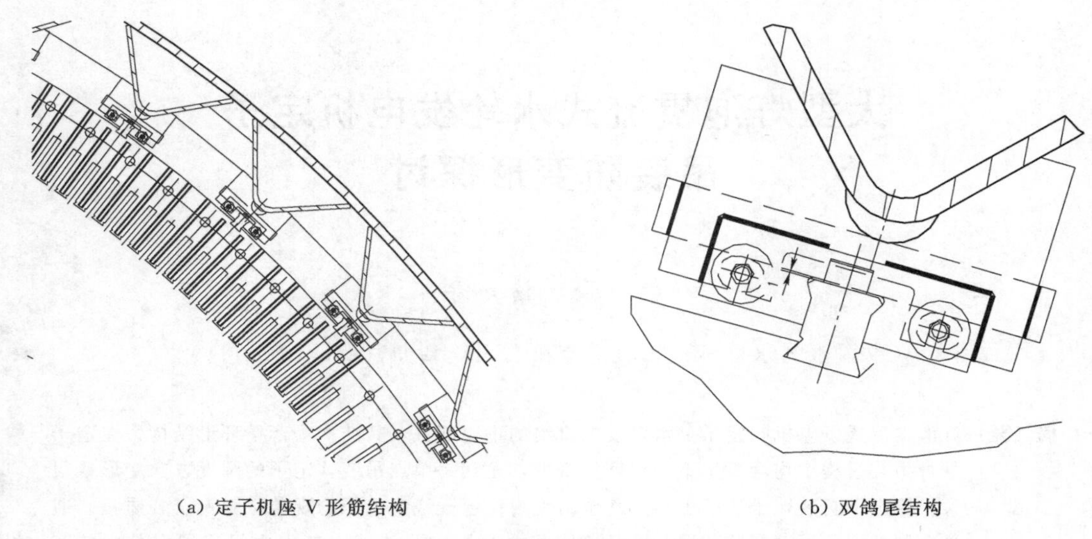

(a) 定子机座 V 形筋结构　　　　(b) 双鸽尾结构

图 1　定子机座及定位筋结构

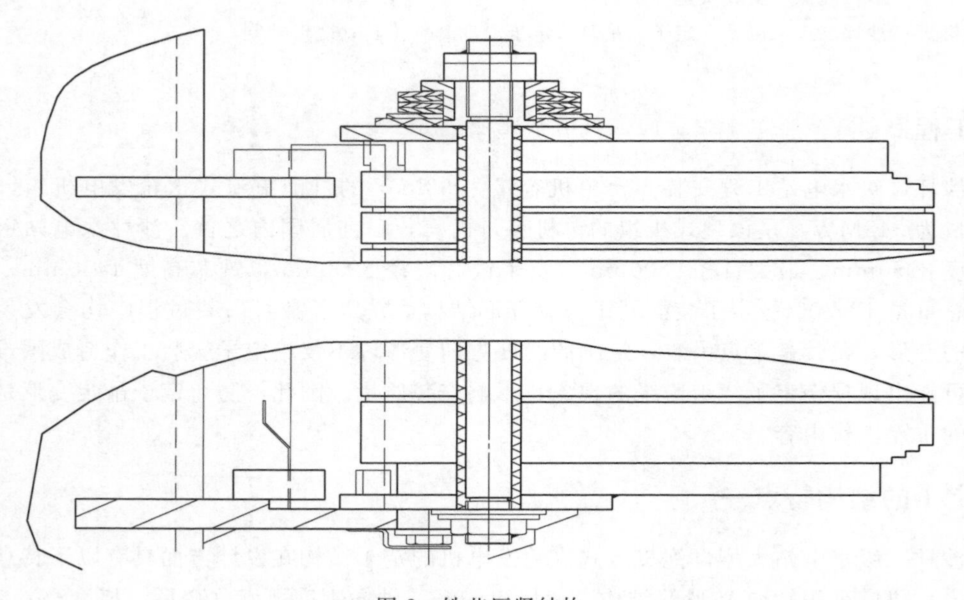

图 2　铁芯压紧结构

3　定子安装工艺流程

沙坪二级水电站大型灯泡贯流式水轮发电机定子的安装工艺流程如图 3 所示。

4　定子安装

4.1　定子吊装准备

（1）将定子内支撑吊放于定子之上，对准把合孔，安装螺栓 M42×100 及螺母，把紧力矩 2200 矩 00 放·m。配钻 5 个 ϕϕ00 矩 00 放于定子之上，安装圆柱销。安装顶丝，避免定子变形。定子内支撑结构如图 4 所示。

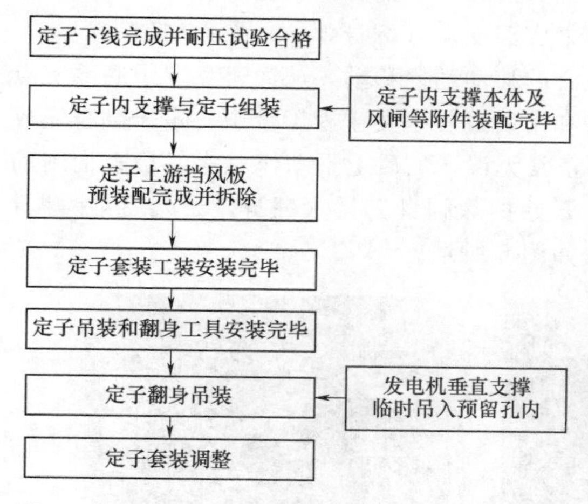

图 3　大型灯泡贯流式水轮发电机定子安装工艺流程

图 4　定子内支撑结构

（2）定子吊装前的所有组装工作完成，定子试验结果满足规范要求。

（3）定子下游组合面清扫干净，法兰面检查无高点和毛刺。定子下游侧法兰面的密封圈安装完毕，管型座定子组合面检查清扫完毕。定子吊装和翻身工具安装完毕。

（4）机坑内定子滑动套装工具安装：

1）计算定子－Y 方向外壁距上游流道底面的高度，设计定子支撑架的高度、长度、宽度，利用大型工字钢焊接制作定子支撑架。

2）定子支撑架制作安装完毕后，在支撑架上平面定子滑动套装装置，即轨道和移动小车。定子滑动套装装置如图 5 所示。

图 5　定子滑动套装装置

3）在上游流道定子套装就位的通道上，安装支承运输轨道。测量轨道面的高程，将小车的高度同时计算，使小车中心基本处于机组轴线中心位置，应使小车上楔子板的高程比计算定子外壁位置略低。在轨道上，安装小车。小车定位后使用楔子板临时固定。

4.2 定子吊装工艺要点

（1）定子翻身吊装工艺与转子相同。定子翻身过程中，翻身工具底部垫适当高度的硬方木，并呈现一定的坡度，确保定子翻身过程中底部支点（翻身靴子）受力均匀。

（2）翻身过程中，桥机小车要根据定子重心的移动随之移动，从而避免定子底部支点前后窜动。另外，定子两侧拴粗麻绳，在翻身和吊装过程中便于人工牵引。定子翻身完成后，按照大件吊装原则静止10min，确保抱闸正常无误，然后上下动作三次，检查抱闸动作灵活，无滑钩现象。各种安全检查完成后，开始拆除翻身工具（翻身靴子）。拆除翻身工具后，将定子吊入流道。定子吊装翻身过程如图6所示。

(a)

(b)

图6　定子吊装翻身

4.3 定子套装

定子吊至套装位置后，将滑动套装装置小车移动到定子正下方，在小车的四个方向楔子板上垫薄木板，将定子落在小车上，使小车承受部分吊装重量（总重量的40%～50%），减小主钩的吊装重量，从而达到减小定子吊装变形的目的。定子放置在滑动套装装置上如图7所示。

图7　定子放置在滑动套装装置上

然后测量调整定子的中心高程、法兰面垂直度、定子与转子之间各方位的间隙，满足套装要求后，利用桥机小车和前期设置的手拉葫芦配合，将定子沿滑轨缓慢套入转子，完成定子套装工作。

定子套入转子时，在定子、转子气隙，四周放置一定数量比空气间隙小的导向木条，套装定子时，仔细观察并抽动垫片，保证每个垫片都无卡阻现象。

当定子下游侧法兰环板接近管型座法兰

面时，清理定子下游侧法兰并刷上密封胶。在定子机座密封槽内按照要求装入密封条，然后穿入螺栓将定子机座临时把合到管型座上。然后，穿入螺栓将定子机座临时把合到座环上，用千斤顶调整定子圆度。

以转子为基准，调整定子、转子空气间隙，在水平方向的中心偏差不得超过0.10mm，在垂直方向的中心偏差在0.20～0.25mm范围内，在＋Y方向气隙小于－Y方向。

发电机定子、转子空气间隙调整合格后，安装偏心销，并按合缝螺栓把合装配相应要求，拉伸其合缝把合螺栓（拉伸值为0.34～0.37mm）。然后，对定子与管型座结合面进行气密性试验。

5　质量控制要点

（1）定子所有把合螺栓必须按照图纸要求的扭力值进行把合。

（2）定转子水平方向偏心小于0.10mm，垂直方向偏心在0.20～0.25mm，并且定转子在＋Y方向间隙比－Y方向间隙小。

（3）在定子与座环合缝面外圆处涂满肥皂沫，在打压孔处通入0.4MPa气压，保压60min无泄漏。

（4）旋转套筒使螺栓能够顺利穿进孔内，并按要求把紧销钉螺栓，点焊偏心销套、螺栓并确保焊接质量。

6　结论

沙坪二级水电站1号、2号和3号机组定子安装均非常顺利，从翻身吊装开始，至中心、空气间隙调整、所有螺栓装配拧紧完成，都控制在3天以内。1号、2号、3号机组自2017年6月陆续投入运行以来，定子组合面无漏水现象，定子绝缘良好，发电机运行指标均符合或优于设计及规范要求，实现了机组运行稳定、安全、可靠的预期目标，表明了大型灯泡贯流式机组定子安装防变形工艺是成熟、可靠的。

大型灯泡贯流机组管型座安装防变形工艺措施研究

刘国成　雷正义

（中国水利水电第七工程局有限公司，四川成都　610000）

摘　要：沙坪二级电站系大渡河流域中的第20级沙坪梯级水电站的第二级水电站，设有单机容量58MW的大型灯泡贯流式机组6台，管型座是水轮发电机组安装的基准，对机组安装质量的保证至关重要。论文着重介绍了大型灯泡贯流机组管型座的安装过程中主要部件的支撑设计、混凝土浇筑控制要求、加固方法以及质量要求，解决了大型管型座在静置时因为自重而产生的法兰面变形以及浇筑过程中造成的位移及变形。

关键词：大型灯泡贯流式机组；管型座安装；变形控制

1　引言

我国适用于贯流式水轮机开发的低水头水能资源蕴藏巨大，贯流式水轮机应用前景广阔，需求巨大。贯流式机组大型化是国际贯流式水轮机技术发展的趋势，也和我国低水头水电站开发对大型贯流式机组的应用需求相吻合。管型座作为灯泡贯流式水轮发电机组的安装基准，其安装过程中的变形控制对于保障机组安装质量至关重要。沙坪二级水电站设有单机容量为58MW大型灯泡贯流式机组6台套，管型座最大外径达ϕ20.3m，单件重量达264t。通过对管型座安装工艺的改进，防止管型座在静置时及浇筑过程中法兰面的变形，为后续安装提供方便，确保安装质量。

2　管型座焊接变形控制

管型座分瓣运至现场，由于结构尺寸大，组装时焊接缝多，如图1所示。尤其是上、下支柱与内环，以及水平支撑A、B段间焊缝，板厚、K型缝，不严格控制焊接质量将会造成管型座变形，而且此部分焊缝运行时是受压过流面，焊接不达标容易出现安全事故，故必须严格控制焊接质量。

（1）管型座内环及外环前段先在安装间组装、调圆并对各自组合缝进行封水焊接，焊接完成后进行100%PT探伤。

（2）机坑测量放点且管型座安装基础清理完成后，将下支柱吊装并粗调中心、高程，检验合格后吊装内环，通过骑马板固定并调节内环与下支柱间隙，定位焊管型座内环与下支柱组合缝。定位焊、梯形柱装配点焊时使用焊条应与正式焊接的焊条相同，点焊长度应

作者简介：刘国成（1991—　），男，助理工程师，学士，研究方向：水轮机机械。

控制在 60～80mm 范围内，点焊厚度控制在 5mm 以内。

(3) 采用下支柱与内环组装的方法吊装上支柱，调整整体的中心、高程、法兰面垂直度等，验收合格后焊接上、下支柱与管型座的合缝[1]。

(4) 焊接前，根据厂家焊接工艺要求进行预热。在焊接过程中，因层间温度下降，还需在焊接的外侧加热，最高层间温度控制在 280℃。上、下支柱与内环合缝正式焊接的主要要求如下：

1) 焊前预热：80～120℃。

2) 内侧焊接：首先进行封底焊，检查合格后，继续焊接到内侧坡口深度的 50%，然后焊接外侧焊缝。

3) 外侧清根、检查：外侧碳弧气刨进行清根，并使用砂轮修整。

4) 外侧焊接至坡口的 25%深度为止，然后使用砂轮修整。转而焊接内测焊缝。

5) 内、外侧焊缝对称、平衡、交替焊接，将焊缝坡口焊满。

6) 焊接方式：焊接采用分段、跳焊、退步方式进行，如图 1 所示。

7) 焊缝焊接采用 $\phi4.0$mm 和 $\phi5.0$mm 焊条多层、多道焊，焊缝结构如图 2 所示。

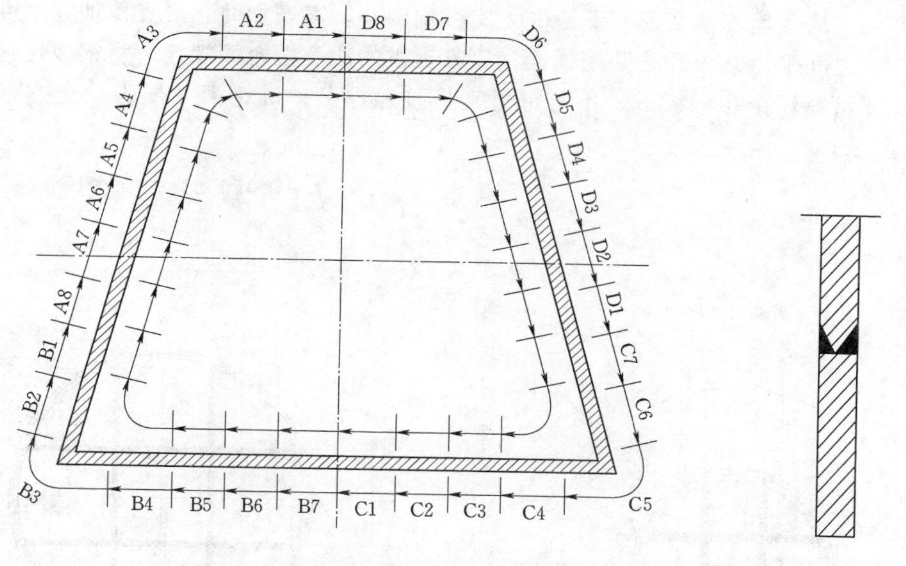

图 1 焊缝焊接顺序示意图

图 2 焊缝结构图

8) 各层的焊接厚度控制在 5～7mm，上下层焊道的接头应错开 50mm 以上，焊条摆动的宽度不得大于 12mm。对于焊接方向，除根部两层焊道方向一致外，其余各层交替相反。

9) 焊缝盖面时须从坡口的一侧开始，最后一条焊道不允许与母材相接。

10) 焊接过程中须有技术人员和质检员监测焊接变形。

焊后消应：退火消应，退火温度 560～590℃，保温 2～3h。使用履带式加热片、滚珠式加热片等进行加温，石棉布、防火帆布包裹保温。加热区域宽度应在焊缝两侧分别大于或等于 200mm，隔热体覆盖宽度必须是加热宽度的两倍以上，且整条焊缝内、外侧同时加热保温。加热（冷却）最大速度为150℃/h。

（5）上、下支柱合缝焊接后进行100%UT、100%TOFD探伤，检查合格后再次调整内环整体中心、高程、法兰面垂直度等，验收合格后组装外环[2]。

（6）按图纸顺序组装外环并调整合缝间隙及错牙，点焊加固合缝后焊接水平支撑A、B段焊缝，焊接方式与上、下支柱同内环间焊缝一样。

（7）外环前段与外环后段间的焊缝在混凝土养护期满后再焊接，浇筑前在焊缝背面贴一块L50×5的扁铁，扁铁应与焊缝外壁贴合严密，防止水泥浆进入焊缝。待混凝土养护期满后再焊接。

3　管型座安装过程防变形控制

作为薄壁结构的管型座，单台机组的安装调整时间基本在两月左右，由于安装调整时的自重及混凝土浇筑过程中的综合受力等会造成法兰面变形，因此需要增设可拆除的支撑，以增加管型座刚度。

（1）内、外环上游有上、下支柱且厂家在内环内部还设计ϕ159mm无缝钢管作为支撑，刚度大，法兰面不易变形。下游侧无支撑刚度小，需增加井字形支撑加大刚度，新增支撑与法兰之间采用钢板开孔并用螺栓（厂家提供的法兰把合面螺栓）将钢板连接在法兰面上，支撑材料焊接在钢板上，不与母材直接接触，保护母材不受损害。支撑布置如图3、图4所示。

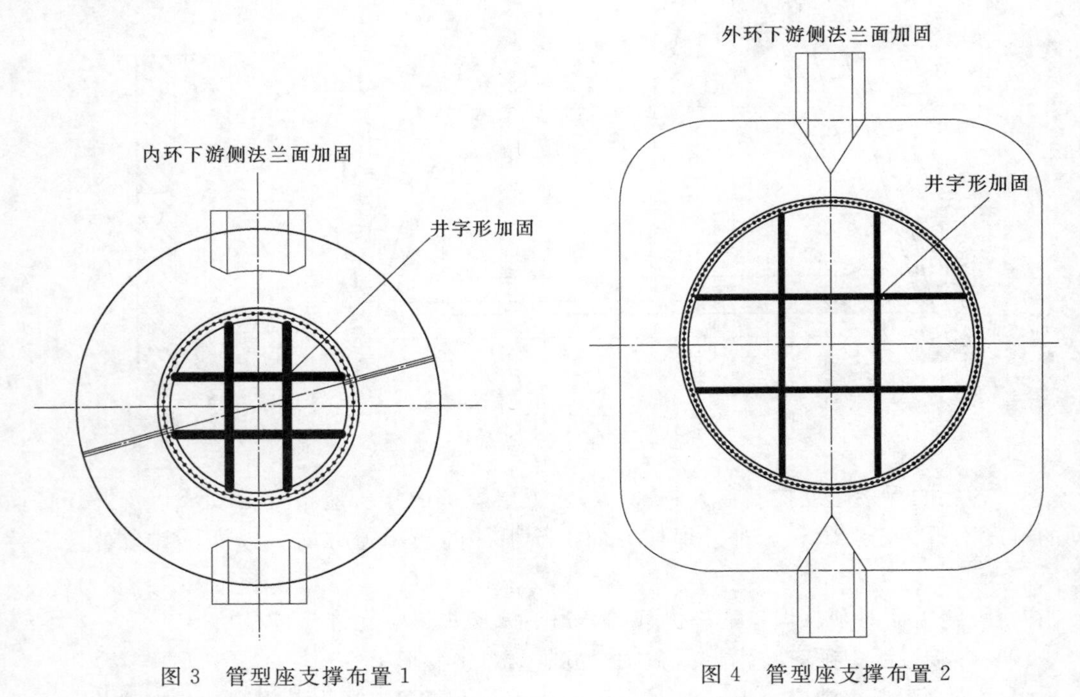

图3　管型座支撑布置1　　　　图4　管型座支撑布置2

（2）管型座内环与外环之间通过管支撑连接并固定，由于管型座外环本身的重量（134.303t）大，厂家提供的管支撑数量有限，因此需在厂家提供的支撑管基础上，在内环与外环之间布置4层槽钢支撑，以提高外环的稳固性，加固方式如图5所示。在加焊槽钢支撑的过程中，可能会与管支撑位置冲突，因此可根据现场实际情况对支撑位置做相应的调整，如图6所示。

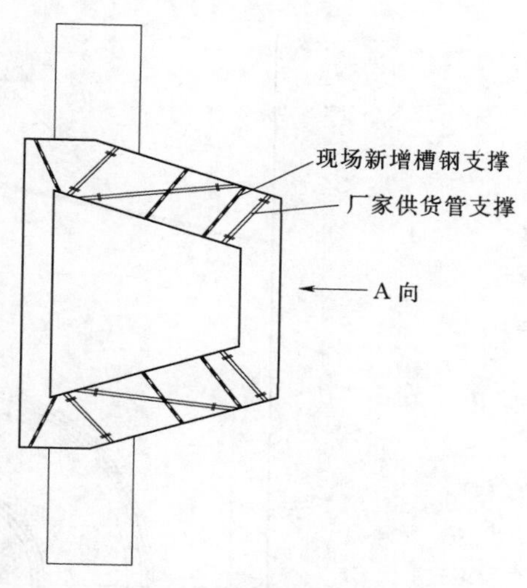

图5　管型座内支撑

（3）管型座外形尺寸大，上支柱处厂家无任何加固，故在上支柱顶部采用两根DN150的无缝钢管作为支撑梁呈“八”字形支撑在上游基础埋件上，增强管型座整体稳定性，如图7所示。

（4）管型座外部固定采取拉紧器拉紧和型钢支撑配合使用的方式。先利用拉紧器对称拉紧，固定管型座外环。考虑拉紧器和圆钢具有一定的弹性，在浇筑过程中受到冲击后，管型座容易产生位移，在拉紧器固定的基础上，沿机组轴线方向均匀增设5个断面刚性支撑，每个断面支撑布置如图8所示，支撑具体位置可根据预留基础板的位置做适当调整。在进行管型座加固焊接时，应监测内环法兰面、外环法兰面的变形情况。

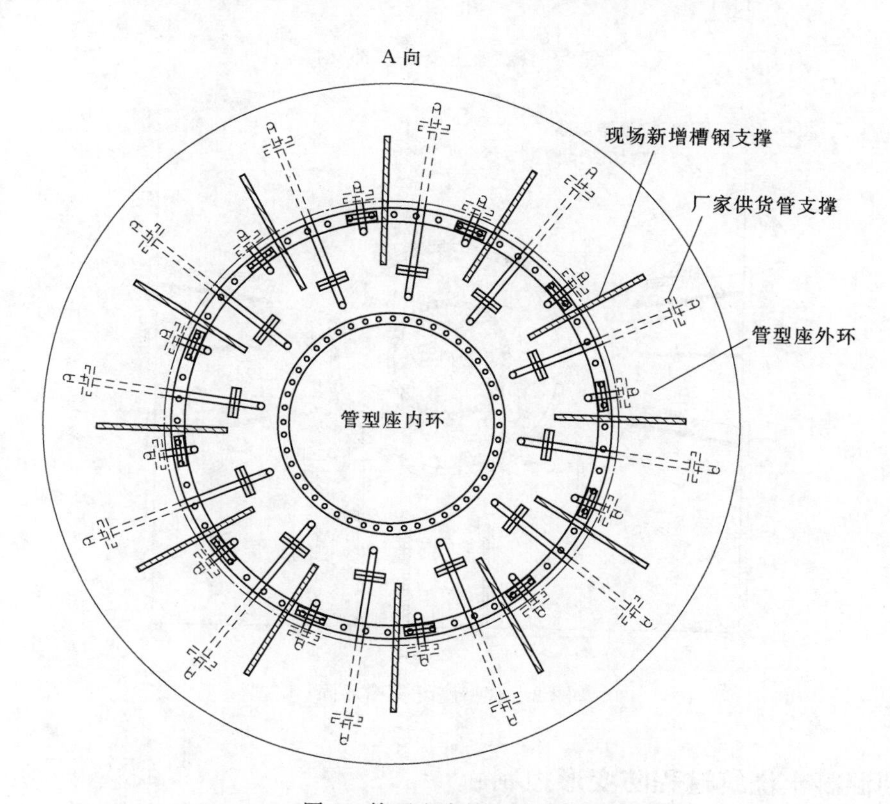

图6　管型座支撑布置调整

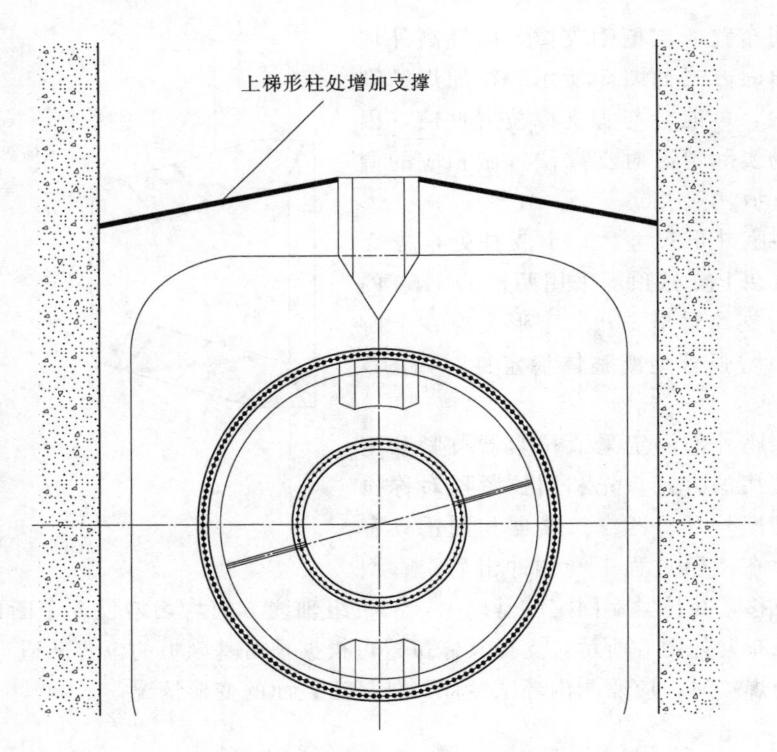

图 7　管型座上支柱顶部支撑

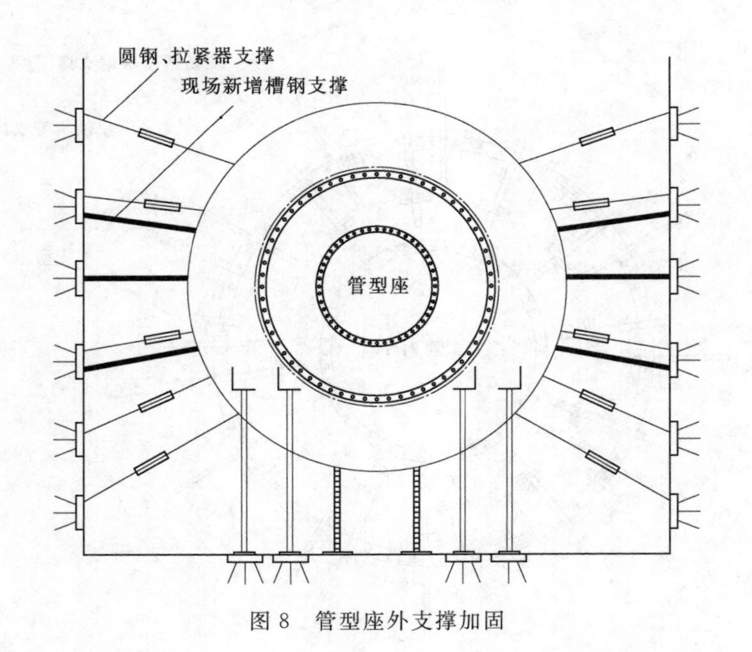

图 8　管型座外支撑加固

4　二期混凝土浇筑过程防变形控制

混凝土浇筑过程中管型座仅靠下支柱及拉紧器加固，浇筑量高程 532～538m，由于管型座外形尺寸大，浇筑过程及凝固过程会受较大力作用，浇筑失当会造成管型座位移、变形，故浇筑过程要严格控制。

（1）管型座安装中心高程 523m 以下，每层浇筑高度 0.7m。管型座安装中心高程 523m 以上，每层浇筑高度 2m。浇筑速度应≤300mm/h。

（2）浇筑时还需对管型座变形全程监测，监测方案如下：

1）在管型座外环法兰面上，沿圆周方向均匀设置 8 个测点，利用全站仪对管型座外环法兰面进行监控。

2）混凝土浇筑之前，测量法兰面处的 8 点数据，并做好记录。

3）当混凝土浇筑第一层时，测量管型座外环法兰的数据，做好记录，根据数据的变化情况，及时调整各位置的浇筑量。

4）当混凝土浇筑上升到第二层时，第二次测量管型座外环法兰的数据，并做好记录，根据变化情况，调整混凝土浇筑方位、速度和浇筑量。

5）依次浇筑第三层、第四层直至管型座二期混凝土浇筑完毕。

6）混凝土浇筑完成 30 天以后，再次测量管型座法兰，检查混凝土凝固过程对法兰变形的影响。

5 质量控制标准

（1）内环支柱接口错牙≤2mm。

（2）内环与支柱接口间隙≤4mm。

（3）内环圆度≤ϕ4mm。

（4）外环圆度≤ϕ1.5mm。

（5）管型座内环中心、高程偏差为设计值的±2mm。

（6）管型座外环中心、高程偏差为设计值的±1mm。

（7）管型座法兰面垂直度、平行度<1.2mm。

（8）管型座内、外环与尾水管法兰面间距偏差小于设计值的±1.5mm。

（9）焊缝焊接按厂家要求进行 UT 和 PT 探伤，且满足第三方 TOFD 探伤要求。

6 结语

设备强度、混凝土浇筑过程、安装加固等都会影响贯流机组管型座变形，且大多影响因素很难预测，故管型座安装变形是一个值得深入探讨的问题。本文基于沙坪二级水电站 6 台 58MWA 灯泡贯流机组安装实际经验总结，经过 6 台机组的验证，混凝土浇筑后管型座法兰面变形量符合 GB/T 8564—2003 及厂家的技术要求，取得了很好的运行效果。

参考文献

[1] GB/T 8564—2003 水轮发电机组安装技术规范 [S].

[2] DL/T 5038—2012 灯泡贯流式水轮发电机安装工艺规程 [S].

大型灯泡贯流式机组尾水管快速安装方案探讨

黄金龙　蒋　平

（中国水利水电第七工程局有限公司，四川成都　610000）

摘　要： 根据传统工艺，尾水管安装时边墩混凝土需浇筑至尾水管顶部高程以上，并布置插筋或埋件以便尾水管安装、调整时加固。沙坪电站尾水管安装时边墩高程还未到尾水管腰线高程，现场通过底部支撑、两侧加固等手段，加强了大型尾水管支撑刚度，通过其他安装工艺配合，提前进行尾水管安装，取消了二期混凝土，且可进行大方量混凝土浇筑，为整体工程节约大量直线工期，且安装质量可控。

关键词： 尾水管安装；刚性支撑；质量保证

尾水管安装的传统工艺要求尾水管安装需在边墩混凝土浇筑完成后进行，但实际上有些电站不具备这种良好的施工条件，或者工期上要求机电安装与土建施工同步进行，这时尾水管安装突破传统工艺，采用新的加固、调整手段就凸显出非常重要的经济价值。本文以沙坪电站为例，说明在混凝土边墩未达要求的情况下，尾水管施工仍然可以确保安装质量，并为整个工程节省大量工期。

1　沙坪水电站尾水管施工概述

沙坪二级水电站位于四川省乐山市峨边彝族自治县，采用河床式开发，水库正常蓄水位554.0m，总库容2084万m^3，装机容量348MW，额定水头14.3m，装设6台单机容量58MW的灯泡贯流式水轮发电机组。机组尾水管前半段采用金属尾水管，后半段为钢筋混凝土结构。金属尾水管进口直径为7365mm，出口直径为9860mm，尾水管长度为10680mm，尾水管厚度为18mm，材料为Q235－B。尾水管分4节，每节分4块，现场焊接，总质量约60t，尾水管腰线高程523m。

根据厂家安装说明书及图纸要求，尾水管安装时：

（1）尾水管两侧边墩混凝土应浇筑至高程529m。

（2）尾水管加固用的铆钩、基础板预埋完毕。

（3）尾水管扩散段一期混凝土浇筑至高程529m，尾水管尾部加固用的基础板预埋完毕。

但现场实际混凝土浇筑进度较为滞后，各部位均未达到安装要求。为了满足工程整体施工进度的要求，尾水管施工在条件不具备的条件下进行（边墩混凝土应浇筑至高程521.6m，其他部位未做要求）。

作者简介： 黄金龙（1983—　），男，高级工程师，学士，研究方向：水电站机械。

尾水管安装时，边墩混凝土情况如图1所示。

图1 尾水管安装时混凝土边墩实际情况

2 采取的措施

2.1 原设计

金属钢支撑高度4m，材料为32号工字钢，属于高杆件结构，用于支撑尾水管，如图2所示。由于没有边墩和扩散段混凝土的加固调整点，金属钢支撑成为尾水管吊入和调整的唯一支撑点，受到侧向力后极易弯曲，造成尾水管倾倒，因此必须进行加固，增加其自身的强度。

图2 尾水管支撑加固

2.2 尾水管下方型钢加固

由于没有边墩和扩散段的加固调整点，而且金属钢支撑成为尾水管吊入和调整的唯一

图 3 尾水管两侧加固

支撑点，处于尾水管腰线偏下 45°位置。为了确保尾水管的吊装调整安全，同时克服尾水管浇筑二期混凝土时的上浮力，保证尾水管安装质量，特在尾水管正下方沿着水流方向布置两排加固型钢支撑加固尾水管。加固基础为 20 号工字钢，埋入一期混凝土 700mm，使用 14 号槽钢将加固基础工字钢与尾水管底部连接支撑。如图 3 所示。

2.3 尾水管两侧外部钢性支撑加固

根据厂家安装说明书及图纸要求，尾水管安装交面时两侧边墩混凝土应浇筑至高程 529m，但现场实际安装交面时边墩混凝土仅浇筑至高程 521.6m。这样将导致尾水管外部加固点减少一半以上，为保证加固质量，在尾水管两侧增加钢性支撑，具体为：共分四层，高程 519.97m、高程 521.47m、高程 523.03m、高程 524.53m 每层 12 个加固点，共增加 36 个加固点，其中高程 523.03m、高程 524.53m 加固点随土建进度预埋，尾水管安装完成后进行加固。加固点位置一期混凝土内埋设 14 号槽钢，尾水管调整加固时利用 14 号槽钢进行钢性加固。尾水管两侧加固如图 3 所示。

2.4 尾水管内支撑增加

为了避免尾水管二期混凝土浇筑时水平方向和垂直方向混凝土对尾水管的挤压变形，特在尾水管每个管节的前后两个端面增加“米”字形支撑，从而确保尾水管的安装质量，如图 4 所示。安装加固完成后如图 5 所示。

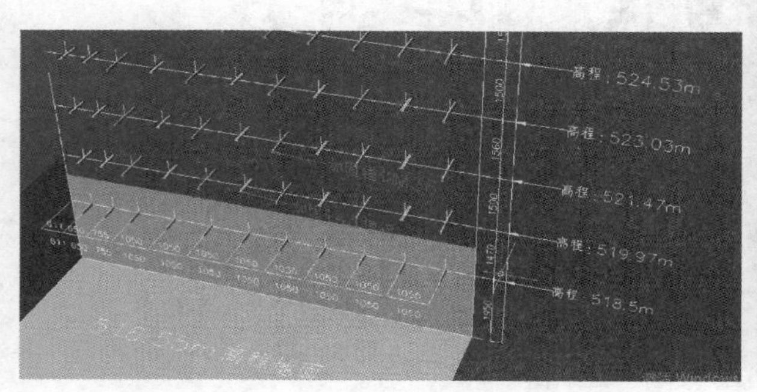

图 4 尾水管“米”字形加固示意图

图 5 尾水管“米”字形加固

3 实测结果

尾水管边墩及二期混凝土全部浇筑完成后，对6台尾水管法兰平面度进行了复测，所有数据均满足规范要求，具体数值见表1。

表1 尾水管实测结果

机组编号	检测项目	允许偏差/mm	实测偏差/mm
1号尾水管里衬	尾水管中心	±2	−0.4～−1.2
	尾水管高程	±2	−0.5～+1.0
	法兰面与转轮中心线距离	±3	+0.5～+1.2
	尾水管法兰面平面度	1.2	0.7
	尾水管直径偏差值	4	−0.5～+1.5
2号尾水管里衬	尾水管中心	±2	+0.3～+1.1
	尾水管高程	±2	−0.5～+1.0
	法兰面与转轮中心线距离	±3	−1.3～−0.5
	尾水管法兰面平面度	1.2	0.8
	尾水管直径偏差值	4	−1.0～+1.0
3号尾水管里衬	尾水管中心	±2	+0.8～+1.3
	尾水管高程	±2	−1～0
	法兰面与转轮中心线距离	±3	+0.5～+1.4
	尾水管法兰面平面度	1.2	0.9
	尾水管直径偏差值	4	−1.5～0
4号尾水管里衬	尾水管中心	±2	+0.7～+1.4
	尾水管高程	±2	−0.5～−1.5
	法兰面与转轮中心线距离	±3	−0.9～0
	尾水管法兰面平面度	1.2	0.9
	尾水管直径偏差值	4	0～+1.5
5号尾水管里衬	尾水管中心	±2	−1～+1.3
	尾水管高程	±2	+0.5～+1.5
	法兰面与转轮中心线距离	±3	+0.5～+1.4
	尾水管法兰面平面度	1.2	0.9
	尾水管直径偏差值	4	+0.5～+1.5
6号尾水管里衬	尾水管中心	±2	0～−1.5
	尾水管高程	±2	+0.5～+1.5
	法兰面与转轮中心线距离	±3	+0.4～+1.4
	尾水管法兰面平面度	1.2	1.0
	尾水管直径偏差值	4	0～+1.5

4 结论

沙坪水电站6台机组尾水管安装是在土建进度严重滞后的情况下，通过对尾水管管节拼装、加固等多项措施，不仅提高了尾水管管节拼装速度，而且强化了整体刚性，当土建、安装施工条件具备时，可进行多台尾水管同步安装，且取消的二期混凝土，可进行大方量混凝土浇筑，在保证施工质量的前提下，大幅度加快了施工进度。沙坪电站尾水管快速安装的成功经验，说明尾水管突破传统工艺提前安装是切实可行的。

大型灯泡贯流式水轮发电机导水机构吊装防变形探讨

韩　强　蒋成云

（中国水利水电第七工程局有限公司，四川成都　610000）

摘　要： 灯泡贯流式水轮机的导水机构上接管型座，下接转轮室，机组运行时调节控制水流，是水轮机的重要组成部分。大型灯泡贯流式水轮机导水机构存在尺寸大、重量重，吊装易变形的特点，导水机构整体吊装安装难度大，从整体翻身吊装至安装部位到对孔连接螺栓调整中心、拧紧螺栓摘钩，整个过程都是单点吊装状态，是导水机构环形部件产生变形的主要因素。通过对导水机构加固支持架等具体的预防变形措施，保障了导水机构的安装进度及质量。文章详细叙述了沙坪二级水电站大型灯泡贯流式水轮机导水机构组装、调整、翻身以及整体吊装的过程。

关键词： 沙坪二级水电站；导水机构；吊装；支持架

1　工程概述

沙坪二级水电站工程安装 6 台单机容量为 58MW 的灯泡贯流式水轮发电机组，总装机容量为 348MW，就该型式机组的单机容量而言，是当今国内灯泡贯流式水轮发电机组单机容量之首。沙坪二级水电站导水机构主要由内、外配水环、导叶（16 个）、下端轴、球面轴承、套筒、导叶臂、安全连杆、硬连杆、控制环等部件组成。导水机构最大直径φ***）、下端轴、球，高度 3560mm，总重量约 160t。导水机构采取坑外预组装，整体翻身吊装的安装方式。在导水机构整体翻身吊装过程中，从力学角度来看属于单点吊装，在设备自身重量的影响下，内外环必然发生变形，导致内外环圆度值超标，直接影响导水机构的正常安装。如果导水机构吊在空中的时间过长，内外环吊装变形有可能由弹性变形转变成不可恢复的塑性变形，那后果更加严重，所以防止导水机构吊装变形是确保安装质量的关键因素。

2　导水机构结构特点

沙坪二级水电站大型灯泡贯流式水轮机，导水机构主要部件三维模型如图 1 所示。该导水机构结构特点为：

（1）导叶中心线与机组中心线夹角为 60°。

（2）球面双曲面采用钢板模压成型技术。

作者简介： 韩强（1972—　），男，高级工程师，学士，研究方向：水电站电气。

（3）导叶端面采用局部环行凸台进行密封。

（4）导叶上轴径处和连杆两端设有关节轴承。

（5）导水机构连杆采用非剪断销保护装置。

（6）导水机构设有重锤装置。

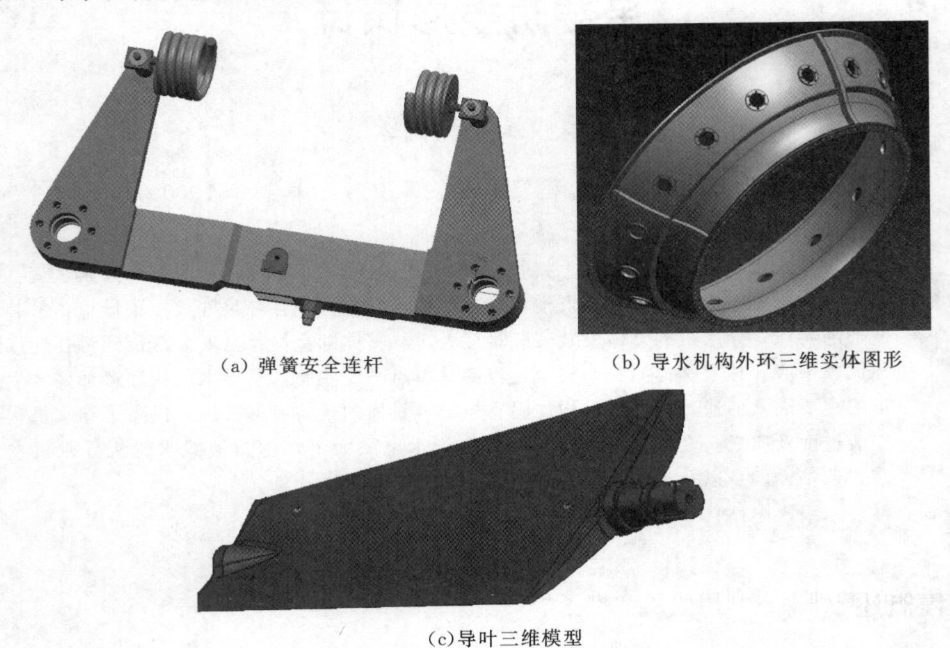

(a) 弹簧安全连杆　　(b) 导水机构外环三维实体图形

(c)导叶三维模型

图 1　导水机构主要部件三维模型

3　施工工艺流程

导水机构施工工艺流程如图 2 所示。

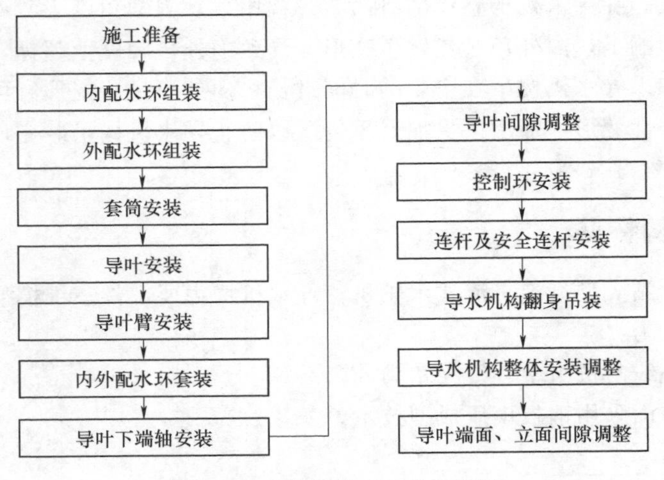

图 2　导水机构施工工艺流程图

4 施工工艺要点

4.1 导水机构的预装

1. 施工准备

导水机构预装与常规机组最主要的不同点是钢支墩的制作准备。贯流式机组导水机构预组装用的钢支墩必须是两套，内配水环和外配水环各一套，而且两套钢支墩的高差必须与管型座内外环法兰面之间的距离一致。

2. 内配水环组装

检查好安装部件是否与机组号及组合标记对应，检查上下法兰面是否有划痕或损伤，如果有则用锉刀、油石处理好。检查完毕，把内配水环放置在事先准备好的支墩上（进水口向下），以导水机构吊装翻身的方向确定内配水环的＋Y，－Y方向。

3. 外配水环组装

清理、检查外配水环分半面，清扫毛刺、高点（样板平尺检查），若有碰伤，需补焊打磨，用油石处理好组合面。将外配水环其中一瓣进水口朝下放置在事先准备好的支墩上，用千斤顶、楔子板调水平，按照对应的标记号吊起另一瓣，为了便于组装调整，最好挂两个合适的链式葫芦。起吊组合时，安装好密封条，涂上油脂和密封胶，组合销钉涂上薄油脂，装上组合螺栓，对组合螺栓以合适扭矩，用塞尺检查组合面间隙，应符合图纸要求。组装中若出现两瓣发生变形不能直接对正销孔，采用的措施有：在保证过流面和法兰面的无错牙的基础上，利用码子和楔子板进行局部调整。同时应注意检查钢球槽的错牙情况，控制在0.05mm范围内。注意：截断配水环组合面的密封条时，应在分瓣法兰两端靠连接法兰的部位留0.3～0.5mm余量。外配水环组装完毕后，检查调整外配水环法兰面圆度的情况，做好记录。各项检查合格后，使用千斤顶、垫板、楔子板调整内、外配水环的水平，使其不平度控制在0.5mm以内。导水机构现场组装如图3所示。

图3　导水机构现场组装

4. 安装套筒

首先在安装间利用导叶球轴承压装工具将自润滑向心关节轴承对号装入套筒内（过盈配合，过盈量－0.01mm），转动自润滑向心关节轴承，检查是否充满防水润滑油脂。将外配水环的轴承孔涂上油脂，利用吊装工具将套筒装配全部对号装入外配水环上相应的轴孔内（注意不要忘记安装密封圈）。利用调节螺套及连接螺栓调节套筒，使套筒最终的安装位置略向里2～3mm，避免导叶安装时导叶密封面与外配水环密封面发生碰擦。

5. 安装导叶

灯泡贯流式水轮机的导叶呈锥形，均匀分布在与机组轴线成60°的内、外配水环的锥面上，装配导叶时顺着内外配水环轴承孔的斜度进行吊装，为了便于吊装，挂三台合适的链式葫芦调整导叶长轴斜向上30°的夹角，将导叶轴缓慢滑入套筒的轴孔内（注意：正确安装导叶密封装置）。由于导叶轴与向心关节轴承是过盈配合（过盈量 0.03mm）。由于外配水环带一定的锥度，当导叶插入套筒一定位置后，外环下游法兰将阻挡导叶吊绳，使导叶无法正常到位。因此，导叶安装时制作了拔导叶专用工具[1]，与吊装相配合，直至导叶安装到位。按图纸要求安装卡环、防尘密封圈及轴承压盖。转动导叶，安装套筒端面的导叶密封装置，检查导叶端面与套筒端面应有间隙。注意：此时导叶断面与外环密封面无间隙，便于外配水环与内配水环套装。导叶安装如图 4 所示。

(a)

(b)

图 4　导叶安装

6. 安装导叶臂

调整导叶使其两端面有间隙，将所有导叶处于关闭位置。检查导叶轴表面损伤，并去除伤痕，将导叶臂小心滑入导叶轴上，对应好导叶臂上的标记安装圆柱销钉，按标记号安装端盖，最后应检查导叶转动活性。

7. 内、外配水环同心度的调整

将外配水环和导叶整体吊起一定高度，与内配水环套装，调整内、外配水环上的 X、Y 十字标记重合，使同心度满足要求，并进一步检查调整外配水环法兰面的水平小于 1mm。然后利用千斤顶将内配水环顶起，直至与部分导叶接触为止，同时测量调整内外配水环出水口法兰面的距离与管型座内外环进水口法兰距离一致。检查调整导叶下端轴孔与内环孔的同心度，如果导叶孔一侧有规律地偏大或偏小，则需旋转内或外环配水环来调整。导水机构整体组装调试如图 5 所示。

图 5　导水机构整体组装调试

8. 导叶下端轴安装

导叶下端轴孔与内环孔的同心度调整完毕后，根据图纸及厂家说明书的要求安装导叶下端轴，并使用液压拉伸器加压将连接螺栓预紧到设计要求。利用吊装工具按相应的标记安装下支座。

9. 控制环安装

清扫控制环和压环的分瓣组合缝，检查有无伤痕并处理合格。组合控制环和压环时，应调水平并在组合面涂上油脂，按一定扭矩拧紧组合螺栓，连成整圆后应检查其圆度及其他尺寸是否与图纸相符。

清扫控制环和外配水环上的球轴承槽，清扫密封槽及润滑油孔，安装密封条并涂润滑脂。把控制环吊起，用链式葫芦调水平，慢慢下落靠近外配水环时，在四周加千斤顶，用于解决控制环直径大、刚性差吊点间可能变形过大，不容易找正等问题。利用千斤顶配合吊车同步使控制环下落到合适的高度，装入钢球，调整好控制环与外配水环间的间隙，然后装上螺栓，按设计要求均匀拧紧压环推拉螺钉，保证钢球和外配水环滚道间隙满足要求（用百分表或塞尺检查），试验控制环灵活无发卡、摆动等现象后，安装油杯注油。利用手拉葫芦将控制环放置在图纸要求的导叶全关位置。

10. 导叶的调整

复测内外配水环的水平度以及内外配水环法兰面的距离（860mm 外配水环的水），使其与管型座内、外环达到一致。首先，将任意一个安装安全连杆的导叶关闭，并测量导叶臂耳孔至相应控制环小耳孔的距离（1240mm）满足图纸要求，然后逐一将导叶全部关闭，检测导叶立面间隙及导叶臂耳孔至相应控制环小耳孔的距离，直至满足图纸要求。如果大部分立面间间隙满足要求，但导叶臂耳孔至相应控制环小耳孔的距离整体偏大或偏小，可适当移动控制环的角度，从而满足连杆装配要求。

利用套筒上的调整螺套对导叶进行轴向调整，在导叶处于关闭位置时测出导叶端面间隙，如果导叶端面间隙出现有规律的倾斜，则需旋转内外配水环调整；若出现无规律或个别导叶倾斜的情况，则通过临时工具进行调整，从而确保导叶轴线位置的正确。测量导叶间隙，若不满足要求，应根据计算出的修磨量对导叶的内环相应部位进行必要的处理。注意：安全连杆的偏心销（沙坪偏心量 7mm）尽量放置在中间位置，方便坑内二次调整。

11. 安全连杆及连杆装配

将控制环按关闭位置临时固定牢固，检查所有导叶应处在关闭位置，按照图纸及出厂标记安装连杆。本电站连杆采用的是近年新引进的安全连杆结构和挠曲连杆结构相结合，间隔布置。安全连杆也称弹性连杆，它分为两段，中间是轴销结构，外面由弹簧固定。当导叶出现卡阻现象时，连杆受力超过弹簧的整定值时，弹簧拉伸二段连杆中间的轴销传动，起到了保护导叶的作用，检查后弹簧可恢复原状。

4.2 导水机构正式安装

1. 导水机构整体吊装防变形措施

（1）所有导叶均应推至与外配水环内壁接触严密，然后在每片导叶与内配水环之间安装楔子板，以保持外配水环的圆度，对称打紧导叶与内配水环间楔子板并点焊固定。

（2）将所有导叶调至全关位置，沿圆周方向均匀焊接四块拉板，将控制环与外配水环牢靠固定。

（3）在导水机构出口端的内外环法兰面之间设计安装一个支持架（见图 6），将内外环固定，既控制了内外环轴向位移，又控制了内外环径向位移和变形。

图6　导水机构支持架

2. 导水机构吊装

大型灯泡贯流式水轮机导水机构吊装前，做好相应的安全技术准备工作是确保吊装工作顺利进行的必要前提。

（1）导水机构吊装用的钢丝绳必须具有5～6倍以上的安全系数，卡扣、吊环的额定起吊重量必须满足吊装要求。

（2）导水机构翻身的支点必须为弧形，以防止重心的突然变化，应在－Y方向用硬方木进行垫起。

（3）桥机主钩必须转动灵活，桥机各系统检查无误。

（4）以上工作完全准备就绪就可以慢慢起钩，待导水机构离开地面时方可把翻身工具拆除，以不妨碍导水机构的安装为止。

（5）大型灯泡机组的导水机构整体重量较重，一般都在150t以上，常规的手拉葫芦无法调整，因此翻身后，应对外配水环的垂直度进行初步调整，利用吊装钢丝绳的串动调整导水机构的重心，从而调整外配水环的垂直度。

（6）导水机构进入机坑后，根据垂直度的实际偏差，利用10t或20t手拉葫芦横向拉动导水机构，调整垂直度使组合法兰平行为止，方便穿连接螺栓。

（7）检查导水机构外配水环X、Y十字标记与管型座外环是否重合，并利用管型座外环正下方准备好的千斤顶及顶丝进行调节，也可以在侧面各架一个螺旋千斤顶进行调节，通过导水机构整体旋转的方式，使二者的中心重合。

（8）用管型座外环下面两个千斤顶和侧向的千斤顶进行调节，首先保证导叶端面间隙尽量均匀，然后兼顾少数螺丝孔的错位，调整安装内外配环连接螺栓，当达到要求后便可以分两组对称打紧螺栓，如有少数螺丝孔错位，便可以进行适当的处理。

（9）待螺栓打紧后便可以松钩拆掉吊具和支架，松开千斤顶，导水机构的整吊装完毕。

（10）取出导叶内外环端面的楔子，测量检查所有导叶端面间隙，根据测量间隙精确调整导叶内外环的相对位置，同时应考虑转动部分安装后内环的下沉量、导叶间隙符合要求后，打紧导水机构所有把合螺栓。

（11）根据图纸钻绞相应导叶内外环组合面的定位销，并安装定位销；拆除临时支撑，并打磨干净。

导水机构整体吊装如图7所示。

图7　导水机构整体吊装

（12）导水机构的最终调整。测量出各

个导叶端面总间隙，通过调整螺栓调整导叶内外端间隙应对称，使其满足设计要求。导叶立面间隙调整工作比较费时，需要重复作到每个导叶与相邻导叶接触符合规范要求，否则必须进行研磨处理直到符合要求为止。首先任选相邻的四片导叶作为基准，第一片导叶的调整环尽量在中心位置并用楔子板锁定导叶（有必要可同时加上拉紧器锁定），第二、第三、第四片，以第一片为基准关闭，测量导叶的关闭位置，由于加工上的误差必须反复进行调整，尽量使四片导叶的关闭线相等。这四片导叶调整好后，其余各片逐个关闭检查处理。利用上述方法反复几次调整，每片导叶关闭严密后，需要整体检查一下关闭线位置和立面间隙是否为零（如反复关闭都不能达到规范要求，也可以人为地在最后一个导叶或立面间隙严重超差的导叶位置留一条缝最后处理，这样可以减少导叶的磨削个数，给施工带来方便）。各导叶的端面、立面间隙符合设计及规范要求，转动灵活，无卡阻现象，导水机构的最后调整完成。

5 施工执行的技术标准

遵照国家和部颁布的所有现行技术规范、规程、标准进行安装、调试及验收。当国家或部颁标准及规范作出修改补充时，则以修改后的新标准及规范为准。若标准之间出现矛盾时，以高标准为准。

关键工序质量要求：

（1）内外配水环调整同轴度，其偏差不大于0.5mm。

（2）导水机构上游侧内、外法兰间距离应符合设计要求，其偏差不应大于0.4mm。

（3）导叶端面间隙调整，在关闭位置时测量，内、外端面间隙分配应符合设计要求，导叶头、尾部端面间隙应基本相等，转动应灵活；外环密封面与导叶端面间隙控制在0.7～1.5mm范围内，内环密封面与导叶端面间隙控制在2.2～3.1mm范围内。

（4）导叶立面间隙允许局部最大不超过0.10mm，其长度不超过高度的25%。

6 结论

沙坪二级水电站1号、2号、3号、4号机组导水机构安装均非常顺利，从翻身吊装开始至内外环中心调整、所有螺栓装配拧紧完成，控制在3天以内，坑内导叶立面、端面间隙调整控制在7天以内。导水机构各技术参数均满足设计图纸要求，无圆度超标、大量螺栓扩孔或重新转孔现象。1号、2号、3号机组自2017年6月陆续投入运行以来，导水机构动作灵活，无卡阻现象发生，无大量漏水现象。

通过对大型灯泡贯流式水轮机导水机构安装防变形措施的研究与实施，确保了沙坪水电站58MW机组运行指标均符合或优于设计及规范要求，实现了机组运行稳定、安全、可靠的预期目标，表明了超大型灯泡贯流式机组导水机构安装采取的一系列防变形措施是成熟、可靠的。

参考文献

［1］ 大型灯泡贯流式机组水轮机导叶安装专用工具专利，ZL 2018210052932.

灯泡贯流式机组定子铁芯装配浅析

钟 建[1] 何 滔[2]

（1. 东方电气集团东方电机有限公司，四川德阳 618000；
2. 国电大渡河沙坪水电建设有限公司，四川乐山 614300）

摘 要： 定子铁芯是发电机的核心部件，是构成电机磁通回路和固定定子线圈的重要部件，其半径、圆度、波浪度、槽形将直接影响机组的安全稳定运行，因此，定子铁芯装配就显得尤为重要。贯流机组由于空间小，结构紧凑，装配有别于常规立式机组，结合沙坪二级电站机组结构特点，对灯泡贯流式机组工地铁芯装配做简要分析，供大家交流、讨论。

关键词： 贯流机组；定子铁芯；工地装配；沙坪二级；浅析

1 引言

沙坪二级电站装机 6×58MW 灯泡贯流式机组，是目前亚洲单机容量最大的贯流机组，定子机座即灯泡体采用钢板焊接结构。机座分两瓣结构，工地叠片下线。

定子铁芯采用 0.5mm 厚的优质低损耗硅钢片叠压而成，全圆由 42 张整张冲片和 1 张半张冲片叠成，内径 8250mm，外径 8750mm，铁芯高度 1450mm。定子铁芯采用双鸽尾结构的固定方式，在定子穿心螺杆的上游侧增设蝶形弹簧，保持铁芯的压紧量并防止铁芯松动。定子铁芯采用全绝缘的穿心螺杆把合。

沙坪二级电站定子铁芯装配包括定子机座组圆、测圆架安装、定位筋装焊、铁芯叠装。

2 定子机座组圆

定子机座吊装前，全面检测支墩基础表面的水平度，对水平不符合要求的支墩基础表面应进行打磨处理。配对楔子板放置在支墩的顶面上，将叠片支墩与支墩基础点焊，每对楔子板的下部楔子板与叠片支墩点焊，将分瓣定子吊装到楔子板上。

按照要求将组合面和密封槽清理干净后，放入密封条，在合缝面上均匀涂抹密封胶。用组合螺栓将分瓣定子进行初步把合，按照要求，在密封胶有效时间内完成螺栓拉伸。

用 0.05mm 塞尺检查组合面间隙，不穿透；销钉周围应无间隙。按照图纸技术要求，对合缝处内外缝、把合螺母与定子机座、把合螺栓与螺母进行封水焊接，要求使用细焊条小电流封焊。焊后打磨光滑，表面作 MT 探伤。

作者简介： 钟建（1988— ），男，工程师，学士；研究方向：水轮发电机组安装及调试技术；E-mail：1754283552@qq.com。

利用千斤顶以及楔子板调整定子机座水平，要求定子机座水平不超过 0.03mm/m，合格后点焊每对楔子板。

3 测圆架安装

将测圆架组合成整体，并将测圆架与基础进行初步固定。

初步调整测圆架中心柱的中心。利用定子大环板内圆和测圆架底盘调整螺钉，调整测圆架与定子机座的同心度到 0.15mm 以内。在测圆架中心柱两个相互垂直的方向上悬挂钢琴线，利用钢琴线对测圆架中心柱进行找正，调整测圆架中心柱的垂直度不大于 0.02mm/m。

测圆架中心柱垂直度合格后，再次校核测圆架与定子机座的同心度在 0.15mm 内。在转臂上放置精密水平仪（精度 0.02mm/m）检验中心柱转臂水平度，水平仪的水泡在转臂处于任意回转位置时，水平不超过 0.02mm/m。利用测圆架转臂，重复测量圆周上任意点的半径误差不大于 0.02mm，旋转一周测头的上下跳动量不大于 0.5mm。沿测圆架中心柱上下移动中心测圆架的测量旋转臂，其旋转臂的行程应大于定子铁芯轴向高度。

将测圆架的底盘与基础固定，锁紧全部调节螺钉。将测圆架上所有组合螺栓锁牢，以防使用中松动。复测测圆架垂直度、同心度，应符合要求。

4 定位筋的装焊

4.1 定位筋装焊准备

全面清扫定子机座内部，按要求复测测圆架中心柱垂直度。

按图纸有关要求，在定位筋校直平台上对 85 根定位筋进行检查和校正，定位筋周向、径向直线度小于 0.10mm，扭曲度小于 0.10mm。

4.2 基准定位筋的安装

为减少定位筋装焊的累积误差，定位筋装焊采用 5 等分弦距法。在定子大环板上确定出 5 根大等分筋的方位，选用 5 根直线度和扭曲度较好的筋作为大等分筋，并选用其中一根大等分筋作为基准筋。

将托块分别安放到定子机座 V 形板适当位置处，将基准筋吊穿入托块内。按要求在基准筋背部与定位筋托板间垫入楔形调整垫片，初步调整基准筋托块的径向与周向位置，并用专用工具将基准定位筋托板初步固定在定子机座环板上。

从上游法兰穿心螺杆孔吊钢琴线，调整定子冲片上穿心螺杆孔与上游法兰穿心螺杆孔同心度在 1mm 以内，在大环板划出基准定位筋位置中心线，调整基准筋鸽尾中心线与定子大环板上的位置中心线周向偏差不大于 1mm，且定位筋下端面与大环板保持约 5mm 间隙，用中心测圆架及悬挂钢琴线的方法测量并调整基准定位筋。其有关要求如下：

（1）用内径千分尺测量基准定位筋的分布半径，其绝对半径在 $4365^{-0.15}_{-0.30}$mm 之内（测量时应加上中心柱的半径）。

（2）用中心测圆架测量基准定位筋在各托块处的相对半径偏差，其偏差不大于 0.05mm。

(3) 基准定位筋的径向及周向垂直度偏差不大于 0.05mm/m，向心度不应大于 0.05mm。

(4) 检查定位筋托块与定子机座 V 形板之间的接触面，间隙大于或等于 0.5mm 时，则必须加垫或修磨平整。

基准定位筋调整合格后，按图 1 所示将其上层托块利用 C 形夹固定在定子机座上层 V 形板上，利用 C 形夹及千斤顶将其余 4 层托块固定在定子机座相应 V 形板上。

按图 2 所示点焊顺序，将基准定位筋上每层定子机座 V 形板上的托块对称段焊到 V 形板上，点焊焊缝长度为 10～15mm。

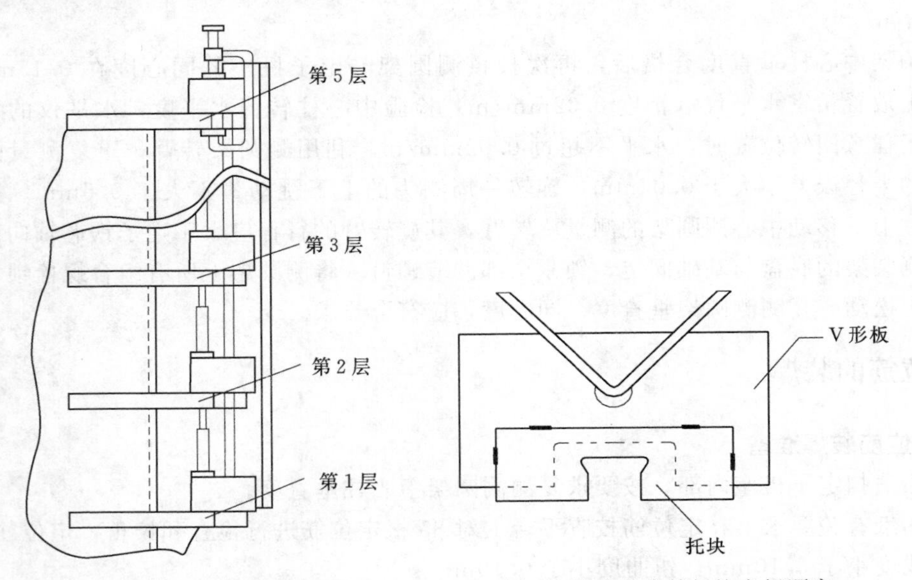

图 1　基准定位筋固定示意图　　　图 2　基准定位筋托块点焊顺序

点焊完成后，复测基准定位筋轴向及周向垂直度、绝对半径偏差以及向心度。

4.3　大等分定位筋的安装

将大等分定位筋分别吊穿入其相应位置的托块内，按照基准筋的方法，调整各大等分定位筋，使其鸽尾中心线与定子大环板上的位置中心线偏差不大于 1mm，且定位筋下端面距大齿压板约 5mm，按要求在大等分定位筋背部与定位筋托块之间垫入楔形调整垫片，并用专用工具将各大等分定位筋托板初步固定在定子机座 V 形板上。

用测圆架及内径千分尺在中间部位的两环托块处测量并调整 $n=2$ 位置处大等分定位筋的内径以及其与基准定位筋的弦距。反复调整 $n=2$ 位置处大等分定位筋，使其达到如下要求：

(1) 定位筋的径向及周向垂直度偏差不大于 0.05mm/m。

(2) 以 1 号基准定位筋为基准的相对半径偏差±0.05mm。

(3) 大等分点上相邻两定位筋同一横切面上的弦距偏差应不大于±0.15mm。

(4) 定位筋的向心度不应大于 0.05mm。

(5) 检查大等分定位筋托块与定子机座 V 形板之间的接触面，间隙大于或等于

0.5mm 时，则必须加垫或修磨平整。

按图 1 将其上层托块利用 C 形夹固定在定子机座上层 V 形板上，利用 C 型夹及千斤顶将其余 4 层托块固定在定子机座相应 V 形板上。

按图 2 所示的定位筋托块点焊顺序，将大等分定位筋上的托块对称段焊到每层定子机座每层 V 形板上，其段焊焊缝的长度为 10～15mm。点焊完成后，复测大等分定位筋的轴向及周向垂直度、绝对半径偏差以及向心度。

4.4 大等分区间各定位筋的安装

将托板安放到第 1～5 层定子机座环板的相应位置上，定位筋穿入托板内。

初步调整大等分区内的定位筋，使其鸽尾中心线与定子大齿压板上的位置中心线偏差不大于 1mm，用专用工具将定位筋托块初步固定在定子机座 V 形板上。按图纸要求在各定位筋背部与托块之间垫入楔形调整垫片。

以相邻大等分定位筋为基准，利用悬距测量工具、内径千分尺、测圆架，调整小等分筋的半径和悬距，在中间部位的两环托块处，分别用测圆架以及弦距样板反复测量并调整每一大等分区间内的所有定位筋的半径及其相互间的弦距。检查每一大等分区间内定位筋托块与定子机座 V 形板之间的接触面，间隙大于或等于 0.5mm 时，则必须加垫或修磨平整。

对定位筋进行调整，应达到如下要求：

（1）定位筋的周向垂直度偏差不大于 0.05mm/m。

（2）以 1 号基准定位筋为基准，相对半径偏差不应大于±0.10mm。

（3）用弦距测量工具检查，每一大等分区域内（包括大等分定位筋）的相邻两定位筋之间的弦距偏差应不大于±0.15mm。

（4）定位筋的向心度不应大于 0.05mm。

调整时，每一大等分区内的同一高程位置的定子机座 V 形板上的所有定位筋内径以及其相互间的弦距应一次调整完毕。如每一大等分区内的最后一根定位筋与其后已点焊的大等分定位筋的弦距偏差超过 0.20mm 时，则应将差值均匀分配到同一大等分区内定位筋弦距中。

每一大等分区内定位筋调整合格后，均应按附图三所示的定位筋托块点焊顺序，及时将每一大等分区内的托块对称段焊到每层定子机座每层 V 形板上，其段焊长度约为 10～15mm。

每一大等分区域内的托块对称点焊完成后，再进行下一大等分区内的定位筋调整、点焊。

所有定位筋托块点焊完成后，检测定位筋径向及周向垂直度、绝对半径偏差以及向心度，应符合如下要求。

（1）定位筋在各托块处的相对半径偏差不大于±0.10mm。

（2）用弦距测量工具检查，定位筋的弦距偏差应不大于±0.15mm。

（3）定位筋的向心度不应大于 0.05mm。

4.5 定位筋的焊接

校核中心测圆架的准确性，并再次用内径千分尺校核中心测圆架测头的绝对尺寸。

托板与机座V形板满焊时，分三次焊接，其焊缝焊层如图3所示。

焊接托块前，应按照图4所示，利用双头千斤顶周向固定定位筋，将定位筋周向顶牢，检查相邻定位筋弦距偏差在±0.15mm以内，然后进行施焊；托块每层焊缝焊后冷却至室温时方可拆除千斤顶。

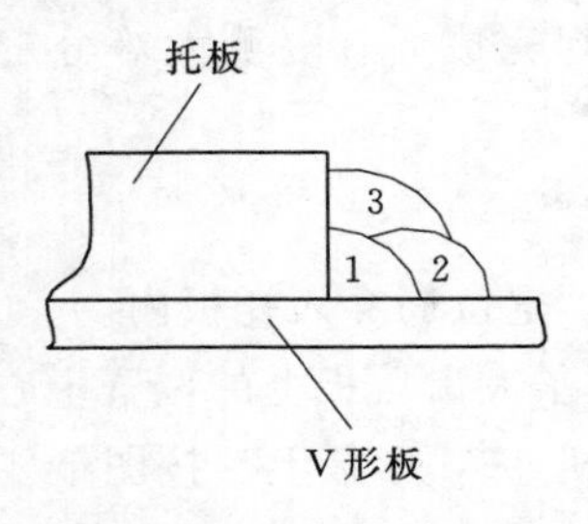

图3　托板焊缝焊层示意图

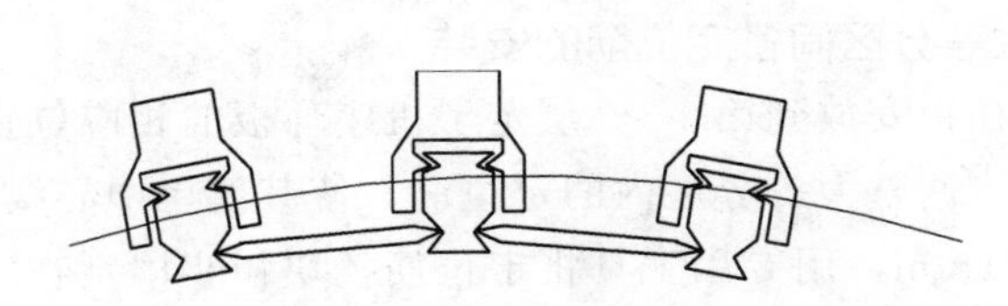

图4　定位筋周向固定

按照图纸要求，对每个定位筋托块进行满焊。满焊时，应首先将定子机座第二环板或第三环板V形板上的各托块同层径向焊缝一次焊完，同层径向焊缝焊完后，再焊接其同层周向焊缝，且所有同层周向焊缝焊接顺序方向应相同。

定子机座第二环板或第三环板V形板上的各托块同层径向及周向焊缝焊完后，再按要求进行第一环板或第四环板机座V形板上各托块同层径向及周向焊缝的焊接，最后进行第五环板机座V形板上各托块同层径向及周向焊缝的焊接。

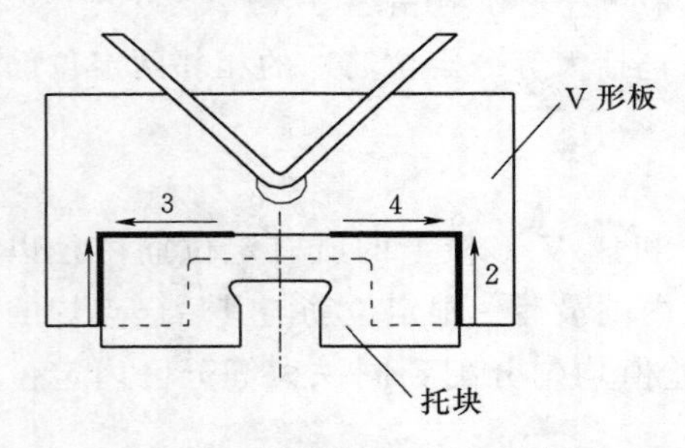

图5　托块焊缝焊接方向示意图

焊缝分三次焊接，将机座每环层上的各托板同层焊缝焊完后，方可按照要求开始进行下一层焊缝的焊接。为减小焊接变形影响，定位筋托块焊接方向如图5所示。

焊接时，焊工须对称同时施焊，相互间焊接速度应一致。每一环层托块第一层焊缝全部焊完后，应检查每根定位筋的半径和相邻定位筋的弦距，观察变化的趋势，可根据变形情况调整焊接顺序和方向，合格后方可继续焊接第二层。

定位筋托块全部满焊结束后，在冷态下检查和测量定位筋，应符合下列要求：

（1）各环层处的定位筋半径偏差应在4365mm±0.25mm；相邻两定位筋，在同一高度上的半径差值应小于0.15mm。

（2）同一高度上的弦距，偏差应不大于±0.20mm。

（3）定位筋的向心度不应大于0.10mm。

（4）焊缝不应有裂纹、气孔、夹渣及咬边等缺陷，焊角高度应为10mm。

全面清理焊渣、焊瘤后，全面检查定位筋的内径、向心值、弦距。

4.6　安装后齿压板

全面检查并清理定子大环板及后齿压板，去除毛刺及高点。将后齿压板安放到定子机座大环板上，检查各后齿压板与大环板接触面的接触情况，其局部间隙不应超过0.20mm，否则，应对大环板接触面进行局部修磨处理。

利用测圆架测量调整后齿压板内径，内径按 $R4150\text{mm}\pm1\text{mm}$ 控制；用定子冲片进行叠检，要求后齿压板各压指中心线与定子冲片齿部中心线之间相互错位不大于 1mm。

后齿压板内径调整合格后，用螺栓将后齿压板把合在机座大环板上。注意：铁芯叠装完成后，将螺栓全部取掉。

检查后齿压板压指上部的径向水平以及圆周波浪度，压指的圆周波浪度不大于 2mm，相邻压指的高度偏差不应大于 0.5mm，倾斜不大于 0.1mm，压指上翘在 0.5～1mm。否则，应对压指进行适当处理。

彻底清扫定子机座，全面清理机座内壁，尤其清除 V 形筋内部杂物。V 形筋内部杂物清理完成后，按标准要求涂漆，注意定位筋和压指表面不要涂漆。

5 定子铁芯叠装

5.1 定子铁芯叠装准备

开始正式叠片前，应重新校核测圆架的准确性。

检查定子冲片质量，对于缺角、有硬性折弯、冲片齿部或根部断裂、齿部槽尖角卷曲、表面绝缘漆脱落的冲片，应进行处理或报废。

每箱冲片随机抽查 5 张，测量冲片厚度，根据图纸所标注的每段定子铁芯高度，初步计算出每段定子铁芯冲片的所需叠装层数，并按图纸要求分列出各类特殊定子铁芯冲片的具体使用位置，进行标记。每箱冲片都要圆周均匀分布叠装。

5.2 定子铁芯叠装

按图纸有关要求，进行第 1 段定子铁芯叠片。第 1 段定子铁芯叠完后，应用整形棒进行定子铁芯整形，包括槽形和端部并测量调整铁芯圆度。然后沿圆周均匀地塞入槽样棒，以固定定子冲片，每张冲片至少两根。同时，槽楔槽样棒应与槽样棒相间置入，注意槽样棒不应紧靠槽底放置。

定子冲片叠装过程中，应注意以下几点[1]：

（1）相邻层定子冲片之间应错开 6 个槽距进行叠放。

（2）所叠装冲片应清洁，无油污与灰尘；有裂纹、漆膜不均等缺陷的冲片不得叠入。

（3）铁芯叠片时，当铁芯叠至该段并预压完成后抽去楔形调整垫片，定子冲片应紧靠定位筋的内圆叠装。

（4）在定子铁芯首次预压后，根据定子铁芯首次预压后铁芯波浪度以及铁芯齿部涨度，在后续铁芯段叠装时，用无齿片进行调整。

（5）每叠完一段铁芯时，在压紧状态下，沿圆周均匀测量其轭部和齿部小段高度，其偏差不超过设计段高值的±0.5mm。堆积过程中注意每段高度偏差的相互补偿。

（6）堆积过程中要随时用整形棒整形，但不允许用铁锤敲打铁芯和整形棒；每叠完一小段，必须统一整形一次。

（7）随着堆积高度的增加，槽样棒和槽楔槽样棒应逐渐上移，保证定子槽形尺寸。

（8）各段定子铁芯的通风槽片的小工字钢，在高度方向应上下对齐，并防止通风槽片边缘突出定子铁芯槽内，注意相邻两张通风槽片不要搭接到一起。

(9) 在第7段、第30段定子铁芯31～38层每层错半片叠片，交替使用特殊定子扇形片形成铁芯测温孔，并按照定子测温引线装置有关铁芯温度计分布表布置测温孔所在的圆周位置，安装测温元件，沿定子机座布置定子测温元件引出线，引线裸露部分用热缩管进行防护。

(10) 每小段定子铁芯叠装完成后，应按图纸叠装一层通风槽片。当铁芯叠至二、三、四、五层V形环板之前，应将前一层定位筋背后的垫片及时拔出（预压时，最上面一环的垫片不能取）；第五层V形环板上的垫片在铁损试验之后拔出。

(11) 在叠装过程中，应随时测量定子铁芯轭部、齿部、槽底高度尺寸，及定子铁芯的半径和圆周波浪度。

(12) 在铁芯叠装过程中，记录所叠冲片种类及数量进行，以便确定铁芯实际叠片总重量。

按照图纸要求，定子铁芯穿心螺杆穿入前，表面半叠包一层涤纶玻璃丝带，玻璃丝带间及与螺杆间，需涂抹室温固化环氧胶。叠包时适当拉紧，保证螺杆外径小于21.6mm（可用绝缘套管试穿检查）；等室温固化环氧胶固化后，应逐根检测其绝缘电阻值。

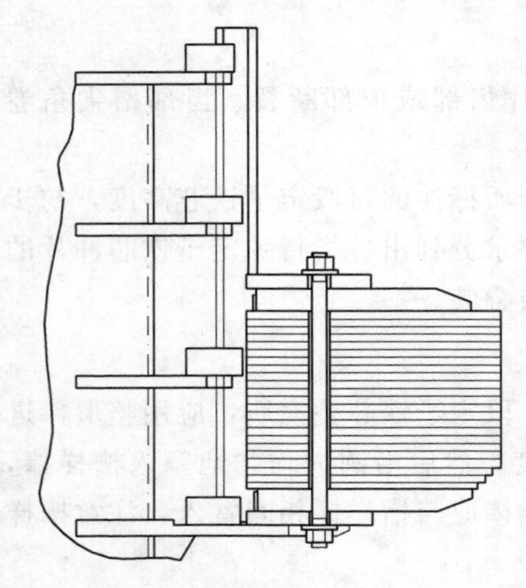

图6　定子铁芯预压示意图

定子铁芯分三次预压，铁芯首次预压高度约为500mm，第二次定子铁芯预压高度约为1000mm，使用工具螺杆及压板。其预压示意如图6所示。

测量并记录首次预压后的铁芯轭部实际平均高度、圆度和波浪度，并根据第一次预压有关数据，确定铁芯第二次预压高度，避免工具螺杆长度不够。

首次预压结束再次进行冲片叠装时，应根据上述测量记录用绝缘调整垫片进行定子铁芯波浪度调整，以保证定子铁芯最终压紧后的高度和波浪度。

铁芯分段压紧时应注意下列事项[2]：

(1) 每次预压前必须将铁芯全部整形一次。

(2) 定子铁芯两次预压时，使用专用工具螺杆以及工具压板进行压紧。第三次预压时，可直接使用产品穿心螺杆以及上齿压板进行压紧。

(3) 预压时应在整个圆周对称方向依次拧紧螺杆。相邻10个螺杆为一组，按图7的顺序进行预压。

(4) 槽样棒与槽楔槽样棒不得露出铁芯。

(5) 按图7所示的压紧螺杆把紧顺序进行把紧。每次预压前，进行初步拧紧。

(6) 每次预压时，应用专用力矩扳手或液压拉伸器分两次进行拧紧，其首次压紧的压紧力值为31kN，第二次为62.15kN。工具螺杆每次使用前，其端部螺纹均应涂上二硫化钼。在铁芯分段预压及正式压紧过程中均严禁使用风动扳手。

(7) 在叠装过程中，每大段定子铁芯叠装完成后，在压紧状态下，应测量定子铁芯轭部背部高度及槽底、槽口铁芯高度尺寸和定子铁芯的半径和圆周波浪度。

(8) 最后一大段叠片时，应根据前两次压缩情况，结合冲片厚度，确定叠片层数。

叠装最后一段铁芯冲片时，应按图纸要求进行粘胶片的叠装，叠装完成后应全部打入槽样棒和槽楔槽样棒，并使槽样棒紧靠铁芯槽底，上端露出铁芯 40～60mm。

将前齿压板吊装就位，调整前齿压板，使前压板上螺孔与冲片孔同心，压指中心与冲片齿部中心线偏差不大于 1.0mm。

按定子铁芯装配有关轴向位置要求，穿入穿心螺杆及绝缘套管，并逐根检测绝缘穿心螺杆的绝缘电阻值。注意：±Y 方向的 4 根穿心螺杆可在第二大段叠片前穿入，同时先预压两根螺杆，确定绝缘套管的长度，再对绝缘套管进行裁切。

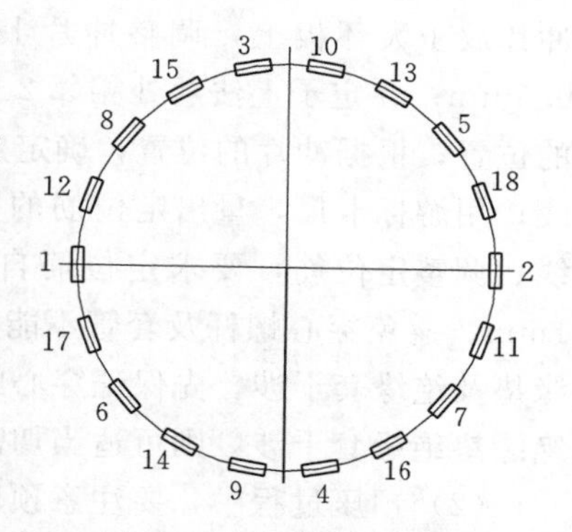

图 7　压紧螺杆把紧顺序

穿心螺杆绝缘电阻值合格后，按图纸要求，安装穿心螺杆两端部的垫圈及螺母等。要求安装时垫圈有缺口面不得与螺母接触；应尽可能保证上述零部件与绝缘穿心螺杆同心。

按有关要求，整体把紧定子铁芯，拔出全部槽样棒和槽楔槽样棒，用通槽棒对定子铁芯槽形进行逐槽检查，应全部通过。

重新校核测圆架的准确性，全面检查整个定子铁芯，按图纸及相关要求测量定子铁芯垂直度、圆度、高度（包括齿部、轭部、槽底）及波浪度，应符合以下标准：

(1) 分上、中、下三个断面进行铁芯圆度测量，每个断面至少有 16 个测点，铁芯的平均半径在 4125mm±0.2mm 范围内，各测点半径值在平均半径±0.3mm 范围内，同心度小于 0.15mm。

(2) 测量铁芯槽底处的铁芯高度，应在 1452～1458mm，铁芯的波浪度不大于 6mm，铁芯的垂直度不大于 0.5mm。

(3) 根据测量结果及叠片记录，计算定子铁芯压紧系数，叠压系数要求不低于 0.96。

(4) 逐根检测绝缘穿心螺杆的绝缘电阻值。

铁损试验完成后，应用液压拉伸器对定子铁芯进行再次拧紧，其穿心螺杆总拉力值为 62.15kN，测量铁芯的轴向高度。

按图纸要求安装 M20 薄螺母，全面检查铁芯压紧度，将定子环板上定位筋背部的调整垫片拔出。重新校核中心测圆架的准确性，复查定子铁芯高度、垂直度、圆度，应满足要求。

6　结语

目前，沙坪二级水电站 6 台机组全部投产，机组运行安全平稳，各部分温度、振摆等参数均优于标准要求。

根据沙坪二级水电站定子铁芯现场装配，总结了灯泡贯流式机组定子铁芯装配的注意事项及改进方法：

(1) 基准定位筋的安装，要从定子上游法兰穿心螺杆孔处悬挂钢琴线，要求钢琴线与孔的同心度在 0.5mm 以内，检查穿心螺杆孔与 U 形槽的同心度在 2mm 内；取一张定子冲片放于大环板上，调整冲片上穿心螺杆孔与定子上游法兰处穿心螺杆孔的同心度在0.5mm；在定子上法兰处相邻2～3个穿心螺杆孔悬挂钢琴线，进行调整，确定定子冲片的位置；根据冲片的位置，确定定位筋中心的位置，并在大环板上划出定位筋的中心位置线；用游标卡尺，量出定位筋的宽度尺寸，并用细笔在定位筋上画出定位筋自身的中心线；调整定位筋，要求定位筋自身的中心线与大环板上定位筋的中心位置线偏差小于1mm。避免穿心螺杆及套管不能从上游螺杆孔穿入，同时避免U形槽与穿心螺杆下游绝缘垫及绝缘套干涉。先保证穿心螺杆及绝缘套管能顺利穿入，若U形槽与穿心螺杆下游绝缘垫绝缘套干涉，则可适当切割U形槽。

（2）预压过程中，要注意预压工装下部垫板与大环板必须接触良好，否则铁芯预压未达到设计压应力。若存在间隙，可适当加垫。

（3）若定子机座为分瓣结构，定子合缝处内侧螺栓与V形筋容易干涉，同时也会与法兰面的把合螺栓干涉，可先将定子合缝处的其他螺栓把紧，检查合缝面间隙满足要求后，将螺栓切短，封焊在合缝螺栓孔内。

参考文献

[1] GB/T 8564—2003 水轮发电机组安装技术规范［S］.
[2] DL/T 5038—1994 灯泡贯流式水轮发电机组安装工艺导则［S］.

沙坪二级水电站灯泡贯流式机组盘车方法与摆度计算

何世平　熊　玺

（国电大渡河沙坪水电建设有限公司，四川乐山　614300）

摘　要： 本文以国内最大单机容量沙坪二级水电站灯泡贯流式机组安装盘车为例，详细介绍特殊结构灯泡贯流式机组盘车方法和步骤、盘车摆度计算及处理。

关键词： 灯泡贯流式机组；盘车；全摆度；轴线调整

1　概况

沙坪二级水电站位于四川省乐山市峨边彝族自治县和金口河区境内，共装设6台单机容量58MW灯泡贯流式水轮发电机组。电站由华东勘测设计院设计，水利水电第七工程局承建，灯泡贯流式水轮发电机组主设备由东方电机有限公司制造。

沙坪二级水轮机为灯泡贯流双重调节式水轮机，水轮机型号GZ（774）-WP-720，额定水头14.3m，额定流量457.66m^3/s，发电机型号：GFWG58-68/8700，额定功率58MW。整个机组为双支点双悬臂以管型座为主要支承的灯泡贯流式布置方式，发电机推力—导组合轴承布置在发电机下游侧，水轮机导轴承布置在水轮机转轮上游侧。水轮机和发电机共用一根轴整段结构，主轴为中空结构，装设内外操作油管，其材料为锻钢A668CL.D，轴长9230mm，直径1200mm，重量109t。主轴上带有发电机正反推力轴承镜板面，主轴两端的法兰采用螺栓，分别与发电机转子及水轮机转轮联结。发电机设组合式正、反推力轴承和分块瓦卧式径向轴承。水导轴承采用径向分半卧式筒形轴承结构，为重载静压启动轴承。水轮机径向轴承和发电机组合轴承共用一套润滑油系统，重力油箱给水导轴承和发电机的组合轴承供油，采用强制油外循环方式。径向轴承和发电机组合轴承设有高压油润滑顶起装置。

2　盘车目的及特点

盘车的目的是检查转动部件连接部分是否同心和存在曲折，检查镜板与主轴是否垂直，检查机组轴线是否合格，为轴线处理和调整提供第一手资料。沙坪二级水电站灯泡贯流机组水轮发电机主轴为一根轴结构，采用机械整体盘车方式。发电机集电环及受油器安装于转子上游。发电机集电环摆度超标会造成运行中集电环与碳刷接触不良出现发热、打

作者简介： 何世平（1978—　），男，工程师，本科；研究方向：水电站机电技术。

火现象，并加剧碳刷磨损；运行过程中受油器操作油管摆度过大会造成浮动瓦严重磨损，转轮桨叶开关腔之间便会发生串油，外加水冲力的作用，转轮桨叶会出现飘移现象，危及机组安全运行。

盘车顺序先盘受油器操作油管再盘集电环，或集电环安装后整体盘车。机组盘车流程如图1所示。

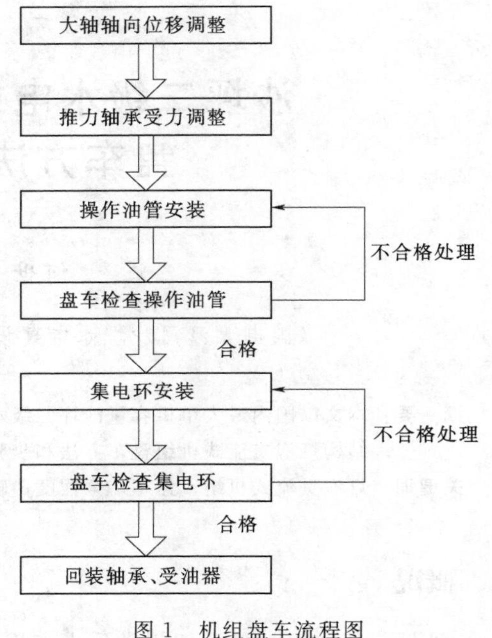

图1　机组盘车流程图

3　灯泡贯流式机组盘车

3.1　牵引力计算

由于贯流式机组布置及结构的特殊性，转动部件的摩擦阻力与推力轴承摩擦力相比较小，因此只考虑推力轴承及水导轴承的摩擦阻力 F。

根据经验公式：

钢丝绳拉力　　$F=Gf$　　　　(1)

式中　G——转动部件重量，kN；

　　　f——摩擦系数。

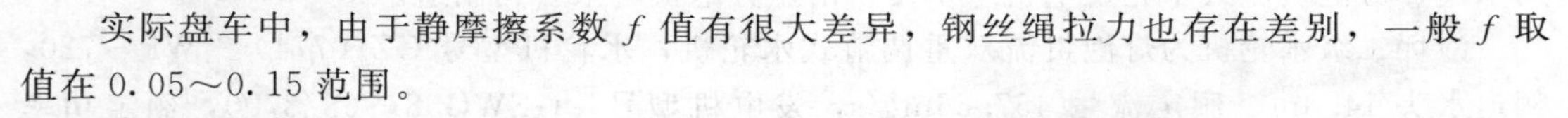

实际盘车中，由于静摩擦系数 f 值有很大差异，钢丝绳拉力也存在差别，一般 f 取值在 0.05～0.15 范围。

钢丝绳的拉力为：

$G=395\text{t}$，f 取 0.09 代入式中计算，钢丝绳拉力 $F\approx36\text{kN}$。

3.2　盘车条件

（1）机组定转子等部件已经安装完毕，定转子空气间隙、转轮叶片与转轮室间隙调整满足安装要求。

（2）组合轴承径向瓦安装调整完成，径向瓦间隙满足设计要求。主轴的水平不超过 0.02mm/m（上游侧略高于下游侧），左右中心偏差不超过 0.5mm。

（3）推力轴承正反向推力瓦受力调整满足安装要求，调整推力瓦间隙，正向推力瓦与镜板间隙为零，反推力瓦与反镜板间隙为 0.8～1mm。

（4）集电环安装完成，绝缘电阻不低于 5.0MΩ。

（5）检查发电机气隙及转轮室内无异物影响转动部件转动。

（6）机组高顶装置调试完毕，主轴顶起量符合规定。测量主轴的上升值，Y 方向主轴顶起值为 0.10～0.15mm。

3.3　盘车前的准备

3.3.1　盘车各测点架表

机组盘车各部位百分表测点布置示意如图2所示。

在受油器、集电环、发导轴承轴颈、水导轴承轴颈的周向将轴分 8 等分，按逆时针方

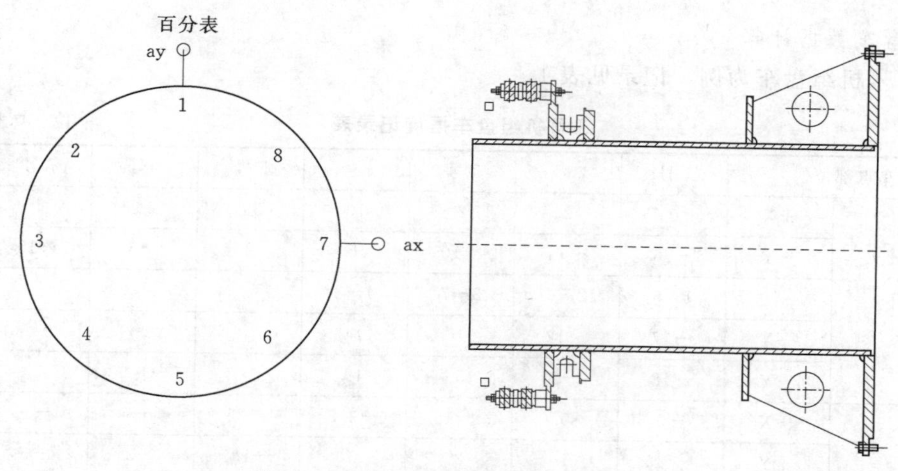

图2　机组盘车各部位百分表测点布置

图3　机组盘车推力轴承处百分表位置

向从1～8进行编号标记，同一标号的方位应在轴的同一断面上。在每个监测断面的＋X、＋Y方向架设1块百分表，每块表的指针正对每个测量部位的表面（垂直）。发导轴承轴颈、水导轴承轴颈百分表除了监视大轴顶起量外，在盘车时还监测轴线摆度。

机组盘车推力轴承处百分表位置如图3所示。

3.3.2　机械驱动盘车

在厂房桥机主钩上悬挂10t葫芦吊钩正对大轴盘车牵引钢丝绳并相连接，开启高压油顶起装置顶起主轴，将表针归零。用悬挂好的导链，旋转转动部分至每一个测量点，松开导链，记录每个测点的表针读数。转动方向与机组正常运转方向一致，不允许反转。

3.4　盘车

机组各测点应安排专人读数并记录，转动部件转动一圈后，各百分表应回零，如图4所示。

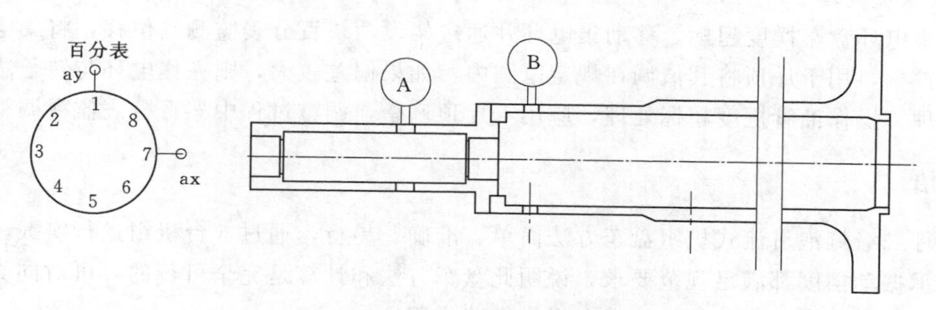

图4　推力轴承位置百分表

3.4.1 盘车数据计算

以5号机组盘车为例，记录见表1。

表1　　5号机组盘车摆度记录表　　单位：0.01mm

盘车点部位		1号	2号	3号	4号	5号	6号	7号	8号
集电环	＋X	0	2	2	10	17	14	1	－4
	＋Y	－16	－14	－10	1	2	－5	－15	－18
		1－5	2－6	3－7	4－8				
	＋X	－17	－12	1	14				
	＋Y	－18	－9	5	19				
受油器浮动瓦A	＋X	－5	0	－1	－3.5	－25	－5	－9	－7.5
	＋Y	－1.5	1	2	0	－1.5	－3	－5	－5
		1－5	2－6	3－7	4－8				
	＋X	－2.5	5	8	4				
	＋Y	0	4	7	5				
受油器浮动瓦B	＋X	－5	0	0	0	－4	－4	－5	－5
	＋Y	1	3	2	0	0	0	－1	－1
		1－5	2－6	3－7	4－8				
	＋X	－1	4	5	5				
	＋Y	1	3	3	1				

机组盘车过程中记录转动部件各监测点在＋X和－Y方向相对摆度值，再计算出全摆度。

$$\Phi=\Phi_{180}-\Phi_{0}=e \tag{2}$$

式中　Φ——全摆度；

Φ_{180}——大轴旋转180°时摆度读数，mm；

Φ_{0}——大轴对称点摆度读数，mm；

e——大轴径向位移量，mm。

东电安装技术要求，受油器操作油管不得大于0.08mm，集电环摆度值不得大于0.30mm。从上表组盘车数据看，受油器操作油管和集电环摆度均满足安装要求。

3.4.2 摆度处理

若集电环盘车摆度超标，移动集电环并通过架设两块百分表监测其位移，将集电环法兰螺栓拧松，用千斤顶将其值调在规定范围内，如果偏差较大，则在集电环与转子法兰处加垫处理。操作油管摆度超标处理，应用千斤顶调整，调整过程中架百分表监视调整量。

4 结语

沙坪二级灯泡贯流式机组盘车方法简单、准确、易行，通过6台机组运行实践，机组各部轴承振动摆度都满足规范要求，说明此盘车方法和计算是完全可行的，可对同类型大容量灯泡贯流式机组安装与检修盘车提供借鉴作用。

参考文献

[1] GB/T 8564—2003 水轮发电机组安装技术规范 [S].
[2] DL/T 5038—2012 灯泡贯流式水轮发电机组安装工艺规范 [S].

特大型灯泡贯流式机组座环的安装、测量及调整

侯琪武[1]　何世平[2]

（1. 东方电气集团东方电机有限公司，四川德阳　618000；
2. 国电大渡河沙坪水电建设有限公司，四川乐山　614300）

摘　要：特大型灯泡贯流式机组座环的安装一直以来都是一个重点和难点，本文结合沙坪二级电站详细介绍了大型灯泡贯流式机组座环的安装、测量及调整工艺。

关键词：特大型灯泡贯流式机组；座环；安装；测量；调整

1　引言

沙坪二级水电站位于四川省乐山市峨边彝族自治县和金口河交接处的大渡河干流上，是大渡河规划的22个梯级水电站中的第20级——沙坪梯级水电站的第二级。沙坪二级水电站采用低水头、河床式开发，电站装设6台转轮直径7.2m、单机容量58MW的特大型灯泡贯流式水轮发电机组，总装机容量348MW。电站的6台水轮发电机组主机设备均由东方电机有限公司设计供货，是目前国内单机容量最大的特大型灯泡贯流式机组[1]。

座环是灯泡贯流式机组中的基础部件，承载着机组基本所有的动、静载荷。座环也是整个机组的安装基准，它的安装质量关系到整台机组的安装质量[2]。沙坪二级水电站作为目前国内单机容量最大的灯泡贯流式机组，座环不仅尺寸大、重量重，而且安装精度高、安装难度大。通过沙坪二级水电站座环的安装，总结出一套全面的、高效的座环安装工艺，可为后续同类型机组座环的安装提供借鉴和参考。

2　座环的结构

沙坪二级水电站水轮机座环主要由内环、外环、上支柱、下支柱、水平支撑及导流板组成。座环内环在斜45°方向分为内环上瓣和内环下瓣，分瓣面通过螺栓把合。座环外环沿流道轴向分为前后3段，每一段又分为4瓣。座环总体的重量约为300t，其中上（下）支柱重约32t，内环上瓣（下瓣）重约63t。座环总体高度为20500mm，轴向长度为5255mm，外环下游法兰面开口直径为10005mm，外环上游开口尺寸为14700mm（宽）×16180mm（高）。座环具体结构如图1所示。

作者简介：侯琪武（1991—　），男，工程师，学士；主要研究方向：水轮机安装技术。

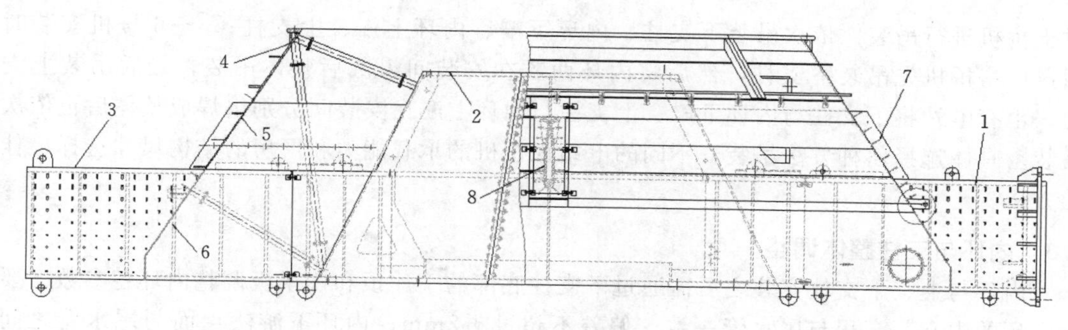

图1　座环结构

1—下支柱；2—座环内环；3—上支柱；4—外环前段；5—外环后段；6—上游里衬；7—导流板；8—水平支撑

3　座环的安装

3.1　座环安装前的准备

（1）尾水管法兰面尺寸复测。座环安装前尾水管混凝土养护期已结束，对尾水管上游法兰面的圆度、中心、高程及垂直平面度进行复测。计算尾水管法兰面的垂直平面度是否满足要求，若不满足要求则打磨至合格的范围内。后期座环将以尾水管上游法兰面为基准进行安装。

（2）装设临时起吊设备。1号、2号机座环安装时，安装间还未形成，桥机还未安装，无法通过厂房桥机起吊座环部件。为提前安装座环，现场装设了临时起吊座环部件的起重设备来完成座环部件的吊装。该起重设备承重梁可沿机坑上、下游两侧墙顶上的轨道在1号、2号机之间运动，临时起重设备上的卷扬机可沿承重梁上的轨道在上、下游之间运动。

（3）大件转运。1号、2号机座环外环等重量较轻的部件，通过土建的塔吊和门机吊入机坑进行安装。内环的两瓣和上、下支柱由于尺寸较大，重量较重，土建单位的塔吊、门机均无法吊入机坑，现场通过上游流道进水口将其运至机坑安装。先由汽车吊吊放在上游流道进水口的滑车上，再由滑车装配运至机坑内，如图2和图3所示。

图2　临时起吊座环部件的土桥机

图3　内环及支柱转运至机坑

3.2　内环与上、下支柱安装

沙坪二级水电站座环内环与上、下支柱安装时，1号、2号机按照从下往上的顺序通过土桥机进行吊装，依次吊装下支柱、内环下瓣、内环上瓣、上支柱；3～6号机安装时通过厂房桥机先吊装下支柱，然后将内环两瓣在安装间组圆后整体吊装，最后吊装上支柱。也有电站将下支柱与内环下瓣、上支柱与内环上瓣在安装间分别组焊成整体后再依次吊装。具体选择何种方法吊装，不同的电站视桥机的承载能力和厂房的结构尺寸选择最佳的方法。

3.3 内环与支柱整体调整

内环与上、下支柱安装之后需通过下支柱底部的千斤顶和楔子板调整内环各参数。要求内环的中心、高程与尾水管一致，偏差不超过±2mm；内环下游法兰面与尾水管之间的距离满足设计值，偏差不超过2.5mm；内环下游法兰面的垂直平面度不超过1mm；内环的圆度不超过2mm。调整过程中用卷尺、水准仪、全站仪等设备精确测量内环各参数。

（1）内环与尾水管之间的距离测量。通过全站仪定位，在内环下游法兰面附近距离尾水管法兰面A的位置设置与尾水管法兰面x—x线平行且高程一致的线架，测量内环下游法兰面与钢琴线之间的距离，再加上钢琴线与尾水管之间的距离A即为内环与尾水管之间的距离，调整该距离满足设计值。

（2）高程测量。内环在出厂前厂家在法兰面上做了其＋y标线，现场根据弦长及螺栓孔距找正其－y、＋x、－x标线。内环安装后，现场通过调整＋x和－x标线的高程来控制内环整体的高程。现场将钢卷尺的0刻度对准内环＋x和－x标线后向下竖直垂下，在尾水管内架设水准仪调平后读取钢卷尺上的读数，计算内环下游法兰面的x线高程。考虑座环在二期混凝土浇筑过程中可能会下沉，建议调整时按座环高程比尾水管高1～2mm来控制。

（3）中心测量。用全站仪打点，将尾水管的y轴线投影到下支柱下游附近的线架上。以内环下游法兰面y中心线为基准，在距离内环下游法兰面约50mm的位置挂钢琴线。通过内环y中心钢琴线与尾水管y中心钢琴线之间的相对关系来调整内环与尾水管中心一致。

（4）垂直平面度测量。以x、y标线为基准，在内环下游法兰面上平分16个点，在座环下游廊道架设全站仪配合钢板尺测量内环下游法兰面每个点的坐标，计算法兰面的垂直平面度。

（5）内环的圆度测量。内环的圆度在出厂时应当是合格的，其圆度应不超过2mm，现场在安装前以及安装的各个阶段对内环上、下游法兰面的圆度进行测量、复核，若有异常应及时进行处理。

图4 内环下瓣吊装

内环调整时以上各参数应同时兼顾，反复调整，直至各参数均满足要求为止。把紧下支柱地脚螺栓，并在下支柱基础板上焊接限位挡板对下支柱进行定位，如图4所示。

3.4 座环外环安装

座环外环前段外形尺寸大且安装精度

要求高，为简化安装工艺，将外环前段的4瓣组圆后进行整体挂装。1号、2号机由于安装空间及起吊能力的限制，在内环及支柱安装前利用机坑内空间将外环前段的4瓣先进行组圆，初调法兰面圆度及平面度合格后临时立放在尾水管上游墙面，等外环后段下2瓣及水平支撑安装后将外环前段进行整体挂装。3～6号机座环安装时安装间已形成，桥机可正常使用，外环前段可在安装间组圆后整体挂装。内环及上、下支柱整体调整合格后，依次安装外环后段下2瓣、水平支撑、外环前段的整体、上游里衬下2瓣、外环后段上2瓣、上游里衬上2瓣。座环内环下瓣吊装如图4所示，座环内环与上、下支柱整体调整如图5所示。

图5　内环与上、下支柱整体调整

3.5　座环整体调整

外环挂装完成后对座环进行整体调整。复测内环各参数是否依然满足要求，若不满足要求，则解除下支柱底部的固定重新调整内环至各参数合格，再次固定内环，开始调整外环。

(1) 内、外环的圆度和同心度调整。以内环上、下游法兰面中心为基准，在尾水管与内环上游流道之间挂钢琴线。以x、y标线为基准，在外环法兰面上均分16个点，调整每个点到内环中心线之间的距离相等，偏差不超过1mm。

(2) 内、外环的垂直平面度和内、外环之间的距离调整。以x、y标线为基准在内、外环下游法兰面分别均分16个点，在座环下游廊道地面上架设全站仪，配合钢板尺在内、外环下游法兰面分别测量16个点的坐标。根据内、外环法兰面上每个点的坐标即可计算出内、外环的垂直平面度以及内、外环下游法兰面之间的距离，要求内、外环下游法兰面的垂直平面度不超过1mm，内、外环下游法兰面之间的距离不超过860mm±0.5mm。

(3) 外环的中心、高程以及与尾水管之间的距离。外环的中心、高程调整方法与内环一致，调整外环的中心与尾水管中心一致，偏差不超过±2mm，调整外环的高程比尾水管高程高1～2mm。外环与尾水管之间的距离，在调整内、外环之间的距离时已定位，可通过内环与尾水管之间距离的测量方法进行复核。

座环整体调整时以上各参数需要反复测量和调整，直至所有参数均满足设计要求。焊接相关的焊缝，并对座环进行加固，加固完成后复测座环各参数合格后移交土建浇筑座环混凝土。

座环外环前段整体挂装如图6所示，座环整体调整及加固如图7所示。

4　座环安装中的注意事项

(1) 座环安装时，若机组设计中心、高程与尾水管实际中心、高程偏差较大，应以尾水管法兰面的中心、高程为基准进行安装。

图6　外环前段整体挂装

图7　座环整体调整及加固

（2）座环内环下游法兰面分瓣处及座环外环下游法兰面分瓣处应现场开坡口后焊接并磨光，防止漏水。

（3）导流板在安装后，为防止导流板焊缝焊接应力将座环内环拉变形，先焊接导流板与支柱之间的焊缝，再焊接导流板与外环之间的焊缝，在混凝土浇筑后再焊接导流板与内环之间的焊缝。

（4）水平支撑调整合格后，水平支撑A段与B段对接焊缝在焊接及退火时应保证水平支撑B段非过流侧无约束，防止焊缝内应力将内环拉变形。

（5）座环外环调整时，用内、外环之间的支撑管进行调整，不可用座环外环与尾水管墙面之间的短支撑管进行调整，以免座环内环移位。

（6）为减小座环外环下游法兰面变形，外环前段与后段之间的环缝在混凝土浇筑后焊接，根据混凝土浇筑后外环前段下游法兰面的变形情况选择合理的焊接顺序。

（7）座环在安装调整完成后，除按设计图纸安装支撑外，现场应额外加装支撑提高座环的刚强度，减小座环的变形。

（8）在混凝土浇筑过程中，在尾水管与座环外环之间的短支撑管上不允许放重物，防止将座环外环压变形。

5　总结

沙坪二级电站6台机组分别于2017年6月至2018年9月期间相继投产，机组运行至今效果良好，振摆、瓦温等各项参数均满足设计要求，机组各密封部位基本无渗水和漏水，说明机组的设计及安装取得了良好的效果。座环安装后，在安装导水机构、转轮室、补偿节等部件的过程中，各部件配合部位尺寸对接良好，无较大偏差，各配合部件螺栓孔无错孔或仅有少量错孔。以上情况说明沙坪二级电站座环的安装工艺是成功的。

参考文献

［1］　GB/T 8564—2003 水轮发电机组安装技术规范［S］.

［2］　DL/T 5038—1994 灯泡贯流式水轮发电机组安装工艺导则［S］.

大型灯泡贯流式水轮发电机组径向轴承装配新工艺

潘　杰　蒋　平

（中国水利水电第七工程局有限公司，四川成都　610081）

摘　要： 灯泡贯流式水轮发电机组径向轴承传统的装配工艺，未考虑到主轴的扰度问题，会直接影响主轴与轴承支架的同心度，从而影响机组的运行质量。在沙坪二级水电站，1号机完全采用传统工艺，2号、3号机作了部分改动。通过安装过程中的数据记录和分析，我部总结出一套装配的新工艺，4～6号机采用装配新工艺。通过4～6号机与1～3号机的机组运行质量比较，证明此装配新工艺能够有效地避免主轴的扰度问题，从而达到提高机组运行质量的目的。

关键词： 径向轴承；同心度；扰度；运行质量

1　简介

沙坪二级水电站共装设6台单机容量58MW灯泡贯流式水轮发电机组，机组由东方电机有限公司生产，由水电七局负责机组的安装工作并对机组的全部质量负责。

沙坪二级水电站水轮机和发电机共用一根轴，总长度9054mm，最大直径2500mm（发电机侧），总重量105.27t。推力头、推力镜板与主轴一体，轴系属于两点支撑结构，如图1、图2所示，水导轴承为筒式结构，发电机径向轴承为分块瓦结构（10块瓦），如图3所示。机组运行质量主要是由主轴、径向轴承和水导轴承决定的。

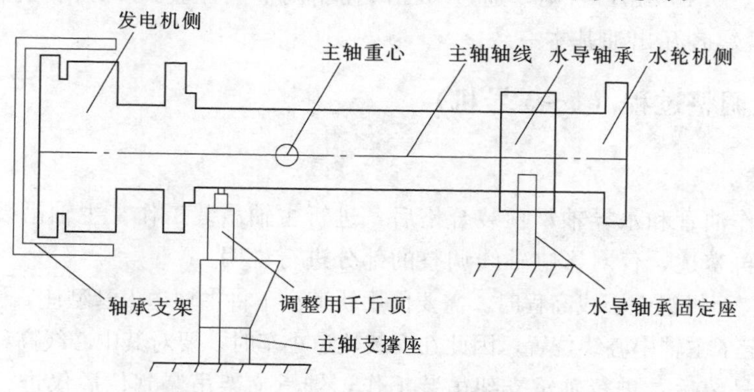

图1　特大型灯泡贯流式机组发电机轴结构示意图

作者简介： 潘杰（1994—　），男，助理工程师，学士。

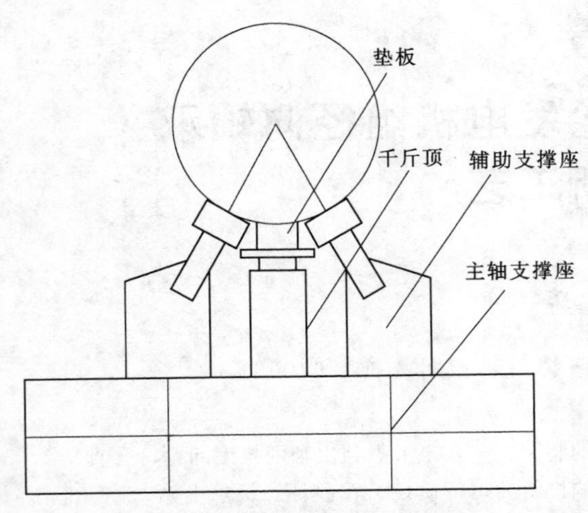

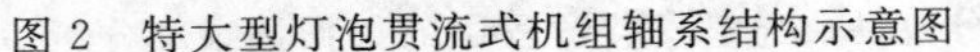

图 2 特大型灯泡贯流式机组轴系结构示意图

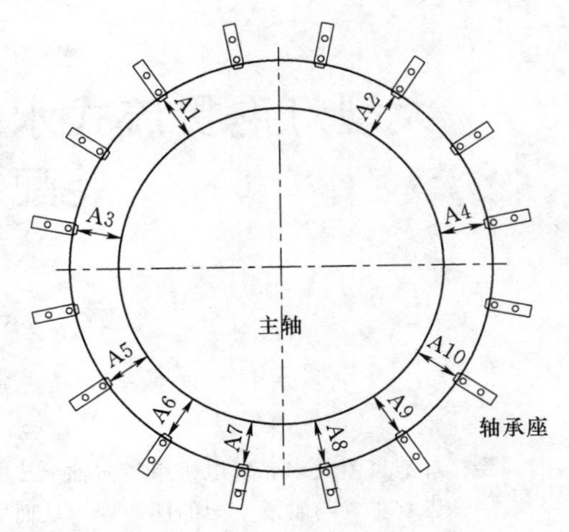

图 3 发电机径向轴承结构图

2 轴线调整有关标准及技术要求

（1）主轴装配。水平不超过 0.02mm/m（上游侧略高于下游侧），左右中心偏差不超过 0.5mm，水导轴承与主轴间隙左右偏差不超过 0.05mm。

（2）轴承支架装配。轴承支架同主轴的同心度不超过 0.10mm。

（3）径向瓦与主轴间隙值（径向瓦布置如图 3 所示）。

1）7 号、8 号瓦：0～0.02mm；

2）5 号、6 号、9 号、10 号瓦：0.02～0.05mm；

3）3 号、4 号瓦：1～1.3mm；

4）1 号、2 号瓦：2～2.3mm。

（4）安装完成检查。使用试压泵临时连接高压油系统测量主轴的上升值，Y 方向主轴顶起值为 0.10～0.15mm，否则，通过节油阀控制调整上升值。X 方向检测变化不得大于 0.02mm，且观察各瓦出油基本一致。

3 传统轴线调整过程（1～3 号机）

3.1 主轴吊装

（1）在操作油管和水导轴承预装合格后，进行主轴吊装工作。主轴吊装采用传统吊装方案，此处不再赘述，仅对影响轴线调整的部分进行说明。

主轴在吊装至机组中心线高程时，需要使用轨道小车将主轴送入管型座，轨道小车的中心线位置大致确定了主轴中心线位置，因此在安装轨道小车时，要对其中心线高程进行测量。

（2）主轴吊装后，进行轴承支架吊装工作，轴承支架吊装到位后仅进行临时固定，待下一步轴线调整时进行固定。

3.2 轴线调整过程

（1）主轴调整。通过主轴支撑座上的千斤顶调整主轴位置，使其满足主轴装配要求。

（2）主轴与轴承支架同心度调整。在主轴满足调整要求的情况下，测量轴承支架10个厚平板到主轴轴领的距离，每个厚平板测量3个点（如图4所示）。测量出全部数据后，根据计算结果，在轴承支架上架设4块百分表（+X、-X、+Y、-Y方向各一个，用于测量各方向位移），在+X、-X、-Y三个方向上分别架设一台千斤顶（用于轴承支架位置调整），再由2人根据测量结果在X、Y两个方向通过千斤顶调整轴承支架位置。如此反复多次，直到将轴承支架与主轴轴领的同心度调整到0.10mm以内。

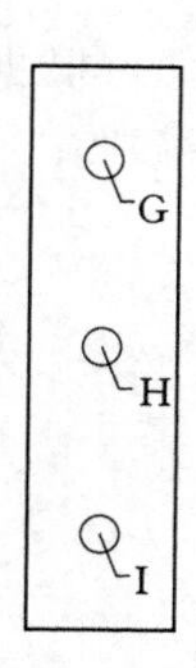

图4　3个测量点

（3）轴承支架固定。在同心度调整完毕后，拉紧轴承支架与座环把合的8个方向的螺栓，不穿入销钉，然后再次测量同心度数据，此时同心度数据应无变化。将轴承支架+X、-X方向上的百分表归零，并在保证+X、-X方向上百分表读数不变的条件下，使+X、-X方向上的千斤顶受力（用以防止轴承支架左右窜动）。

（4）数据测量。

1）完成调整后，如图3所示再次测量轴承支架10块厚平板与主轴轴领的距离，并记录为G1～G10、H1～H10、I1～I10；

2）根据图5，测量径向瓦厚度，记录为E1～E10、F1～F10；

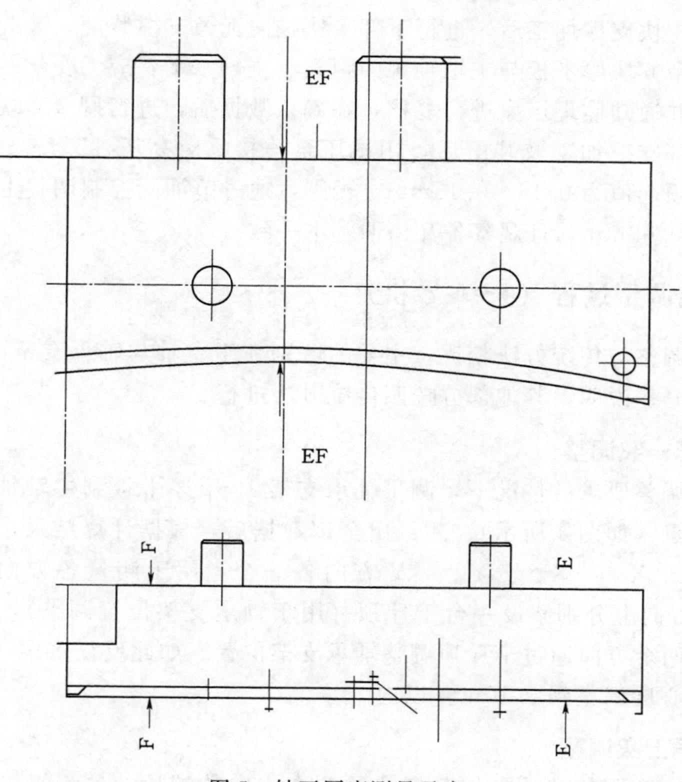

图5　轴瓦厚度测量示意

3）根据图 6，测量径向瓦支撑厚度，记录为 A1～A10、B1～B10、C1～C10、D1～D10；

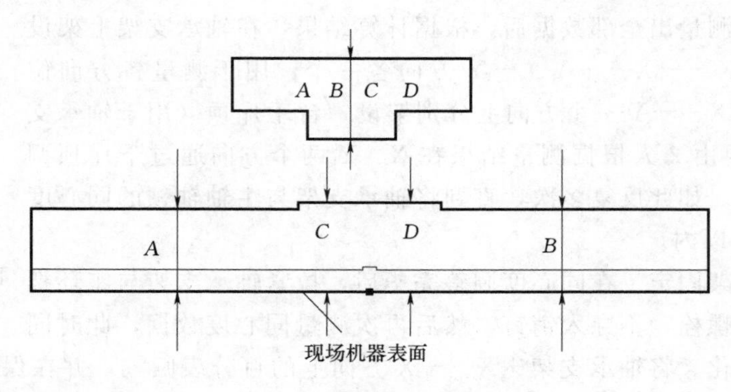

图 6　现场轴瓦支撑示意

4）通过计算得出下部 4 块带高顶径向瓦支撑的加工量 L，计算方式以 1 号径向瓦为例。

加工量 L1＝(C1＋D1)/2－(G1＋H1＋I1)/3＋(E1＋F1)/2，且满足垫板凸台厚度不小于 3mm，即垫板凸台厚度满足(C1＋D1)/2－(A1＋B1)/2≥3mm

计算完成后并通知监理和厂家进行复核，在各方确认数据后，进行支撑加工。

(5) 在下部 4 块支撑加工后，进行下部 4 块径向瓦及支撑装配，装配完成后松开液压千斤顶，复测剩余 6 块厚平板与主轴轴领的距离、主轴水平，应无变化。再复测剩余 6 块径向瓦的数据，并通知监理厂家进行复核，在确认数据后，进行剩余 6 块瓦支撑加工。

(6) 完成全部支撑加工及装配后，用试压泵连接临时高压油系统，测量主轴的上升值，Y 方向主轴顶起值为 0.10～0.15mm，否则，通过节油阀控制调整上升值。X 方向检测变化不得大于 0.02mm，且观察各瓦出油基本一致。

4　新工艺轴线调整过程（4～6 号机）

新工艺轴线调整与传统方法相比，主要的区别在于主轴与轴承支架的同心度调整上，下面只对不同部分作说明，其他部分按照传统方法进行。

4.1　轴承支架第一次调整

在主轴满足调整要求的情况下，测量轴承支架 10 个厚平板到主轴轴领的距离，每个厚平板测量 3 个点（如图 4 所示），测量出全部数据后，根据计算结果，在轴承支架上架设 4 块百分表（＋X、－X、＋Y、－Y 方向各一个，用于测量各方向位移），在＋X、－X、－Y 三个方向上分别架设一台千斤顶（用于轴承支架位置调整），再由 2 人根据测量结果在 X、Y 两个方向通过千斤顶调整轴承支架位置。如此反复多次，直到将轴承支架与主轴轴领的同心度调整到 0.10mm 以内。

4.2　轴承支架第二次调整

(1) 松开第一次调整轴承支架时把合的 8 个方向的螺栓，先缓慢松开－Y 方向千斤顶，使上部百分表读数正好比下部百分表读数小 1mm（根据 1～3 号机总结出的数值，在结果分析里会做详细说明)，再通过＋X、－X 方向上的千斤顶调整轴承支架左右位置，使＋X、－X 方向的两块百分表读数差不超过 0.02mm。

(2) 调整完成后，按照厂家说明书和图纸伸长值要求，拉紧轴承支架与座环把合的螺栓，并拉紧销钉螺栓。螺栓及销钉完成拉紧后，不再测量轴承支架与主轴轴领同心度。

5 轴线调整结果及分析

(1) 特大型灯泡贯流式水轮机组主轴较长，重量较大，其发电机侧和水轮机侧占主轴总重量的比重较大，由于主轴是两点支撑，呈悬挂状态，主轴必然产生扰度和倾角，同时轴承受力后会产生微量下沉；同时考虑，水轮机转轮和发电机转子安装完成、导轴承受力后，主轴轴线应成水平线，保证主轴与转子连接的法兰面成铅垂面，并与定子的安装法兰面平行，从而保证将来发电机组装后气隙沿轴线方向均匀一致。主轴轴线的调整定位，正是要同时满足这两方面的基本要求。

(2) 在轴系调整过程中，水导轴承支点不变化，组合轴承处支点位置会产生变化，即轴线调整时和正常运行时主轴位置是不同的。在 2 号机轴线调整时，使用千斤顶模拟支点变化后的位置，并记录发生变化前后主轴的扰度变化数据表（见表 1)，根据表 1 数据可以得到一个结论：吊装调整时和正常运行时，主轴发电机侧轴领不在同一位置，且两个状态主轴中心线高差约 0.50mm，这个数值也作为了后续机组轴线调整的指导值。

表 1　主轴扰度变化数据表

轴承支架已固定的前提下吊装调整时和正常运行时均在主轴水平为 0.02mm/m 的情况下测量数据			
吊装调整时发电机侧支点在主轴顶起工具处		正常运行时发电机侧支点在主轴轴领处	
1	159.68	1	160.09
2	159.69	2	160.11
3	159.63	3	159.82
4	159.64	4	159.85
5	159.63	5	159.45
6	159.73	6	159.33
7	159.79	7	159.22
8	159.78	8	159.24
9	159.69	9	159.36
10	159.65	10	159.42

(3) 1 号机组径向轴承采用传统轴线调整方案进行装配，在进行上下游密封盖装配时，无法满足图纸要求，同时瓦温考验的结果不是很理想；2 号机组、3 号机组轴线调整过程中，利用液压千斤顶将主轴受力支点从主轴顶起工具转移到轴承支架上后，我部重新测量了轴承支架与主轴轴颈的同心度数据，数据结果显示：主轴在支点转移后，如果要保证原有水平值，则主轴中心需下调 0.50mm 左右，但是此时主轴轴颈与轴承支架的同心度就达不到厂家要求的不超过 0.10mm。

(4) 轴线调整的检验标准除了通过后期机组运行质量判断，就只能通过主轴与轴承支架的同心度来判断，通过 6 台机的数据及理论分析，我们对传统工艺和新工艺做一个对比。

传统的调整方法没有移动支点进行模拟，在调整完毕后，由于支点改变，主轴发电机侧轴线发生变化，进而使同心度调整数据成为一个非实际值，无法在实际安装中使用，需要先加工最下部两块瓦支撑，然后安装下部两块径向瓦，并将主轴受力点转移到瓦上，然后测量主轴的水平。就沙坪二级水电站 1～3 号机的调整而言，此时主轴的水平是远远高于标准要求的，测量使用的框式水准仪在读数过大时无法显示水平数据，因此需要重复进行下部瓦支撑加工和主轴水平测量工作，很容易造成瓦支撑报废或者需要重新调整的结果，这是不可取的。

新工艺的调整方法引进了模拟支撑，在将主轴受力点转移到瓦上前，提前使用千斤顶模拟此状态（如图 7 所示），等同于主轴受力点在径向瓦上的状态，此时的调整数据即是实际值，可以直接使用进行瓦支撑加工，根据 4～6 号机的调整显示，使用此数据进行瓦支撑加工，最终变化量不超过 0.03mm，可以忽略不计，提高了调整数据的可靠性，也避免了瓦支撑重复加工的问题。

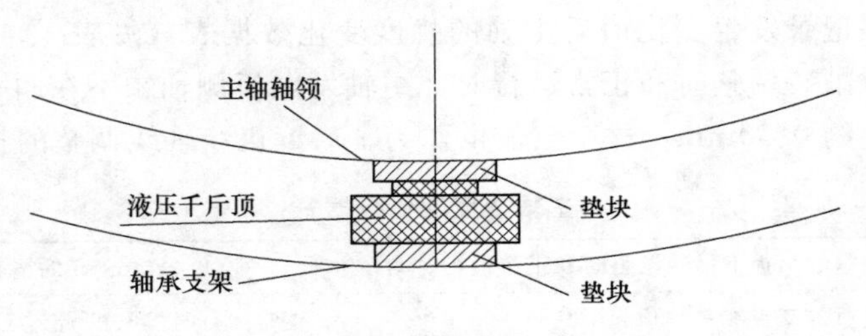

图 7　径向轴承装配新工艺模拟支撑

6　结语

国电大渡河沙坪公司运维反馈的机组运行质量显示，采用新工艺轴线调整的机组的运行指标均优于采用传统方法的机组，表明了特大型灯泡贯流式机组主轴中心水平调整采取的一系列过程控制方法是可行的。

（1）安装设计的问题。在进行设计制造主轴时，主轴的扰度已经考虑了，但是由于对特大型灯泡贯流式水轮发电机组主轴的安装设计并不具备成熟的经验，因此才出现了主轴实际扰度远远大于设计扰度的问题，特大型灯泡贯流式水轮发电机组的设计和安装经验还需要进一步总结。

（2）尚待在其他水电站进行检验。轴线调整新工艺仅在沙坪二级水电站后 3 台机组中采用，此新工艺能否广泛地用于各类灯泡贯流式水轮发电机组，还需要在随后的犍为水电站及其他水电站进行试验，并根据机组运行质量对此新工艺进行改进，并判断其可行性。

贯流式机组水平垂直支撑安装工艺及要点

罗金红[1]　谢明之[2]

（1. 四川二滩建设咨询有限公司，四川成都　610000；
2. 国电大渡河沙坪水电建设有限公司，四川乐山　614300）

摘　要：沙坪二级水电站安装有目前亚洲最大的灯泡贯流式机组（58MW×6），其特点为尺寸大、容量大，机组外壳灯泡头受大流量水流冲击，造成其震动较大、易变形等难点。在机组安装部件中，水平、垂直支撑是控制灯泡头水平垂直震动及位移的主要部件，因此水平、垂直支撑的安装至关重要，其安装要求也较高。本文简述水平垂直支撑的重要性、组成部件、安装步骤、工艺控制要点。

关键词：水平垂直支撑；安装步骤；工艺控制

1　特点和作用

沙坪二级水电站为目前亚洲最大灯泡贯流式机组 58MW×6，其特点为尺寸大，容量大，机组外壳灯泡头受大流量水流冲击，造成其震动较大、易变形等难点。在机组安装部件中，水平、垂直支撑是主要控制灯泡头水平垂直震动及位移的主要部件，因此水平、垂直支撑的安装至关重要，其安装要求也较高。

水平支撑控制灯泡头在运行过程中左右摆动，垂直支撑控制灯泡头上下摆动，垂直支撑同时承受支撑定子和灯泡头一端重量。由于贯流式机组灯泡头与座环把合的位置距离较远，灯泡头又完全浸泡在水中，灯泡头具有上浮力，消除上浮力也要靠垂直支撑控制；可见水平垂直支撑的安装质量直接影响机组的纵向和横向振幅大小，甚至关乎整台机组运行的稳定性。

2　组成部件

（1）垂直支撑组成部件有：上支撑座、中支撑座、下支撑座、支撑座基础板、地脚螺栓、地脚螺栓加强板共六大主要部件，如图 1 所示。主要连接件有不锈

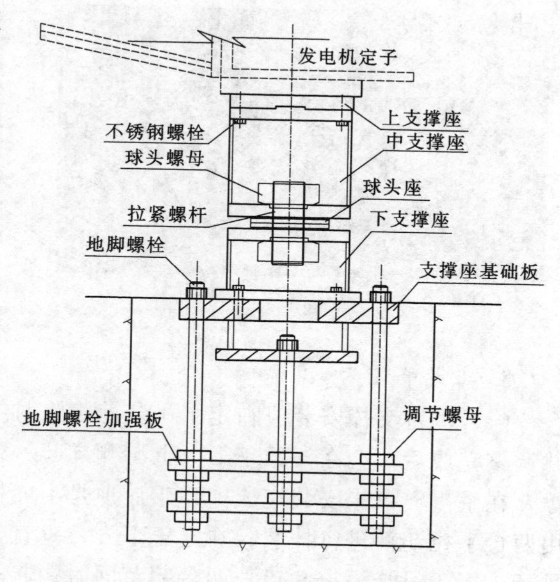

图 1　垂直支撑结构简图

作者简介：罗金红（1982—　），男，工程师，大专；研究方向：水能机械技术与应用；E-mail：1798339986@qq.com。

钢螺栓 M48×140、拉紧螺杆、球头螺母、球头座、调节螺母 M64 等；其他还有盖板、不锈钢螺钉、橡胶垫、调整垫等配件。

（2）水平支撑组成部件有：垂直支撑杆、球头座、球头座外罩、球形座基础板、支撑座基础板、球头活塞、锁定螺母 M140×4、O 型密封圈、螺母 M48、地脚螺栓、地脚螺栓加强板等部件。

3 安装步骤

1. 检查放点

根据安装顺序，首先检查清理土建预留二期混凝土坑，复测预留坑的长度、宽度及深度尺寸，必须符合设计图纸要求（设计为 1100mm×500mm×1340mm）。然后根据图纸标注尺寸放样，将垂直支撑厂横、厂纵中心线放点确定位置，厂横中心线即至转轮中心线 11545mm，厂纵中心线即每台机组中心线左右加减 594mm 的距离，同时确定高程 517.35mm。在放点过程中如果检查发现土建二期预留坑与设计图纸有偏差，应要求土建进行凿正，确保中心完全一致。

2. 安装间组装

水平、垂直支撑所有零部件需要在安装间组装成整体部件，如图 2、图 3 所示，根据东方电机厂提供的图纸逐步将水平垂直支撑组装完成，组装完成的半成品还需进行临时加固，特别是水平支撑组装好后为两大部分不相连接体，需要使用角钢将组好的垂直支撑杆与支撑座基础焊接为一体，便于吊装。同时，在各支撑体上适当位置加焊吊环，便于吊装过程中挂葫芦进行调整。

图 2 水平支撑组装图

图 3 垂直支撑组装图

3. 正式吊装

（1）垂直支撑安装应在定子吊装前将临时组装好的半成品件吊入二期坑内；定子吊装并调整完成后，会在－Y 正下方上游侧支起一台千斤顶，此千斤顶作用相当于临时垂直支撑，在垂直支撑未安装完成前，千斤顶是不能松动的。在正式回装垂直支撑过程中，应使用两台手拉葫芦进行挂装；在定子下方，垂直支撑安装基础板两侧适当位置临时焊接两块吊环，用于吊挂手拉葫芦。两台葫芦同时钩起垂直支撑中支撑座两侧吊环进行提升，中支撑座两侧在安装间组装过程中在适当位置已焊有两吊环。

将上支撑座与定子基础板对正。注意，此时应找正上支撑座与基础板中心线应重合，下面支撑座基础板中心与原放点基准中心对齐；同时校验基础高程，由于定子空气间隙调整幅度大，因此垂直支撑安装高程可能会随定子调整有所变化，但须符合规范要求。垂直支撑调整完成后，将定子上基础板与上支撑座四个方位点焊固定，然后进行焊接，由于此处为仰焊，应注意焊接美观度。焊接完成后根据设计要求作TV无损探伤检查。最后在下端地脚螺栓基础四周焊接加固钢筋，防止在土建进行二期混凝土浇筑过程中地脚螺栓基础发现左右偏移。土建二期混凝土浇筑完成后，待混凝土强度达标后，可进行拉紧螺杆拉伸。二期混凝土浇筑后强度达标检查，应由土建试验室进行。

（2）水平支撑安装应在灯泡头及垂直支撑全部安装完成（包括拉紧螺杆拉伸）后进行安装。水平支撑安装为高空作业，进行安装前要搭设足够高度的脚手架和施工平台，并做好安全防护措施。第一步仍然检查清理土建预留二期混凝土坑，复测预留坑的长宽及深度尺寸，必须符合设计图纸要求（1400mm×700mm×940mm）。然后根据图纸标注尺寸放样，测出厂横设计中心线，即至转轮中心线14415mm，高程为523.00mm。使用桥机挂装水平支撑组装好的半成品件，注意挂装必须加用手拉葫芦采用两点挂装便于调整支撑杆水平度，挂装时水平支撑迎水翼展面为水平方向，起水流导向作用，减小冲击力度。先将灯泡头一端球头座安装完成，利用球头座外罩把合将水平支撑杆固定在球头座凹面上，先不要拧紧，便于另一端能左右上下调整。调整地脚螺栓基础板中心与原放点中心线重合，用水平尺测量支撑杆水平，利用手拉葫芦调整直至两端水平度相同。调整完成后，将地脚螺栓基础板四周用钢筋焊接加固牢靠，拧紧另一端盖螺栓，此时可以摘除桥机挂钩，并移交土建进行二期混凝土浇筑。待混凝土强度达标后，进行水平支撑杆打压拉伸。

4 控制要点

垂直支撑拉紧螺杆及水平支撑杆打压拉伸为水平、垂直支撑安装过程中的控制重点。根据设计要求，把合上支撑座与中支撑座的不锈钢螺栓扭矩应为3200N·m±5%力矩，该螺栓在安装间组装过程中可一次性把合到位，并进行力矩检测。连接中支撑座与下支撑座的拉紧螺杆采用加热拉伸，拉伸长度值为0.18～0.20mm。由于该螺杆拉伸为最后一道施工工序，现场施工环境无法使用伸长测杆直接测出伸长值，因此可根据伸长值及螺杆牙距算出螺母旋转角度，用记号笔将算好的旋转角度标注在螺母上，加温完成后旋转螺母角度来完成螺栓拉伸［已知设计拉伸值H、螺杆牙距a、求夹角$\alpha=360°\times(H/a)$］。螺栓拉伸完成后盖上中支撑座及下支撑座盖板，垂直支撑安装全部完成。

水平支撑杆打压拉伸为液压拉伸长，在支撑杆一端设有球头活塞缸，活塞缸靠O型密封圈进行密封打压，往缸里加压之后球头活塞便伸出来与球形座基础板凹面接触抵死支撑杆两端距离，起到支撑作用。注意本电站设计施加压力为15MPa油压值，必须严格按照该压力值进行加压；同时必须左右两边支撑同时使用一台油泵进行加压，防止加压不均匀造成灯泡头顶偏。加压完成后，拧紧锁定螺母M140×4。最后盖上支撑座基础板外罩，把紧所有外罩螺钉，至此，水平支撑全部安装完成。

5 结语

贯流式机组水平垂直支撑安装工艺复杂，步骤烦琐，同时安装质量要求较高。特别是中心放点、二期混凝土回填及两种支撑不同类型螺栓拉伸为安装过程中的控制要点。

浅谈水电站建设工程中的光纤熔接施工

王陈伟　杨　杰

（中国水利水电第七工程局有限公司，四川成都　611730）

摘　要：重点介绍了水电站光纤、光缆的分类、光纤熔接的基本步骤，阐述了影响熔接损耗的主要因素及降低熔接损耗的方法。

关键词：光纤通信；分类；熔接；影响因素

1　引言

通信是水电站必不可少的一部分，是保证水电站安全运行、生产管理和系统调度的主要手段，它要求在任何情况下数据传输都能畅通无阻。随着通信技术的不断发展，光纤通信以其容量大、质量高、可靠性高等优点，成为水电站通信的发展主流。光纤的施工质量对于整个光纤通信来说至关重要，特别是光纤的熔接质量更是影响到系统使用的稳定性、可靠性，直接影响到网络的各项技术指标。

2　光纤及光缆的分类

2.1　光纤的分类

光纤是一种传输光能的介质波导，它是由石英玻璃为主的石英系玻璃制成的纤维。通常通信中使用的光纤按以下几种方式分类[1]：

（1）根据传输模式可分为单模光纤和多模光纤。多模光纤由于模式色散大，适用于短距离传输。单模光纤由于无模式色散，适用于干线、远距离、大容量传输。

（2）按所传光波的波长可分为短波长光纤和长波长光纤。短波长光纤波长一般为0.85μm，仅适用于短距离传输。长波长光纤波长分别为1.31μm和1.55μm，适用于远距离传输。

（3）按结构形式可分为突变型光纤和渐变型光纤。

（4）按保护结构可分为松套光纤和紧套光纤。

2.2　常用光缆的种类

将光纤按照一定的方式排列、绞合、套塑、置入强度材料、金属带铠装而制成光缆。根据目前光缆的使用情况和光缆的生产情况，常用的光缆可分为普通光缆、全介质自承式

作者简介：王陈伟（1990—　），男，工程师，学士；研究方向：水电站电气。

光缆（ADSS）和架空地线复合光缆（OPGW）[1]。

（1）普通光缆可分为中心束管式光缆、骨架式光缆、层绞式光缆和光纤带光缆。在光缆结构中，增加钢带铠装即构成钢带铠装光缆。

在光缆结构中，用高强玻璃纤维增强塑料代替金属材料加强件，去掉光缆中金属材料，组成普通非金属光缆系统，适用于水电站、变电站、调度通信所（室）光纤通信中的引入光缆。

（2）全介质自承式光缆（ADSS）是专为高压输电系统通信线路设计使用的特种光缆，它可以利用现有电力杆塔与电力线路同杆塔架设，具有耐电痕、耐腐蚀、防雷击、抗强电干扰等特点。

（3）架空地线复合光缆（OPGW）架设在输电线上的架空地线位置上，它既可作为架空地线避雷，又可作为大容量、高速率传输用的通信线。既节省了线路建设中架杆塔的费用，而坚固耐用的电力杆塔又为通信线路提供了可靠的保证。

3 光缆及光纤的型号

根据光纤、光缆的分类，光缆在生产中的型号较为复杂，常规的型号表示如图1所示，含义见表1。

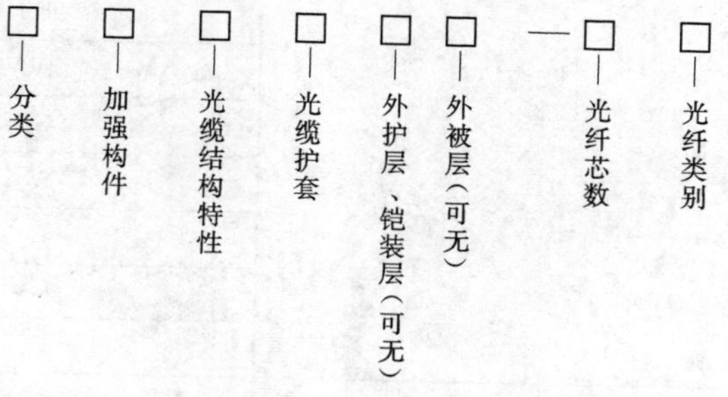

□ □ □ □ □ □ —□ □

分类 | 加强构件 | 光缆结构特性 | 光缆护套 | 外护层、铠装层（可无） | 外被层（可无） | 光纤芯数 | 光纤类别

图1 光缆型号示例

表1 光缆型号组成的含义

型号组成	代号	含　义
分类	GY	通信用室外（野外）光缆
	GM	通信用移动光缆
	GJ	通信用室（局）内光缆
	GS	通信用设备用光缆
	GH	通信用海底光缆
	GT	通信用特殊光缆
加强构件	无	金属加强构件
	F	非金属加强构件
	G	金属重型加强构件
光缆结构特性	无	层绞式结构
	S	光纤松套被覆结构
	J	光纤紧套被覆结构
	D	光纤带结构
	G	骨架槽结构
	X	光缆中心管（被覆）结构

续表

型号组成	代号	含　义
光缆结构特性	T	填充式结构
	B	扁平式结构
	Z	阻燃结构
	C	自承式结构
光缆护套	Y	聚乙烯
	V	聚氯乙烯
	F	氟塑料
	U	聚氨酯
	E	聚酯弹性体
	A	铝带-聚乙烯黏结护套
	S	钢带-聚乙烯黏结护套
	W	夹带钢丝的钢带-聚乙烯黏结护套
	L	铝
	G	钢
	Q	铅
外护层、铠装层	0	无铠装
	2	双钢带
	3	细圆钢丝
	4	粗圆钢丝
	5	皱纹钢带
	6	双层圆钢带
外被层或外套	1	纤维外护套
	2	聚氯乙烯护套
	3	聚乙烯护套
	4	聚乙烯护套加敷尼龙护套
	5	聚乙烯管
光纤芯数	数字（4、6、8 等）	4 芯、6 芯、8 芯等
光纤类别	A1a、A1b、A1c、A1d	G651 类；多模光纤
	B1.1、B1.3	G652 类；常规单模光纤
	B2	G653 类；色散位移单模光纤
	B1.2	G654 类；截止波长位移单模光纤
	B4	G655 类；非零色色散位移单模光纤

例如：GYTA33-8B1 型号含义：8 芯室外用通信用、金属加强构件、松套层绞、全填充、铝带-聚乙烯黏结护套、单细钢丝铠装聚乙烯外护层、G652 类常规单模光缆。

4 光纤熔接

光纤连续是光纤传输系统中工程量最大、技术要求最复杂的重要工序，其质量好坏直接影响光纤线路的传输质量和可靠性。在水电站建设工程中基本上都是采用熔接法，因为熔接法的节点损耗小、反射损耗大、可靠性高。光纤熔接也是一项细致的工作，特别在端面制备、熔接、盘纤等环节，要求操作者仔细观察，周密考虑，操作规范。

（1）光缆的剥开。在对光缆进行开剥时，光缆前端的一段应舍弃不用。因为光缆在施工过程中，会受到机械性破坏，质量受损，所以应视光缆实际情况，从光缆端头开始剪去一定长度后再使用。水电站常用光缆外护层均带钢丝，因此在剥光缆前，应先用斜口钳或老虎钳将钢丝拔掉。

光缆开剥长度 1m 左右。开剥时，刀尖在光缆上用力均匀的划剖，整个过程都要小心稳妥，注意刀尖进入光纤的深度，以避免损伤缆内光纤。

（2）光缆剥开后的处理。光缆成功开剥后，要对缆内的硅油用卫生纸擦拭，用力不宜过大，防止折断纤芯。擦拭干净后，应按正确的顺序对光纤做出色谱记录，以保证后续接续过程中准确无误，而且方便后期维护。

在本行业中，光纤色序一般为（1～12 号）：蓝、橙、绿、棕、灰、白、红、黑、黄、紫、粉红、浅绿。对于层绞式光缆，其束管色序也是按此排列。

随后，测量终端盒（配线架）夹件至收容盘的距离，截取合适长度的塑料套管，将光纤穿入其中，对光纤进行保护。塑料套管端部与光缆端部贴合，用胶带缠绕固定。

（3）光缆固定。打开终端盒（配线架），将光缆穿入终端盒（配线架）内，光缆端部固定在终端盒（配线架）的夹具上，用螺栓带紧。光缆与夹具固定不能松动，否则有可能造成光缆打滚纤芯。

（4）光纤涂面层的剥除。去除松套管（束管）时，米勒钳的使用要持稳，注意力度，以防剪断光纤。松套管剥除后，用优质手帕纸擦掉附着在光纤上的硅油。将不同束管、不同颜色的光纤分开，穿过热缩套管。紧接着进行光纤涂面层的剥除，剥除光纤涂面层要掌握平、稳、快三字剥纤法，涂覆层的剥除长度大约在 40mm。一只手让光纤自然绕弯在自己习惯的手指上，水平捏紧光纤，以便能够利用手指增加力度，防止光纤松脱滑落或者折断；另一只手要拿稳米勒钳，钳口适当地卡住光纤，用力向外剥去。剥纤时要力度均匀，不能犹豫，否则容易折断光纤。

（5）光纤端面的清洁。剥去涂面层的光纤称为裸纤。用蘸有适量酒精的棉花对裸纤进行轻轻地擦拭，清洁时，要小心谨慎，不要用力过猛。

（6）裸纤切割。切割是光纤端面制备中最为重要的部分，精密、优良的切刀是基础，严格、科学的操作规范是保证。

在切割前，先将切刀置于解锁状态。放入的裸纤要掌握好长度，用手向下方按下切刀压板，动作要平稳、用力要均匀，保证光纤轴线与切刀刀刃之间相互垂直。切割时，动作也要自然、平稳，勿重、勿急，避免断纤、斜角、毛刺、裂痕等不良端面的产生。

（7）光纤熔接。光纤熔接时，先要可靠连接电源，选择合适的熔接方式（目前的光纤熔接机均有预设好的熔接参数，熔接人员只需选择几个模式之一即可使用），然后打开熔接仓的防尘罩，将制作好的光纤放入V形纤槽内，小心压上压板和光纤夹具，盖上熔接仓的防尘罩，按下SET键，熔接机自动进行熔接。光纤在纤槽中的推进、放电、测量切割角度等都是熔接机自动进行判别和操作。熔接人员只需观察熔接机的显示屏幕，显示屏上有光纤放大的图像。

熔接成功后，将光纤从熔接机中移除，再将热缩套管移到裸纤中心，放到加热器中加热，完毕后取出光纤，光纤熔接完毕。

（8）盘纤固定。光纤在收容盘内盘纤的弯曲半径不能太小，弧度太小容易造成折射损耗过大，造成色散现象。盘纤要顺势自然盘绕，不能生拉硬拽，应灵活地采用圆、椭圆、∞形等多种图形盘纤。

（9）线路测试。熔接损耗是度量光纤接续质量的重要指标，最常用的损耗测试方法是熔接机的熔接点损耗评估法和光时域反射仪测试法。

5　影响熔接损耗的主要因素及降低熔接损耗的方法

5.1　影响熔接损耗的主要因素

光纤熔接损耗主要是由光纤自身的传输损耗和光纤熔接接头处的熔接损耗组成。影响光纤熔接损耗的因素较多，大体可以分为光纤本征因素和非本征因素两类[2]。

（1）本征因素即光纤的自身因素，主要有：光纤模场直径不一致、两根光纤芯径失配、纤芯截面不圆、纤芯与包层同心度不佳。

（2）非本征因素是接续时产生的影响，主要有：轴线错位、轴线倾斜、端面分离、端面质量、接续点附近光纤物理变形及其他因素。

5.2　降低熔接损耗的方法

（1）对于本征因素，例如光纤模场直径不一致、两根光纤芯径失配等因素所引起的损耗，应避免不同型号光纤之间的熔接。在订购光缆时应要求生产厂家提供同一批次的裸纤，因为同一批次的光纤的模场直径和光学性质基本相同，从而保证熔接损耗降到最小。选用尾纤/跳线时，应根据光缆的型号进行匹配选择。

（2）在光缆的敷设过程中需要以设计单位及厂家提出的施工要求和规范进行。采用人力放线时，应当将光缆牵引人数控制在5人以下；采用机械放线的时候，要使用张力放线机，平均牵引力要在光缆允许最大牵引力的80%以下，瞬时最大牵引力不超越100%。光缆在放出的过程中应当保证松弛状态，且避免出现扭转、打小圈、弯折、变形等情况，因此防止光纤受损，尽可能降低光纤接头熔接的损耗。

（3）对光纤熔接时产生的轴线错位、轴线倾斜、端面分离等非本征因素造成的损耗，应做到正确使用熔接机来提高熔接质量。根据光纤的类型，合理设置熔接机的参数，并且在使用中和使用后及时清理熔接机灰尘。每次使用前应使熔接机在熔接环境运行一段时间。

（4）由端面质量造成的损耗应采用质量更好、精度高的切刀来制备完善的光纤端面。光纤端面的好坏直接影响到熔接损耗的大小，切割的光纤应为平整的镜面，无毛刺，无缺损。光纤端面制作过程中，清洁完成后立即进行切割，不能停留过长的时间，切割后，严禁再次清洁光纤。切割完成后立即将裸纤放入熔接仓。

（5）光纤收盘工作不容忽视[3]。在将热缩套管压入收容盘时，要将热缩套管光纤朝上或下，如果光纤对着凹槽壁，压入时可能会挤断光纤，热缩套管固定好后可先从一侧绕圈，尽量绕大圈，剩下的光纤再绕小圈，并用胶带固定于盘内较宽敞的地方，然后再绕另一侧的光纤。所有光纤都收盘完成后，再仔细检查一遍，防止有遗漏的问题。

6 结语

随着光纤通信技术的不断发展，光纤通信应用已经普及。因此，在水电站建设中，施工单位及人员也应当充分了解光纤的分类、型号、熔接、影响光纤损耗的因素及降损方法。施工人员要针对易于产生熔接损耗的各种不良因素，综合采取相应措施，并在实践中不断提高操作技能，积累技术经验，才能最大程度地减免光缆熔接损耗的产生，提高光纤熔接的施工质量，为光信号在光纤中的正常传输提供良好的物质基础。

参考文献

［1］ 崔湘峰．光纤通信在水电系统中的应用［J］．湖南水利水电，2001（2）．
［2］ 程蕊岚，刘继芳，马琳．影响光纤熔接损耗的因素及解决方法［J］．电子科技，2009（5）．
［3］ 金建伟．影响光纤熔接损耗的因素及解决方法［J］．有线电视技术，2013，20（5）：106－108．

沙坪二级水电站主变压器安装工艺探讨

何兴国　王陈伟

（中国水利水电第七工程局有限公司，四川成都　610081）

摘　要：在电力系统中，变压器是变电站的心脏，变压器安装是变电站所有电气设备安装的重中之重。500kV 主变压器体积大、吨位重、附件多，故安装工艺较为复杂；兼之电压等级高，电气性能要求高，安装前后电气试验项目多，需加强技术控制；安装周期长，涉及工种人员多，施工组织需统筹兼顾。文章以沙坪二级水电站升压变压器安装过程为例，详细介绍了 500kV 主变压器现场安装的施工过程及相关技术要求，供同类型变压器施工时参考。

关键词：沙坪二级水电站；500kV；变压器；安装

1　工程概况

沙坪二级水电站位于四川省乐山市峨边彝族自治县和金口河交界处，是大渡河规划的 22 个梯级水电站中的第 20 级沙坪梯级水电站的第二级，上接沙坪一级水电站，下邻已建龚嘴水电站。沙坪二级水电站库容较小，水库仅具有日调节能力，无力承担防洪任务，且无通航、灌溉供水等要求。本电站主要开发任务为发电，供电范围为：在满足乐山地区负荷的基础上，供电四川电网。

沙坪二级水电站采用河床式开发，坝址以上流域面积 73632km^2，多年平均流量 1390m^3/s。水库正常蓄水位 554.0m，总库容为 2084 万 m^3，装机容量 348MW，额定水头 14.3m，装设 6 台单机容量 58MW 灯泡贯流式水轮发电机组，与双江口、瀑布沟联合运行，保证出力 124.5MW，多年平均发电量为 16.100 亿 kW·h，装机年利用小时 4627h；参加调峰运行后，保证出力 108.8MW，多年平均发电量为 15.112 亿 kW·h。

电站发电机与主变压器的接线组合成二机一变扩大单元；以 500kV 一级电压接入系统，500kV 侧为“三进二出”五角形接线，共 2 回出线，其中 1 回至沙坪一级，1 回至 500kV 乐山南天变电站。

沙坪二级水电站主变压器及其附属设备布置在下游副厂房 550m 高程主变室内，外临水电站尾水渠，型号为：SSP－130000/500 型升压电力变压器，S_n＝130MVA，U_n＝550±2×2.5％/10.5kV，接线组别：YNd11，冷却方式：OFWF；总重量为 188t，其中油重 46.5t。500kV 侧采用油气套管与 500kV GIS 进线套管相连、10kV 侧与离相封闭母线相连。

作者简介：何兴国（1984—　），男，工程师，学士；研究方向：水电站电气。

2 工程特点

主变压器布置在狭小的厂房内且邻近尾水渠，进行开盖安装时，粉尘与湿度控制难度大，包括低压侧封闭母线安装、油枕、众多附件安装和500kV绝缘油油质控制等，施工工序复杂，工艺要求高。经在沙坪二级水电站3台主变安装过程中良好的质量控制、合理的工期安排、优化施工方案等，解决了多项技术和安装问题，逐渐总结并摸索出了一套500kV主变压器安装技术。

3 施工流程

沙坪水电站主变施工流程如图1所示。

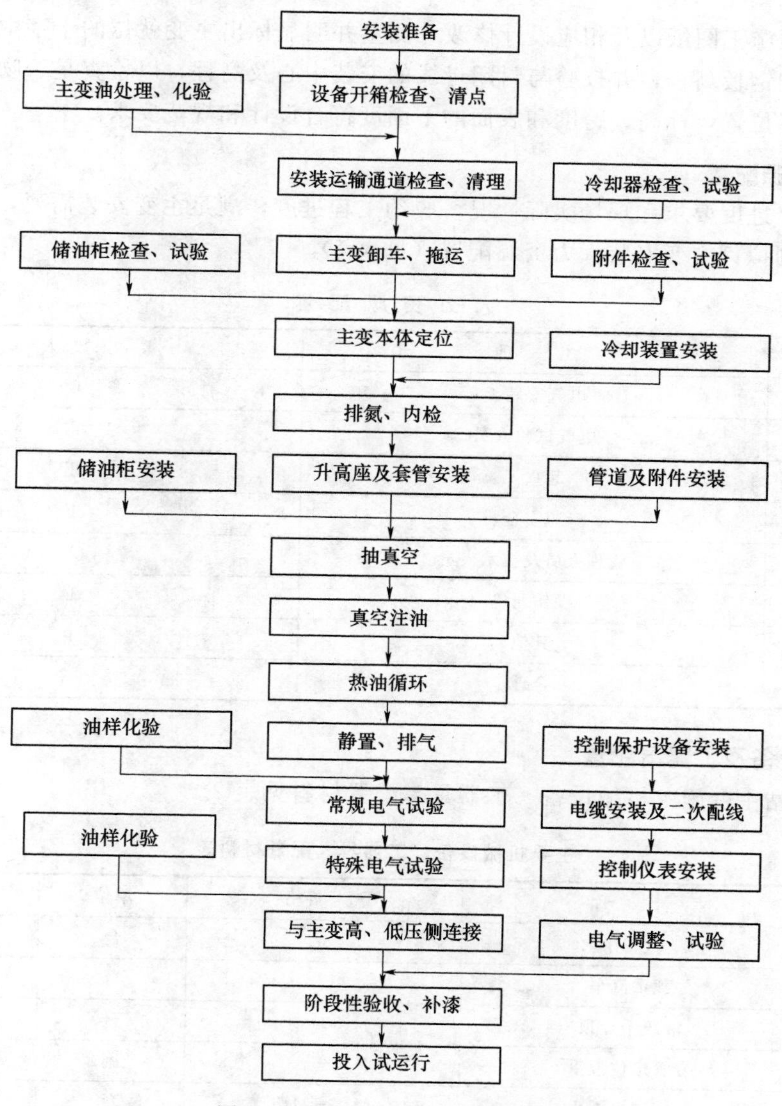

图1 沙坪水电站主变施工流程

4 施工准备

4.1 技术准备

（1）熟悉根据图纸、厂家说明书及技术文件、技术规范以及其他相关工艺文件，编写安装工艺并报监理部门审批。

（2）根据施工技术措施组织施工人员进行技术、质量、安全交底教育。

（3）设备技术文件应齐全（出厂合格证书、相关试验报告、技术资料）。

（4）根据设备装箱清单对主变运输设备、吊装设备、真空滤油设备及管路阀门、抽真空设备等进行检查，设备、材料及附件的型号、规格和数量应符合设计和设备技术文件的要求。

（5）按照施工图纸以及相应设计修改，测量并明显标出主变就位的十字中心线，复测土建预埋基础钢板高程，并校验与封闭母线的安装中心及高程，以检查是否吻合。检查主变轨道的坐标位置，标高、跨度和表面的平面度符合设计和规范要求。

4.2 人力资源配置

根据施工进度要求和现场实际情况，履约工程进度，满足主变安装需要，以均衡、有序生产为原则拟订主变安装人力资源配置（见表1）。

表1 人力资源配置

序号	工　种	人数/人
1	电气安装工	6
2	电气试验人员	2
3	起重工	2
4	专职安全员	1
5	管理人员及技术人员	2
6	操作司机	1
7	其他	4
8	合计	18

4.3 机械设备及工器具配置

沙坪电站主变施工机械设备、工器具、配置材料见表2。

表2 主要机械设备、工器具、配置材料表

序号	名　称	型号规格	单位	数量
1	汽车吊	8t	台	1
2	载重汽车	18t	台	1
3	液压千斤顶	200t	台	4
4	套管定位扳手		副	1
5	紧固螺栓扳手	M10－M48	套	1

续表

序号	名 称	型号规格	单位	数量
6	手电筒		把	2
7	力矩扳手	M8 - M16	套	1
8	尼龙绳	8×20m	根	3
9	锉刀、布砂纸		张	适量
10	无尘纸		包	5
11	密封胶		kg	1
12	工业酒精		kg	2
13	气焊		套	1
14	电焊设备		套	1
15	高纯氮气		瓶	2
16	毛刷		把	2
17	现场照明		套	1
18	万用表		块	1
19	温湿度计		个	1
20	兆欧表	2500V/2500MΩ	块	1
21	兆欧表	500V/2000MΩ	块	1
22	兆欧表	1000V/2000MΩ	块	1
23	真空滤油机	6000L/H	台	1
24	真空泵		台	1
25	麦氏真空表	3～700Pa	支	1
26	耐真空注油管		米	50
27	梯子		副	2
28	脚手架		副	3
29	安全带		副	5
30	灭火器		个	2

4.4 施工场地

保证尾水高程550m高层通道畅通，运输车辆进出自如，汽车吊站位在主变室门洞位置，附件运输车辆随汽车吊跟进。

施工电源取自现场配电箱。

5 施工技术质量要求

5.1 安装技术要求

（1）全部设备、工器具、附件在安装前须逐个进行试验、检查或整定，达到国家标准及设计、制造单位的要求；对存在缺陷的产品不得进行安装。

（2）按照规定的程序、设计施工详图及有关技术条件进行施工，安装工艺和质量须符合有关技术标准和规范要求。

（3）所用电气仪表必须经过法定计量单位的标定校验，并在有效期内。所有仪表的精度等级须高于被测对象的精度等级。

（4）使用设计施工详图及有关技术文件所规定的装置性材料，代用品要经过监理工程师书面批准，重要部位的代用材料要进行材质和使用性能试验，满足设计的要求。

（5）按达到规定的质量标准和技术要求进行验收和安装前检查，设备应有出厂检验记录和合格证书，设备到货后由监理组织相关单位参加，按规定进行开箱、清点及检查，并做好记录。

（6）按照设计单位、制造厂的安装图纸及有关技术条件在制造厂驻工地代表的指导下进行安装调整，安装工艺及质量标准须达到有关规范要求。

5.2 主要检查验收项目

5.2.1 主变本体验收

（1）核对到货的产品型号是否与图纸相符，变压器运到现场后，卸车时先清点裸装大件和包装箱数，与运输部门办理交接手续。

（2）加装三维冲撞记录仪运输的变压器，应检查冲撞记录仪的记录，三维方向控制在3g以下，并妥善保管冲撞记录单和冲撞记录仪。冲撞记录仪应返还制造厂。

（3）检查主体与运输车之前有无位移，固定用钢丝绳有无拉断现象，箱底限位的焊缝有无崩裂，并做好记录。检查变压器本体有无损伤、变形、开裂等，如发现变压器主体有不正常现场，冲撞记录有异常记录，收货人应及时向承运人交涉，应立即停止卸货，并将情况通知制造厂。

（4）依据变压器总装图、运输图，拆除用于运输过程中起固定作用的支架及填充物，注意不要损坏其他零部件和引线。

（5）对于充气运输的变压器，检查气体压力是否在0.01～0.03MPa范围内。

5.2.2 附件开箱检查验收

（1）现场开箱应提前与制造厂联系，告知开箱检查时间，与监理、制造厂家共同进行开箱检查工作。

（2）按照制造厂出厂附件出库单对箱数进行核对，检查是否符合要求，按“产品装箱一览表”检查到货箱数是否相符合，有无漏发、错发等现象。若有问题，应立即与制造厂联系，以便妥善处理。

（3）按变压器“产品装箱一览表、分箱清单、标准装箱单”查收附件箱是否齐全，检查附件包装箱有无破损，做好记录。按各分箱清单对箱内零件、部件、组件是否与之相符合，检查附件有无损坏、漏装现象，并做好记录。如有问题及时与运输单位和制造厂联系。

（4）如果有备品备件或附属设备时，应对照制造厂“备品备件明细表”查收是否齐全、有无损坏。

对于上诉检查验收过程中发现的损坏、缺件及其他不正常现象，需作详细记录，并进行现场拍照，经供需双方签字确认。照片、缺件清单及检查记录副本应及时提供给制造厂及承运单位，以便迅速查找原因并解决。

5.2.3 通用检查项目

(1) 设备本体安装位置正确、附件齐全、外表清洁、固定牢靠。

(2) 操作机构、闭锁装置动作灵活，位置指示正确。

(3) 油漆完整，相色标示正确，接地可靠。

(4) 合同技术条款和制造厂规定的其他检查项目。

(5) 所有螺栓紧固牢固，达到规定力矩值。

沙坪水电站主变所有螺栓紧固规定力矩见表3。

表3 规定力矩值

螺丝口径	导体紧固力矩值/(N·m)	升高座的装配、螺栓的紧固力矩值/(N·m)
M10	25%±10%	—
M12	59%±10%	40%±10%
M16	98%±10%	100%±10%
M20	—	180%±10%

6 质量控制要点与安全措施

6.1 安全措施

(1) 对主变室采取临时封闭，现场设置栅栏、护板和安全信号等标志，严禁无关人员出入施工现场。

(2) 施工现场严禁吸烟，做好安全防火工作。弃油、破布应集中存放回收，施工用电设备的接线应安全可靠，现场布置一定数量的1211灭火器。

(3) 现场设置专人用吸尘器等打扫、清理，以保证主变室安装现场的清洁无尘。

(4) 做好起重设施的检查工作，地锚、吊梁承重前应进行拉力试验检查。

(5) 安装主变压器及其附件时，施工脚手架要固定牢固，工作平台要稳当。

(6) 吊装主变部件时，必须缓慢起吊，严防损伤瓷件。

(7) 安装高压套管和油枕时，所有登高人员必须系安全带、拴安全绳。

(8) 主变与滤油设施必须可靠接地，防止静电对人身与设备造成伤害。

6.2 质量控制要点

(1) 主变安装工艺必须严格按照国标、制造厂标准进行，两者不一致时按照较高的标准执行，各项工作必须服从制造厂技术人员的指导。

(2) 所有设备附件、滤油设施等均应进行严格的清扫，并用合格绝缘油冲洗。

(3) 进入主变内部工作时，工作人员应穿戴干净的工作服装与鞋帽，带入带出的工具必须登记，严防将异物遗留在主变本体内部。

(4) 安装前必须做好各项准备工作，检查真空泵及电磁阀、真空滤油机的工作状态应良好。部件、附件安装等工作应认真组织，合理分工，衔接紧凑，细致高效，确保在规定的时间内完成安装工作，尽量缩短安装时间。

(5) 如果主变升高座与套管等附件安装不能在一天内完成，可在规定的露置时间停止工作，开始抽真空，次日再采取注入干燥空气方式完成剩余工作的安装。

（6）为防止抽真空过程中意外停电，现场应配备两回施工电源，并在真空泵出口装设真空电磁阀，停电时自动关断，防止停电可能导致的真空泵油混入主变。

（7）为保证注入主变的绝缘油各项指标均满足规范要求，在化验合格后再进行排氮内检工作。

（8）主变排氮、内检、附件安装、抽真空、真空注油、热油循环等工序进行过程中，必须配备熟练的专业人员进行24h值班检查，做好运行与交接记录，确保主变安装质量。

7　主变压器安装施工技术措施

7.1　主变压器定位、组合方案

（1）将变压器拖运到位后进行精确调整。

（2）考虑主变将与封闭母线进行连接，因此，除根据设计坐标外，在设计允许的范围内还须充分考虑封闭母线与主变压器对接口的实际位置，如有必要则使用千斤顶对主变压器沿闸左与闸下方向进行微调。

（3）将变压器连接的连接管、阀兰、定位板、引出线及套管、密封件等，按图纸要求进行安装。

7.2　主变压器附件吊装、安装

7.2.1　冷却器安装

安装时根据现场条件用8t汽车吊卸车，汽车吊就位在主变室门洞位置将冷却器调到位，所有管路附件均使用汽车吊吊装。

7.2.2　主变内检

是否进入油箱进行主变内检工作，须根据主变制造厂技术文件要求确定。满足下列条件时，才可以不进入油箱检查：

（1）出厂前已参加过在制造厂变压器的总装，双方确认总装质量符合技术要求，内部清洁无异物，箱沿密封良好。

（2）在运输过程中进行了有效的监督、控制，确认运输情况正常。

（3）通过法兰孔和手孔等进行观察，并通过一些必要的检查性试验（例如测量铁芯对地绝缘电阻等），确认各项状态正常。

（4）如果要进行内检，须遵照以下条件和要求：内检前根据产品结构特点、安装方式等具体情况，拟定检查项目和检查办法，列表逐项进行检查，并详细填报检查结果。现场检查结果须与出厂检查结果进行对比分析，一旦发现需要处理的缺陷，一定要会同业主、监理、厂家现场代表等协商后进行妥善处理，以保证产品质量。

7.2.3　升高座及套管安装

高压升高座、高压套管、中性点套管、低压升高座、低压套管的安装在主变室进行。利用8t汽车吊作为起吊装置，挂设手拉葫芦配合进行吊装。

7.2.4　储油柜安装

待主变压器除储油柜外附件安装完成后，用载重汽车将储油柜运输至主变室，完成清扫与检查工作，并用 8t 汽车吊作为起吊装置，用手拉葫芦配合将其悬挂起来，进行储油柜的安装。

7.2.5 主变压器注油

(1) 主变注油方式为真空注油。由于主变本体油重约 46.5t，厂家到货的合格绝缘油经过长途运输后电气性能指标是否会发生变化，将对主变的安装工期产生较大影响。为确保注入主变的绝缘油各项指标符合要求，应对到货的绝缘油取样化验确定。

(2) 对到货的绝缘油经化验合格后，从油罐车用 ϕ50mm 金属真空软管配管引至主变压器，用真空滤油机注油。对现场的临时注油设施包括管路、阀门等均应彻底清理后用合格绝缘油冲洗，尽可能减少绝缘油受湿度、杂质影响的机会。

(3) 对到货主变压器油检验合格后再进行主变排氮内检工作，套管安装完毕、抽真空合格后注入绝缘油，在注油时间段主变本体需连续抽真空。

7.2.6 电气试验

高、低压套管及电流互感器的检查、试验等工作，应随主变安装进度进行。高、低压套管连接完成后，进行绕组连同套管的直流电阻测量及各分接头的电压比测试工作。主变热油循环结束，静置时间达到规定后，进行铁芯对地绝缘电阻及绕组连同套管的绝缘电阻吸收比、极化指数测试、介损测试等工作，以及绕组连同套管的直流泄漏电流测量。主变绕组变形、耐压以及局部放电试验需要委托具有资质的专业试验单位完成等。

7.3 主变压器安装施工技术措施

7.3.1 主变本体及其附件到货后的检查及验收

(1) 主变主体运输结束后，检查运输主体在运输车上的位置是否有位移，冲击记录仪记录的冲击情况，固定封签是否有损坏。如有较大的位移或冲击记录仪记录的加速度超过允许值，要拍照并立即提出报告和向运输部门提出交涉。必要时，要会同有关部门共同进行内部检查。

(2) 油箱及所有附件应齐全，无锈蚀及机械损伤，密封良好。

(3) 封板连接螺栓应齐全，紧固良好无渗漏，浸入油中运输的附件，其油箱应无渗漏，充油套管油位应正常，无渗油，瓷体无损伤。

(4) 充氮气运输的变压器，油箱内应为正压，其压力为 0.01～0.03MPa。

(5) 对主变内存油取样化验，以检查主变运输过程中是否受潮。检查标准：油取样化验应按照 GB 7597—2000《运行中变压器油质量标准》的规定，气体分析应按照 GB 7252—2001《变压器油中溶解气体分析和判断导册》进行。

(6) 按产品使用说明书及规程要求进行外观检查和测试，包括设备本体、附件及备品备件、技术资料、出厂试验报告等厂家技术文件，是否齐全、完好无损，并做好详细记录，然后将各种附件分类存放在库房内。

7.3.2 主变压器附件清扫及试验

(1) 按照主变到货设备清单，清点附件，发现缺损件及时汇报。

(2) 清扫所有管路、冷却器等附件，并用合格绝缘油冲洗，然后用干净塑料布扎紧保管。临时注油设施的管路与阀门，也需在清理干净后用合格油冲洗，然后封口保存。

(3) 将储油柜运至主变室进行清扫、检查。打开储油柜，检查内部是否清洁，并清理干净，用无水乙醇和合格绝缘油清洗储油柜内表面。检查胶囊或隔膜应完整无破损。用充气办法进行胶囊试漏，充气压力为0.02MPa，胶囊应舒展，保持30min压力应无降低。在正对储油柜安装位置用卷扬机和手拉葫芦将其吊起安装。

(4) 油处理。

1) 油处理准备：配制阀门及管路，必须干净清洁不渗漏，然后密封；准备1台真空滤油机，并检查试运行完好；熟悉油处理系统、真空滤油机等设备的操作程序、运行规程及注意事项；

2) 按规程规定从原油运输容器中抽取油样进行化验。

(5) 附件清扫、检查试验：

1) 将变压器本体连接的连接管、阀兰、定位板、套管及引出线、密封件等，进行检查清扫；

2) 气体继电器：经外观检查后送校验部门检验，对电接点温度计进行校核、整定；

3) 冷却器：用白布擦净每个冷却器联管内壁。清理蝶阀阀片和密封槽，检查阀片应无缺陷；

4) 呼吸器：检查硅胶是否失效，如已失效，应放在115～120℃温度烘箱烘烤8h使其复原；

5) 套管：对高压套管及低压套管进行检查、清扫；对充油套管则应按套管尺寸，用角钢做一临时支架，将其吊装固定在支架上，吊装时注意不得碰撞，并用破布和橡胶皮进行防护，套管应经电气试验合格；

6) 其他各种零部件清点、清扫后，用干净塑料布捆扎密封就近存放。

7.3.3 主变本体定位

由于主变需与封闭母线及主变高压侧 SF_6 管母线准确对接，因此主变运输到位后应进行精确调整，调整方法为：

(1) 平行于基础方向上的调整：在主变千斤顶位置放置千斤顶，分别在斤顶缓慢协调加力，根据已测量出的设计中心线，通过拉粉线、吊铅坠的方法，将主变中心与设计中心之间的误差调整到±3mm范围之内。

(2) 垂直于基础方向上的调整：其调整方法仍采用千斤顶，但千斤顶垂直于轨道方向撑顶，利用主变的微量滑动使其准确定位。

7.3.4 冷却器装置安装

(1) 将检查清扫完成的冷却器运到主变安装场，根据现场条件用8t汽车吊吊装。

(2) 吊装冷却装置，注意不得碰撞，按照制造厂图纸及到货零件编号和标志安装支架、冷却器、蝶阀、油管和水管，对准螺孔，对称连接。

(3) 调整冷却装置基础支撑架高度，使冷却装置连接成整体，并排列整齐，然后将基础支撑架焊接加固。

7.3.5 主变排氮及器身内检

(1) 根据厂家技术文件要求，进入主变压器内检前需要充分排出氮气。

(2) 排氮前的准备与相关条件为：

1) 场地清扫干净，并有防尘措施，主变室环境温度、湿度，应满足排氮及安装技术要求，相对湿度至少小于80%；

2）绝缘油过滤合格，各项化验指标符合国标与制造厂技术文件要求；

3）附件清扫、检查试验工作已结束，并合格。专用工具、相关材料已运抵现场；

4）将高压升高座、高低压套管倒运至主变室。升高座内的电流互感器及中性点套管电气性能测试应合格，出线端子应绝缘良好，其接线螺栓和固定件的垫子应紧固，端子板应密封良好，无渗油现象；

5）布置好真空滤油机、真空泵及管路阀门，接好电源，并做好接地，检查真空滤油机的工作应正常，真空泵及管路的密封性能应良好。

（3）主变排氮。将真空泵用管路与变压器上部一阀门相连，然后将排氮口置于空气流通处，开动真空泵抽真空排氮，排氮的同时向主变本体注入干燥空气，以防止潮气进入。

（4）器身内检：

1）主变是否进行内检，应根据设备制造厂的技术文件进行确定，并与监理和厂家技术人员共同商定。如需内检，应遵守以下规定和满足以下条件：

a）施工现场相对湿度在75%以上不能进行内检；

b）主体在没有充分地排出氮气前，任何人不允许进入箱内，以免发生窒息；

c）进入箱中的内检人员必须穿清洁衣服和鞋袜，除所带工具外，不允许带其他任何金属物件；

d）所有工具必须严格执行登记、清点制度，防止遗忘箱中；

e）所打开的盖板等部位，要有防尘措施，严防灰尘进入箱中；

f）箱内检查过程中，移动工具和灯具时一定注意不要损坏器身内绝缘部件，严禁在箱内更换灯泡；

g）器身暴露在空气中的时间要尽量缩短，允许暴露的最长时间（从打开盖板破坏变压器密封开始至重新抽真空止）：干燥天气（空气相对湿度65%以下）为12h；潮湿天气（空气相对湿度65%～75%）为10h。

2）器身检查：

a）拆除内部临时支撑件（见外形图的技术要求或说明）；

b）所有连接处的紧固件是否松动；

c）铁芯无变形，绝缘螺栓应完整无损坏，防松绑扎应完好、牢靠，压钉、定位钉和固定件等是否松动；

d）检查引线与开关的连接是否良好；

e）绕组绝缘层应完整，无缺损、变位现象；

f）铁芯与夹件间的绝缘是否良好（可用2500V摇表检查），铁芯无多点接地，铁芯外引接地时，拆开接地线后铁芯对地绝缘良好；

g）绝缘围屏绑扎牢固，围屏上所有线圈引出处封闭应良好，引出线绝缘包扎牢固，无破损、拧弯现象；

h）引出线绝缘距离合格，其固定支架牢固可靠，引出线裸露部分应无毛刺、尖角，焊接良好，引出线与套管的连接应牢固，接线正确；

i）电压切换装置各分接头与线圈的连接紧固正确，各分接开关清洁、紧密，弹力良好，转动接点正确地停留在各个位置上，与指示器指示一致，转动盘应动作灵活、密封良好；

j）在进行内检的同时，进行安装高压套管，出线装置与主体的连接工作；

k）在进行内检和内部装配时，只允许必要的工作人员进入箱内，进人孔处派人看护。

7.3.6 主变部件及附件安装

1. 主变部件安装

（1）一般组部件（如冷却器、储油柜、压力释放阀、导气联管等）的组装都应在真空注油前完成。

（2）各组部件的复装要按其各自的安装使用说明书及变压器外形图、安装图中的要求进行；所有联管要按照出厂时在管上打的标记进行复装，开箱待装绝缘件和主体打开的盖板均应有防尘措施。

（3）检查、清扫完毕后，按生产厂技术要求安装，在安装耐油密封垫圈时，必须无扭曲、变形、裂纹、毛刺，垫圈应与法兰面尺寸相配，安装正确。

（4）对准螺栓孔，将连接螺栓穿入对称紧固，最后由一人单独检查螺栓紧固状态。

（5）高压升高座安装：按照相序标志安装高压升高座，安装时派一人进入变压器内部，配合高压引线的连接。

（6）高压套管安装：吊装高压套管，注意不得碰撞，并用细棉布和橡胶皮进行防护。按照相序标志安装完升高座后就进行套管安装，用手动葫芦平稳吊装，保证套管端部的金属部分进入均压球有足够的深度和等电位联线的可靠连接。吊装好后，对称穿入少量螺栓并临时固定，进行调整，调整好后，对称紧固法兰螺栓，紧固力矩应符合制造厂要求。将高压引线穿出套管并与套管可靠连接，落下并固定均压球将引出端屏蔽。

（7）低压套管安装：吊装套管，注意不得碰撞，并用破布和橡胶皮进行防护。按照相序标志进行安装，并用手拉葫芦平稳吊装，保证套管端部的金属部分进入均压球有足够的深度和等电位联线的可靠连接。然后安装中性点套管，中性点套管一般为穿缆式，用手拉葫芦吊起套管，用钢丝牵引中性点引线，穿入套管，使引线随套管的下落穿出套管端部，与接线端子旋接。注意牵引引线时，不得使引线打结或扭曲。在安装低压套管时，用手动葫芦平稳吊装套管就位，对称紧固法兰螺栓，用力要适当，防止损伤瓷件或渗油。

2. 附件安装

（1）防潮呼吸器安装：将呼吸器盖子处的橡皮垫取掉，使其畅通，并在盖子中加装适量变压器油，油位应浸没挡气圈。

（2）电接点温度计安装：变压器顶盖上的温度计套筒内应加适量的变压器油，钢丝软管不得压扁或有死弯，其富余部分应盘成圈并固定在温度计附近。

（3）安装指针油位表：应使油位表浮球能自由沉浮。

7.3.7 抽真空、真空注油

1. 主变抽真空

（1）在高低压套管等附件安装完毕后，封闭各手孔与进人孔，准备抽真空。为确认高低压套管连接可靠，抽真空前应进行高低压绕组连同套管的直流电阻测量，防止注油后测量数值有疑问时需排油检查的情况出现。测得的数值换算到同一温度后与出厂值相比，应符合要求。

（2）可在进油阀处加装一截止阀和真空表，连接真空管道。在对油箱抽真空之前，单独对管道抽真空，检查抽真空系统本身的真空度，应小于133Pa，否则应查明原因并加以消除。

（3）在装气体继电器的油箱侧法兰加封堵板，打开各附件、组件同本体的所有阀门，使除储油柜气体几点以外的所有附件（包括冷却器）连同本体一起抽真空。

（4）泄漏率测试。抽真空过程中，应随时检查有无漏气现象，监视记录油箱变形量。在真空度达到133Pa以下时，关闭泵阀等待1h后第一次读取麦氏真空表读数为P1，关闭阀门，等到再过30min后打开阀门读取第二次读数为P2，计算P2～P1值不得大于40Pa，即为合格。当真空度满足制造厂技术要求后，继续保持真空度，真空保持时间不得少于133Pa。

2. 真空注油

（1）将真空滤油机、储有适量合格变压器油的储油罐、变压器下部进油阀用干净油管连接好；真空注油时变压器外壳及部件、滤油设备及油管道应可靠接地。注入的绝缘油指标应符合以下要求：击穿强度≥60kV；含水量≤10ppm；含气量≤1%；$\tan\delta$（90℃）≤0.7%。

（2）油从油箱下部的注油阀注入。注油的速度不宜过快，应控制在4～6t/h，注油时，真空泵继续运转，并保持油箱真空。当油注到油面距油箱顶盖小于200mm时，关闭真空阀门，停止抽真空。真空滤油机继续注油，直至油位要求值为止。

7.3.8 热油循环、静置

1. 热油循环

（1）打开冷却器与本体之间、油箱与储油柜之间的阀门，将油从油箱下部抽出，经真空滤油机加热到60～70℃或制造厂要求的温度，再从油箱上部回到本体。

（2）热油循环时间不少于48h，热油循环期间，根据油温与储油柜油位升高情况，可从储油柜排出少量油，待热油循环结束后再进行少量补充至正常油位。

1）补油：如果油位不够，可用真空滤油机通过储油柜上的专用滤油阀，缓慢补充油至规定油位。

2）静置规定时间≥120h。静置期间打开套管、升高座、冷却装置、气体继电器、压力释放装置及集气室排气阀门等部位的所有放气塞，将残余气体放尽。

3）静置时间到后，对本体内绝缘油取样化验，各项指标应满足以下要求：击穿强度≥60kV；含水量≤10ppm；含气量≤1%；$\tan\delta$(90℃)≤0.7%。

7.3.9 二次设备安装及连接

（1）主体设备安装完后，对主体设备的现地保护盘、控制柜、动力柜等进行安装固定，然后进行二次电缆的敷设和配线、对线等工作，作业时应注意以下几点：各盘柜固定时，须用线锤、水平尺等工具调整好水平度和垂直度；所有二次电缆的敷设应规范化，排列整齐、固定牢靠；盘柜内和各接线点的配线必须整齐、规范。

（2）所有电缆线必须使用耐油型，二次设备安装及施工严格按国家标准进行。

(3) 主变压器及其附属设备的电缆与电缆桥架、防火封堵安装，应符合相关要求。

(4) 主变压器及其附属设备的控制保护及故障信息处理系统设备与试验，应符合相关要求。

7.3.10 电气试验

(1) 主要按厂家技术文件和 GB 50150—2006《电气设备交接试验标准》等有关规程规范进行试验。

(2) 主变压器及其附属设备的试验，其详细试验技术措施，应根据厂家指导和相关规定进行。

7.3.11 清扫补漆

完工后，对变压器及其附件进行清扫、补漆、标示。

8 结语

通过沙坪二级水电站 3 台主变压器安装经验的摸索和积累，从 3 台主变的完成情况来看，由于严格按照上述要求进行安装，以及良好的质量控制，主变各部件安装顺利，无一处渗油，铁芯和绝缘件未受潮，绝缘油处理一次性通过检验，各项试验一次性通过，并且 3 台主变的安装工期逐步缩短，投入商业运行后，各项性能指标均达到设计要求。

沙坪二级水电站主变压器的安装经验，为我国大型水电站及变电站同类变压器安装提供了成功案例，为设备施工质量、关键工序优化、施工工期策划等提供了参考依据，相信通过沙坪二级水电站主变安装工程的实践，500kV 主变压器安装工作将更加科学、有序和顺利。

灯泡贯流式机组定子装配工艺及技术特点

段学鹏[1]　谢明之[2]

（1. 四川二滩建设咨询有限公司，四川成都　610000；
2. 国电大渡河沙坪水电建设有限公司，四川乐山　614300）

摘　要： 水轮发电机定子是由定子机座、铁芯、线圈、铜环母线等组成。大型灯泡贯流式水轮发电机组的设备尺寸大、质量重，由于受到运输条件限制，也为了减少定子铁芯的变形，定子全部采用了分瓣式结构，均定为在工地现场组圆叠片后安装定子线圈。定子在现场装配与在工厂内装配且整体发运相比，在装配环境上也存在较大差别，因此检查和质量管理方面都存在着较大的难度，所以为保证安装质量，在机组安装过程中，必须以全方位的监理工作作为重点来控制发电机现场装配质量。

关键词： 灯泡贯流式；定子；监理工作

1　概述

随着清洁可再生能源的大力发展，低水头大流量的灯泡贯流式水轮发电机组得到广泛的应用。水轮发电机定子是由定子机座、铁芯、线圈、铜环母线等组成。大型灯泡贯流式水轮发电机组的设备尺寸大、质量重，由于受到运输条件限制，也为了减少定子铁芯的变形，定子全部采用了分瓣式结构，均定为在工地现场组圆叠片后安装定子线圈。

定子是发电机部件中最重要的部件，也是重点监理的主要部件，其工期制约了发电机的安装，现场组装的质量直接决定了整台发电机的质量。沙坪二级水电站 6 台灯泡贯流式水轮发电机组均由东方电机厂制造。整个定子在安装间完成包括定子机座吊装及中心测圆架安装、定位筋焊接、铁芯叠装、铁损试验、定子下线、铜环安装、定子线圈耐压试验等安装全部工作。环节较为烦琐，定子在现场装配与在工厂内装配且整体发运相比，在装配环境上也存在较大差别，检查和质量管理方面都存在着较大的难度，所以为保证安装质量，在机组安装过程中，必须以全方位的监理工作作为重点来控制发电机现场装配质量。

本文结合沙坪二级水电站定子下线的装配工艺及技术特点，对场装配的质量控制和管理过程进行说明，希望能够对灯泡贯流式机组定子的制造、检验和质量管理提供有益的参考。

2　主要技术数据

型号：SFWG58－68/8750　　　　定子槽数：510

作者简介： 段学鹏（1996—　），男，助理工程师，大专；研究方向：发电机安装与应用（电气专业）。

额定功率：62.7/(58MVA)MW

额定电压：10.5kV

额定功率因数：0.925（滞后）

额定转速：88.2r/min

额定频率：50Hz

旋转方向：顺水流方向视为顺时针

冷却方式：密闭自循环强迫空气冷却

额定励磁电流；1050A

额定励磁电压：435VA

绕组相数：3

额定电流：3447.8A

极数：2p＝68

接线方式：Y

绕组节距：1-7-16

每极每相槽数：$q=2+1/2$

绕组绝缘等级：F

每相并联支路数：$a=2$

绕组循环系数：3；2

3　定子装配施工工艺及质量控制要点

3.1　定子装配流程

定子下线工艺流程如图1所示。

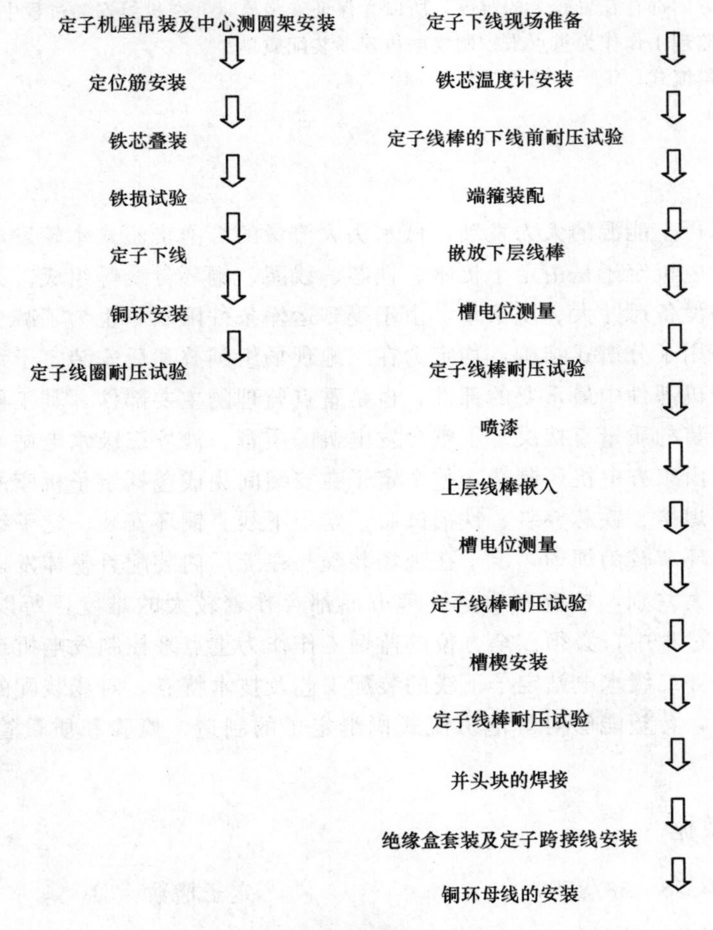

图1　定子下线工艺流程

3.2 定子现场装配前的准备及现场装配环境的控制

3.2.1 施工前技术准备

施工前的技术准备包括：根据相关图纸技术标准编制检查要领书、试验要领书、验收要领书等。此技术准备不仅是为最终现场定子组装过程质量控制要点提供依据，更重要的是可以体现出定子现场装配质量控制的具体实施方案，最终保证定子现场装配有序进行，顺利通过验收，完成移交工作。

3.2.2 施工环境

装配场地环境的好坏直接影响到后序定子铁芯叠装和下线质量的好坏。现场装配场地环境控制要领：

（1）合理选择施工时间段；现场搭建定子防尘工作棚；设立工艺净化间。地面进行光洁处理；安装除湿设备、加热设备、通风设备等措施保证定子装配场地温度、湿度、清洁度在技术要求范围之内。保证安装间的平均照明功率≥10W/m²。

（2）保证装配场地时刻保持清洁、干净、布置整齐、通风良好。安装间需有足够的位置来放置产品及供人通行。

3.2.3 量器具准备

定子装配前量器具准备不仅是为了定子装配检验能够顺利进行，更是为了提早核对量器具自身，确保测量数据的准确性。

（1）特殊工具。定子现场装配所用的特殊工具由东电根据合同提供，包括定子起吊工具、定子机座平吊工具、定子测圆架、液压拉伸器（穿心螺杆 M20 带拉伸头）、M42 开口扳手、磁力钻（带 ϕ20 钻头）、段长测量工具、弦距测量工具、球头量杆、紧度刀片、定位筋弦距检查样板、槽样棒、整形棒、通槽棒、槽楔槽样棒、夹托板 85C 型夹、预压装置、撑筋双头千斤顶、定位筋调整工具、撑托块千斤顶、槽衬成型装置（配刮胶板）、临时压线工具、楔下垫条、下层压线垫条、上层压线垫条、打槽楔工具、绝缘盒堵漏板、木楔、叠片架、挤胶枪等。

（2）工具和测量设备、辅助设备、消耗材料除常规安装工具外，如下需要的工具和测量设备、辅助设备、消耗材料由安装单位提供：温度计、湿度计、百分表、卷尺（8m）、刀口尺、直角器、游标卡尺、框式水平仪（0.02mm/m）、塞尺（0.02～1.0mm）、力矩扳手（调整和释放）、千斤顶、锉刀、插座、兆欧表（5000V）、欧姆表、直流耐压装置、交流耐压装置、电线、焊机、焊枪、焊条、直尺、天平仪、剪刀、量杯、塑料盆、方木、安全标示。

所有量器具中，中心测圆架的调整及校核是最重要一项，其关系铁芯最终叠装的质量，必须保证其水平度及垂直度≤0.02mm/m。

3.3 定子机座组合、焊接

定子机座组合、焊接是定子组装起始工序，其质量控制好坏将直接关系到定子铁芯叠装质量，同样影响定子与中间环及内壳体的装配关系。

定子机座两瓣组合时重点控制措施如下：

（1）定子组合后圆度调整测量，定子上游测法兰整圆水平度调整测量。

（2）控制中心测圆架与机座关系、保证定子法兰螺孔及法兰内圆与中心测圆架（铁芯中心）同轴度满足要求。

（3）定子机座焊接方式、有效控制变形措施、焊缝是否符合要求。

3.4 定位筋的装焊

定位筋用于固定定子冲片，其安装质量将关系到定子铁芯是否能够顺利叠装。

定位筋安装控制重点：

（1）对1号定位筋进行调整测量保证其径向及周向垂直度，半径方向偏差均在标准要求范围内。

（2）其他各筋托板焊接调整完成后以1号筋为基准，保证其径向及周向垂直度、半径方向偏差在标准要求范围内。

（3）以1号筋为基准，调整控制各筋弦距在标准要求范围内。

（4）各托板焊接完成后保证其与机座环板无间隙。

3.5 定子铁芯叠装

定子铁芯是定子的一个重要部件，它是磁路的主要组成部分并且用以固定绕组，在发电机运行时承受机械力、热应力、电磁力的综合作用。定子铁芯由定子冲片、通风槽片、定位筋、齿压板、拉紧螺杆及固定片等装压而成，定子铁芯叠装控制重点为：

（1）铁芯圆度测量按照从上至下三个断面进行，每个断面测量24个点，各点圆度的半径偏差控制在标准范围内。

（2）铁芯高度测量按照圆周方向均布24个点进行，高度偏差控制在标准要求范围内。

（3）铁芯上端槽口轭部波浪度控制在标准要求范围内。

（4）铁芯预紧情况，利用扭矩扳手测量拉紧螺杆预紧力。

（5）检查铁芯各层通风沟高度尺寸。

（6）利用通槽棒对冲片叠压后槽型检查。

（7）检查铁芯通风沟及上下端处是否清洁。

3.6 定子铁损试验

定子铁损试验是利用专用的励磁线圈，在铁芯内部造成交变的磁通（接近饱和状态），使铁芯产生涡流损耗，温度升高，并用温度计测量出铁芯各处温升；同时利用瓦特表测量励磁损耗，计算出铁芯单位重量的损耗。根据上述两项判定铁芯是否合格。铁损试验交接验收标准：

（1）90min的试验中，铁芯各部的最高温升不超过25℃，相互间最大温差不超过15℃。

（2）单位铁损符合合同要求。

（3）机座与铁芯各机械部位例如机座环板、筋板焊缝、定位筋焊缝、拉紧螺杆、上下齿压板、通风沟校工字钢等无异常现象。

（4）复查机座水平和测量定子铁芯高程。

3.7 定子下线

3.7.1 定子线棒嵌装前的环境要求及准备工作

定子线棒嵌装前的环境要求：

（1）铺设牢固和安全的工作平台，且工作平台应便于定子下线工作。

（2）在定子上下方增设足够的固定照明，在定子下端加装足够数量的作业行灯。

（3）场地严禁遭受雨淋和厂房拱顶漏水的侵袭。当现场相对湿度超过80%时，应加装加热器或去湿机，并尽可能避免水轮机的潮气进入定子。

（4）场地要配备足够的安全及消防措施，建立必要的警卫制度。

（5）进出定子的扶梯不应靠在铁芯上。

（6）施工现场内应干净、无尘，并具有良好的防尘措施，使作业区环境达到二级清洁空气标准；施工场地内的昼夜温度应在50℃以上，并有足够的通风措施。

3.7.2 下线前的准备工作

（1）间隔块、槽楔、绝缘盒等在使用前应洗净并除去潮气。

（2）绑扎带应去潮气，方法是在烘箱中保持60～80℃的温度约2～4h，使水分成分全部挥发。

（3）在定子铁芯槽内临时下入两根下层线棒并用压线工具固定。组装上下端箍支撑板各4块，利用临时端箍，确定上下端箍支撑钢板的实际安装半径。拆除临时下层线棒、端箍及支撑板，根据支撑钢板的半径，将所有的角钢焊接在上齿压板处。

（4）对定子铁芯槽及通风沟进行吹扫，使用白布把铁芯槽清扫干净。用不干胶带粘贴铁芯齿端面和齿压板，在铁芯槽内喷加入适量干燥剂158的130漆（130∶158＝100∶1～1.5，搅拌3min及以上，必须在4h之内用完），完成后去除不干胶带。

（5）用游标卡尺测量5根线棒的宽度尺寸，计算平均值；用游标卡尺测量5个铁芯槽宽尺寸，计算平均值，根据两者之间的差值估算每根线棒J0301的用量。

（6）每隔10槽在定子上下端部编号。标出定子线棒测温电阻槽、跨接线槽以及引出线槽。

3.7.3 测温电阻安装

（1）测温电阻的安装均要在当天嵌线前埋入，埋入前应检查测温电阻的完好性并将其在槽内位置的半导体涤纶毡垫条截除，并将电阻和铁芯内的引出线表面刷半导体漆。

（2）连接“引线接头”“引线接头”应在通风沟或铁芯以外，不得置于线槽内；两“引线接头”应错位20mm。然后用锡焊把“接头”焊牢，焊面应光滑平整，无尖角毛刺。其绝缘用两层云母带包扎，再套入有机硅玻璃漆管。

（3）安装完毕应对测温电阻进行试验检查。用万用表检查所有的测温元件，应无短路、开路和接地现象；用摇表检查测温电阻的对地绝缘，绝缘电阻应大于20MΩ；最后用220V的电压对测温电阻线圈进行耐压测试，历时1min。

3.7.4 定子线棒的下线前耐压试验

（1）试验前，应按附图测量线棒在冷态下的绝缘电阻，应大于1000MΩ，否则应进行干燥。其测量电压频率为50Hz，波形为实际正弦波。

（2）在试验电压下维持1min，然后迅速降低到全值的50%，待电压降到0时再断开电源。

（3）对所有线棒进行交流耐压检查，单根定子线棒下线前的试验耐压值为31.375kV。其试验电压频率为50Hz，波形为实际正弦波。在试验电压下维持1min，然后迅速降低到全值的50%，待电压降到0时再断开电源。其具体试验步骤及方法如下：

1）试验前，检查定子线棒表面应无未固化的防晕涂层，且不允许线棒表面有灰尘、油污等其他杂质黏附。

2）在定子线棒的直线部位包裹导电材料，包扎长度为铁芯长加40mm（每端各加20mm）；导电材料应包裹服帖。

3）按如图2所示连接好试验线路。定子线棒的引线头用铜带与高压引线连接，连接时定子线棒的引线头必须擦干净；定子线棒直线部位包裹的导电材料用铜带可靠接地。

4）高压试验接线应悬空，高压引线必须用ϕ1.0mm及以上的铜线或高压电缆以减小电晕。对定子线棒引线尖端用铝箔或圆形金属帽来封住，以消除尖端轮廓。

5）检查试验设备的绝缘是否良好，试验线路接线是否正确。

6）试验电压为工频交流电压，电压波形为实际正弦波。

7）试验应在暗室内进行，以便于观察线棒端部电晕。试验时，试验人员在暗室内停留约5min、视觉适应后方可开始试验，并在距线棒2m处目测线棒端部是否出现电晕。

8）耐压试验原理如图2所示，按有关标准要求及合同规定进行定子线棒下线前耐压试验。

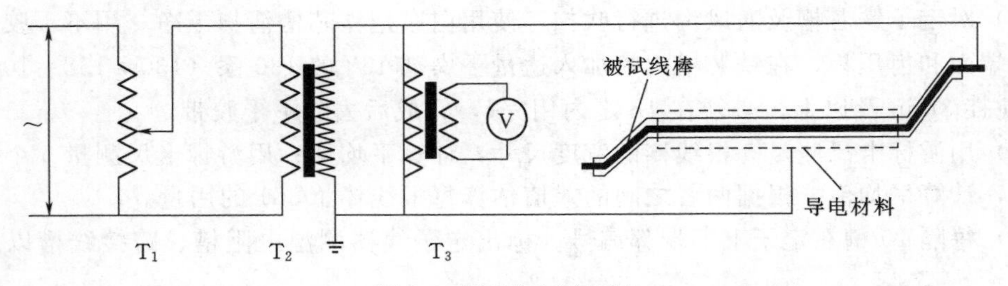

图2 耐压试验原理图

9）在1.5U_n下，观察线棒应无明显的电晕现象。

10）线棒试验合格后，方可进行定子下线工作。

3.7.5 端箍装配

（1）在定子圆周上均匀嵌入18根几何尺寸较理想的下层线棒，其中每段端箍上不少于3根，且分布在每段端箍两侧及其中间部位。嵌入时，应按图1F9567（定子装配）有关要求，首先用黏胶带将项18（1480导电玻璃布J0967）粘在临时所嵌线棒槽的槽底，线棒中心线应与铁芯中心线对齐，并用压线工具将线棒压靠槽底。注意绝缘支撑板的安放位置应避开线棒引出头的位置。

（2）按图纸及厂家有关位置要求，将上游侧绝缘支撑板均匀地安放在前齿压板上，然后把端箍利用接头组圆后放在上游侧绝缘支撑板上，调整上游侧绝缘支撑板的高度，使上游侧端箍底部与其绝缘支撑板间接触良好。

（3）将上游侧端箍紧贴上游侧绝缘支撑板卡口，调整上游侧绝缘支撑板的径向位置，使上游侧端箍与下层线棒间预留约2mm间隙。如上游侧端箍与下层线棒间存在局部间隙大于2mm时，则应重新将上游侧端箍拆开，根据上游侧端箍与下层线棒间有关间隙要求将上游侧端箍多余部分切除，重新组圆后将其放在上游侧绝缘支撑板上，均匀调整上游侧端箍与下层线棒间间隙，按图纸 2F11430 有关位置要求将角钢点焊在前齿压板。

（4）按图纸及厂家有关要求，将定子上、下游端箍安装就位，并用浸有 793 环氧浸渍胶 25 无碱玻璃纤维绑扎带 EBT（25，将端箍牢固地绑扎在绝缘支撑板上，然后将上、下游侧支撑角钢与其绝缘支撑板间按图纸要求进行固定。

3.7.6 嵌放下层线棒

（1）每根下层线棒嵌放到位后，应及时用刮刀和干净白布清理干净线棒端部以及定子铁芯槽内线棒表面挤出的多余的 J0301 胶，撕去线棒整个长度方向上外包槽衬的多余部分，放入下层线棒压线垫条，用压线工具将下层线棒进行压紧，如图 3 所示。

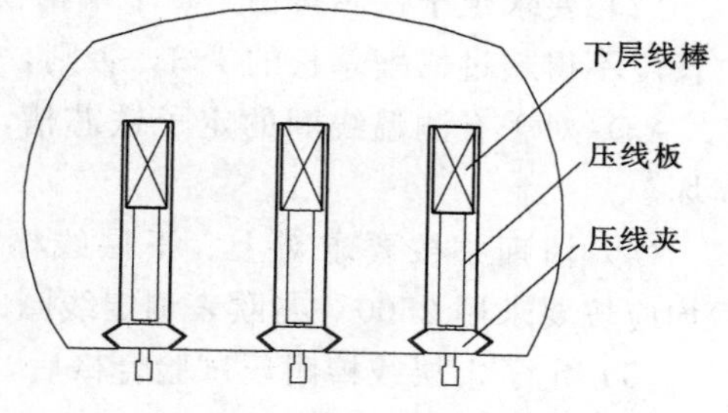

图 3　下层线棒紧压示意图

（2）下线过程中压紧下层线棒后，应及时检查下层线棒与端箍间的接触情况以及槽底下层线棒与铁芯间的接触情况，以确保槽底下层线棒与铁芯间不存在任何间隙。

（3）按室温固化胶 792、793 各自的配比配制室温固化胶 792、793。注意在第一次配胶时应请制造厂安装指导人员进行监督和指导，在正式应用到产品之前应进行试配。在正式配胶时应注意随配随用，不要一次配胶太多以免造成浪费。

（4）按定子装配有关要求，将间隔块和槽口垫块用浸好 793 胶的涤纶毛毡包裹，安放到下层线棒间相应位置。安放时应分别保持线棒上、下端部的间隔块在同一高度位置上，上端部间隔块和下端部间隔块间的高差均应小于 2mm，同时，所有间隔块塞入定子下层线棒的深度应一致。

（5）室温固化胶 792 和 793 完全固化后，拆除下层线棒压线夹等，并逐槽检查槽底下层线棒与铁芯间的接触情况，如存在间隙，应及时进行处理。

（6）清理各铁芯槽及下层线棒表面，按有关标准要求逐槽检测下层线棒槽电位，合格后，按有关标准对下层线棒进行交流耐压，其交流耐压值为 28.25kV。并记录结果。

（7）在槽电位检测和定子线棒耐压试验过程中，应将所有测温电阻线圈和非试验线圈可靠接地；下层线棒交流耐压试验前、后均应按要求用 2500V 兆欧表测量线棒的绝缘电阻；交流耐压试验时，耐压线棒和非耐压线棒间用云母板或橡胶板隔开。

3.7.7 上层线棒嵌入

按下层线棒安装方法嵌入上层线棒：

（1）调整斜边间隙使其均匀。

（2）用压线工具和压线垫条压牢。

（3）上下层线棒端头对齐，层间端箍不允许对接，搭接长度不小于 50mm。

（4）边下线边进行端部绑扎。

（5）清理各铁芯槽及上层线棒表面，并按要求逐槽检测上层线棒的槽电位，在进行槽电位测试时应将测温电阻进行安全接地。

3.7.8 槽楔安装

（1）打槽楔时，紧靠线棒放好上层调整垫条。调整垫条表面放一层保护垫条，保护垫条应长些。将槽楔放在槽内适当位置。槽楔斜垫塞进槽楔底下 1/2～1/3 长度，然后用打槽楔工具将内楔打入槽中。每打入 1 个槽楔均应用小锤轻轻敲打绝缘槽楔听其是否有空、哑声，中间每段槽楔紧度达到 2/3 以上，但相邻两段槽楔连续空声的部位不能超过单根槽楔长度的 1/3，以确定槽楔是否打紧。槽楔上的通风与铁芯通风沟的方向要一致并中心对齐。

（2）要求定子铁芯每槽上、下端槽楔敲击时不应存在发空现象，其余每根槽楔局部发空长度不得超过槽楔总长的 1/3，否则，则应将槽楔退出后重打。

（3）对于有测温线圈的定子铁芯槽，应每打完一根槽楔后均要检查测温线圈是否有损坏。

（4）清理并按要求对上、下层线棒进行耐压，其耐压值为 27.25kV。耐压试验前、后均应按要求用 2500V 兆欧表测定线圈的绝缘电阻，并记录试验结果。

（5）定子上层线棒耐压试验合格后，全面检查定子上层线棒的安装尺寸，并记录其测量结果。

3.7.9 并头块的焊接

1. 焊接前

（1）定子接头焊接前应对中频焊机进行调试和试焊。要求厂家派专家进行指导焊接。做好焊接前各项准备工作，如材料、工具和人员的配备。

（2）校正每对接头的周向偏差，使接头的搭接板靠拢后填调料间隙小于 0.25mm。调整接头的径向偏差，使其在搭接板的长度范围内。

（3）用干净破布将线棒端部的缝隙填满塞实，表面用石棉布或者防火布覆盖，防止焊接时金属溶液掉入线棒槽缝中或清理接头时掉入金属粉尘等。

（4）清扫线棒接头上残留的漆胶物，并将接头和搭接板用 0 号纱布或莱瓜布打磨，使其露出金属光泽。

2. 焊接

（1）将焊接搭板接在上、下层接头的两侧面，用大力钳将两搭板的一端夹住，在另一端两接触面间各加入银焊片一片，再将中频感应圈套入接头并固定。

（2）合上中频电源，约 1min 接头发红，焊片开始融化，此时注意用银焊棒对搭板焊缝四周的无焊料处涂抹，使焊缝饱满，即可停止加热。

（3）焊接时以焊件处出现暗红色为标准，迅速拔出焊条并处理流淌的焊料使其表面光滑，以减少今后的清理工作量。

3.8 绝缘盒套装及定子跨接线安装

3.8.1 上端绝缘盒套装

（1）绝缘盒套入前，用酒精清理绝缘盒，尤其是清理绝缘盒内表面的脱模剂，并存放在干净无灰尘的地方进行阴干。仔细清理每个并头块焊接接头，并头块焊接接头表面应具有金属光泽，不应有污斑。检查绝缘盒质量，有裂纹、气泡者不能使用。

（2）根据线棒端头尺寸和绝缘盒尺寸制作上端绝缘盒浇灌用堵漏板，如图 4 所示。

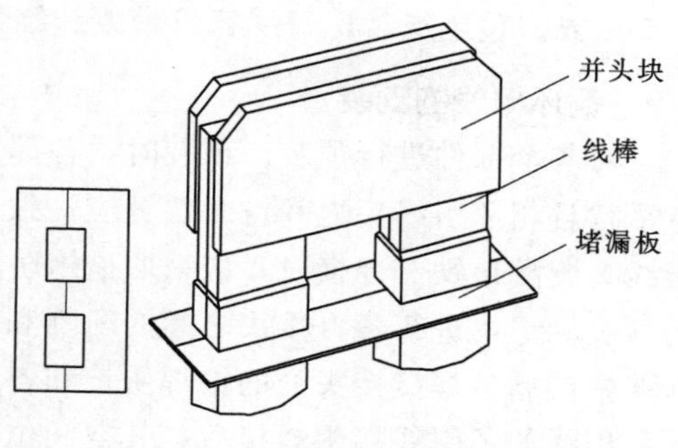

图4　堵漏板安装示意图

(3) 按定子装配“并头套处绝缘”所示位置，用记号笔在定子线棒上端部沿圆周划出安放上端绝缘盒浇灌用堵漏板的具体位置，用无碱带将堵漏板支撑（环氧垫条）固定在定子线棒上，并将上端绝缘盒浇灌用堵漏板安放堵漏板支撑上。

(4) 测量每根定子线棒端部堵漏板 $2m^2$ 的绝缘搭接长度，保证绝缘盒与定子线棒绝缘搭接的长度不小于40mm，若定子线棒绝缘与绝缘盒之间搭接长度无法达到上述要求，可在浇灌J0978绝缘盒灌注胶前，对定子线棒的搭接部分进行半叠包绝缘处理，其半叠包方法和层数参见定子线棒有关要求。

(5) 安放定子线棒上端绝缘盒，要求相邻绝缘盒之间顶部高差应小于3mm，沿圆周顶部高差最大应小于5mm。绝缘盒与并头块之间距离应均匀。

(6) 绝缘盒浇灌时，应先在每个绝缘盒中灌入少量J0978绝缘盒灌注胶，以确定堵漏板无渗漏现象，待其固化后，再一次性进行灌满。灌注绝缘盒时，应从一侧慢慢注入，减少灌入时产生的气体，并应及时将浇灌过程中掉在绝缘盒表面上的J0978绝缘盒灌注胶擦去。绝缘盒填充胶固化后，如因绝缘盒填充胶收缩而导致其低于绝缘盒表面时，应重新用J0978绝缘盒灌注胶填满。

(7) 上端部绝缘盒填充胶固化后，检查绝缘盒灌注情况，应无气孔，无裂纹，灌注胶与绝缘盒边沿齐平。合格后，拆除其堵漏板以及堵漏板支撑，全面清理绝缘盒表面。

3.8.2　下端绝缘盒套装

(1) 在下端绝缘盒浇灌时，应采用千斤顶和木板进行支撑。绝缘盒浇灌前，用电话纸包好绝缘盒外部，以便于下端绝缘盒浇灌完成绝缘盒表面清理，以免影响美观。

(2) 按上端部绝缘盒浇灌所述方法进行下端绝缘盒的浇灌。

(3) 下端部绝缘盒填充胶固化后，检查绝缘盒灌注情况，应无气孔，无裂纹，灌注胶与绝缘盒边沿齐平。合格后，拆除绝缘盒外部电话纸，并全面清理绝缘盒表面。记录检查结果。

3.8.3　定子跨接线安装

(1) 全面清理跨接线并头块焊接接头表面，并头块焊接接头表面应具有金属光泽，不应有污斑。

(2) 半叠包粉云母带前，应用801室温固化泥消除并头块与跨接线以及线棒间的台阶，以便于粉云母带的叠包。

(3) 在跨接线并头块焊接接头表面，按要求半叠包12层0.14（25环氧桐马玻璃粉云母带5440-1，并半叠包一层0.1（25无碱玻璃纤维带ET-100。在半叠包的过程中，在跨接线并头块焊接接头表面以及每层环氧桐马玻璃粉云母带叠包后，均应按要求均匀涂上室温固化环氧胶J0708。

(4) 叠包时，所叠包的云母带与定子线棒及跨接线的原有绝缘的搭接绝缘长度不应小于 50mm。包绝缘时，每层云母带或纤维带均应该用力拉紧，防止所包绝缘内存在空气。

3.9 铜环母线的安装

对各个部件进行预装。预装时，各部件接头间可采用多用钳临时固定。要求各引出线应平行且相邻引线头之间空间位置应一致。将所有预装部件取下，按图纸及厂家要求，焊接线夹装配垫铁。焊接时，应采取措施防止焊渣掉入定子。将所有预装部件分别按其各自的预装标记，进行各自接头之间的配割和焊接。焊接时，应采取有效措施防止损坏绝缘，并严格控制各焊接接头处的银焊质量和各引出线的整体焊接成形质量，从而保证各主、中性引出线的各引线接头焊接后，其空间位置符合实际预装位置要求。焊接完成后，按图纸要求进行各接头处的绝缘包扎，其叠包有关要求与有关跨接线叠包要求一致。

按图纸要求，焊接各并头块与其相应的定子线棒引出线接头，并严格控制各焊接接头处的银焊质量。焊接时，应采取措施防止焊渣掉入定子线棒以及定子线棒端部绝缘。按图纸要求，把紧线夹装配的固定螺栓并按要求进行锁定。

3.10 定子绕组整体试验

定子绕组整体试验主要包括：直流电阻测量、绝缘电阻测量及直流耐压和交流耐压试验。

直流电阻测量、绝缘电阻和吸收比的测量根据厂家提供的标准与国家标准判断满足要求后才进行交、直流耐压试验。

直流泄漏耐压试验按 $3U_n$ 对定子绕组分相进行试验，不参加试验的其他绕组及机壳接地。每阶段持续 1min，并记录泄漏电流。

交流耐压试验应分相进行，不参加试验的其他绕组及机壳接地。加压时，起始电压一般不超过额定电压值的 1/3，然后升至试验电压 24kV，历时 1min。1.1 倍 U_n 电压下，无金黄色亮点不起晕，试验通过。

4 安装工作质量及进度控制

实现安装进度计划对工程尽快发挥效益有着十分重要的意义，监理工程师进行进度控制必须运用科学的方法和有效的手段。在实际安装过程中，通过合理组织与现场配合，监理工程师主要从以下几个方面来促进安装进度。

4.1 完善质量控制体系

督促安装单位建立和完善质量管理体系、技术管理体系及质量保证体系。同时对施工计划进行风险分析，制订相应防范措施避免返工。

4.2 总结经验，提出目标

每周主持召开工地现场会议。主要检查上次现场会议议定事项落实情况、分析未完事项原因；提出下一周进度目标及具体措施；协调土建施工计划，避免二期混凝土浇筑、厂房装修等土建施工与机组安装工作面冲突而相互干扰，严格实施工作面交接签证制。

4.3 严格遵守工程质量计划

制订并实施重点部位的见证点、停工待检点、旁站点的工程质量计划。停工待检点必须经监理工程师签证才能进入下一道工序，防范因赶工而发生安全事故和质量缺陷事故。

4.4 和安装工作人员保持良好沟通

与其工作程序和深度达成一致，原则性事务决不放松；非原则性事务则在确保安装质量和施工安全的前提下，根据现场实际状况灵活处理，适当简化手续。监理工作的安排与安装单位同步，实现安装阶段的全过程巡视。

4.5 预防出现大的质量缺陷

对运至工地进行安装的设备均应进行到货验收，以便提前发现运输过程中引起的质量缺陷，避免在工地处理设备缺陷而影响安装工期。及时总结经验，找出安装方案实施过程中存在的不足，组织安装单位和厂家督导加以总结并优化完善。

5 结语

水轮发电机组安装，工序内容多、施工环节多、工序交叉作业多，而影响安装工程活动的因素既有外部条件和环境的因素，也有内部监理和技术水平的因素，所以应根据自身的特点，参照质量监理和质量保证国际标准、国家标准中所列的质量体系要素内容，建立和完善水电站机电设备安装质量保证体系。

参考文献

[1] GB/T 8564—2003 水轮发电机组安装技术规范 [S].
[2] DL/T 5038—2012 灯泡贯流式水轮发电机组安装工艺规范 [S].

沙坪二级水电站门槽一期直埋施工技术研究应用

董　靖　何世平

（国电大渡河沙坪水电建设有限公司，四川乐山　614300）

摘　要： 本文旨在探究门槽一期直埋施工关键新技术，将最新科研成果直接应用于沙坪二级水电站工程，填补四川省及大渡河流域门槽一期直埋施工新技术的空白，优化门槽施工组织设计。该装置集成了门槽标准化安装、门槽部位毫米级精细化施工、云车自爬升和施工安全作业平台等四个关键功能，可实现门槽埋件直埋施工，取消二期工艺，从而加快施工进度、简化施工工序、提高门槽施工质量和安全保障程度，构建“质量、安全、工期、成本”四位一体的最佳施工体系。

关键词： 门槽一期直埋施工；门槽云车；应用

1　引言

经济全球化的加速发展使得人类对能源的需求量逐渐增大，同时，传统的化石燃料引发的如酸雨、温室效应和臭氧耗竭等环境问题也得到广泛重视，建立一个清洁和可再生的新型能源结构逐步取代当前能源结构尤为重要。煤炭作为我国能源结构的主要来源，其每年的供应量均呈下降趋势，水电、核能等新能源在我国电力工业的发展中扮演着越来越重要的作用。

水电开发与其他可再生能源，如风能、太阳能、生物质能相比，水电开发技术相对更为成熟，能进行更高效率、高质量的发电。科学利用水能资源，符合建设资源节约型、环境友好型社会的要求，是实现节能减排目标的重要途径，对促进大渡河流域又好又快发展具有重要意义。

门槽施工作为水电站建设一个非常重要的环节，直接影响工程建设的设计实施和招标、现场管理和运行管理的方方面面。沙坪二级水电站进水口检修闸门孔口尺寸为14.70m×19.04m（宽×高），为水利水电工程大型检修闸门，具备进行门槽一期直埋施工新技术研究与实践的条件。门槽一期直埋施工技术适应当前建设环境友好型、绿色生态型的水利施工要求，是具有开创意义的新课题。

2　门槽一期直埋安装新技术可行性研究及工艺

2.1　门槽一期直埋安装技术可行性研究

沙坪二级水电站厂房布置在左岸导流明渠中，属于三期施工的重点项目，其工期直接

作者简介： 董靖（1994—　），男，助理工程师；研究方向：机电安装管理。

关系到沙坪二级水电站发电目标的实现。通过引进门槽一期直埋安装施工新技术，可以对相关部位的工序安排和工期进行调整，探索是否能够加快厂房施工，取得提前发电的效益。

门槽一期直埋施工的总体思路是：通过汇集20多年来在门槽施工方面的一些探索，研发了专门用于门槽一期直埋安装施工的装置——门槽云车，依托该装置，在浇筑混凝土前完成门槽埋件安装，门槽周边混凝土随大体积混凝土一起浇筑，变传统的二期施工为一期施工，从而节约工期、简化施工组织，可有效避免有限空间内上下交叉作业、安全风险较大问题。新工艺降低了门槽埋件安装工作对高级熟练工的依赖，可以避免出现门槽二期施工的"啃骨头"问题，具有较好的质量、安全、工期、科研、经济等综合效益。

2.2 门槽一期直埋安装工艺

门槽一期直埋施工工艺基本流程为：①完成底槛安装和混凝土浇筑⟶②完成门槽云车安装和使用验收⟶③安装门槽埋件，以覆盖两层混凝土浇筑高度为宜⟶④浇筑闸墩第一层混凝土，预埋锁定插销，提升螺帽就位⟶⑤门槽云车提升，插销锁定⟶⑥安装第三节门槽埋件，能覆盖一层混凝土浇筑高度即可⟶⑦浇筑第二层闸墩混凝土，预埋第二层锁定插销，提升螺帽上移⟶⑧重复⑤～⑦步骤，封堵下一层的锁定螺栓孔，依次循环，直到浇筑到顶⟶⑨门槽云车拆除，验收移交。

3 沙坪电站门槽云车设计安装相关内容

3.1 电站进水口闸门相关参数

沙坪二级水电站工程进水口检修闸门共6孔，每孔设置1道平板闸门，主要埋件有底槛、主轨、副轨、反轨、门楣等。每孔埋件总重39t。检修闸门门槽底部高程514.91m，顶部高程554.80m，轨道埋件安装高度39.89m。进水口检修闸门埋件参数见表1。

表1　沙坪二级水电站工程进水口检修闸门埋件参数

孔口型式	潜没式	孔口尺寸/(m×m)	14.70×17.85
闸门型式	平面滑动叠梁式	设计水头/m	40.0
操作方式	静水启闭	底槛高程/m	514.91
门槽轨道支承跨度/m	15.50	门楣止水中心高程/m	532.86
门楣止水中心至底槛高度/m	17.95	门槽止水宽度/m	14.90

3.2 沙坪水电站门槽云车设计

由于研究的门槽云车成果最终会适用于水利建设中，所以通过周转使用云车可降低使用成本，改善云车新技术的直接经济成本劣势。对门槽云车进行通用化设计，采用定尺基架加调整装置的思路适应不同宽度的门槽。

沙坪二级水电站工程进水口检修闸门门槽云车基架设计宽度为1500mm，主反轨各伸出100mm，总宽度1700mm。其中主轨为固定部件，反轨为可调整装置。立柱是门槽云车设计的核心，主轨导向部件是精度控制基准。左右立柱通过上下横梁连接成整体。其中下部横梁是组焊整件，上部横梁需在现场由中间结构主肋、走台和连接件组焊而成。立柱和横梁通过锥销连接，采用焊接加固。主轨导向部件经过精刨加工，9个部件的平面度误差控制在1mm以内。门槽云车结构如图1所示。

图1 门槽云车结构展示图

3.3 门槽云车安装

根据沙坪二级水电站的现场条件，同时借鉴乌东德右岸导流洞闸门门槽快速施工技术及潼南航电枢纽厂房尾水门门槽快速安装施工等项目经验，沙坪二级水电站门槽云车安装采用整体整吊安装方案。选择上游门机轨道间为最终安装场地，拼装场地约为17m×10m的矩形地块，采用两个千斤顶将左右立柱和上下横梁4大部件垫平。拼装时将主机导向部件放于上部，采用75t汽车吊进行云车卸车和平面拼装，然后用门机辅助翻身，如图2所示。

图2 沙坪二级水电站门槽云车安装现场

吊装时以立柱顶部为主要受力点，用4根等长钢丝分别连接4个吊点；立柱底部为辅助受力点，用2根等长的钢丝连接底部2个吊点。两台MQ900门机做相向回转，待云车直立后再摘除翻身钢绳，在空中完成云车翻身工作，然后整体吊到3号机进水口。

4 门槽云车关键新技术及安装优点

4.1 门槽云车关键技术

研发了适用于沙坪二级水电站进水口检修闸门施工的YC－S01.00型门槽云车。该云车支承跨度达15.5m，提升高度可达到6.3m，施工高度39.89m。采用了标准化、系列化设计设计概念，将有效降低门槽一期直埋施工准入门槛，缩短云车设计制造周期，为大规模推广使用创造了条件。

4.2 门槽云车安装优点

1. 周期短、安全性高

门槽云车取消门槽二期施工，门槽埋件在一期混凝土浇筑前完成调整安装，直接埋进一期混凝土中，这样混凝土到顶后很快就能具备下闸条件。由于较好地继承了一期施工方式，门槽部位无须搭脚手架或挂吊篮施工，避免了特种作业。门槽无须凿毛，简化了施工工艺，符合绿色水电的发展方向。无一期、二期混凝土结合问题，加上混凝土质均匀、振捣密实，门槽抗渗耐冲性好。

2. 自动化程度高

门槽云车系列化产品，集成了门槽标准化安装、门槽部位毫米级精细化施工、云车自爬升和施工安全作业平台等四个关键功能，可实现门槽埋件直埋施工，取消二期工艺，从而加快施工进度、简化施工工序、提高门槽施工质量和安全保障程度，构建“质量、安全、工期、成本”四位一体的最佳施工体系，是绿色施工新技术。

3. 精准度高

原有一期施工采用的是外部加固桁架，采用型钢、脚手架等搭设而成，涉及脚手架作业，从闸孔底部一直搭设到顶部，工程量庞大，对于高大门槽尤其不利。型钢和脚手架支撑效果不佳，施工精度难以保证。加固桁架是一次性项目，无法周转使用。二期施工是通过在一期混凝土里预埋的锚板和拉筋，为埋件定位。这种内部加固的方式，定位精度很容易受到混凝土浇筑的影响。如果拉筋太密，就会影响混凝土的下料和振捣。二期施工方式浇筑层高往往很大，混凝土振捣是施工难题，跑模、欠振、过振引起的混凝土缺陷比较常见。埋件安装时往往采用正偏差，但是施工完成后往往会出现负偏差，导致下门困难。使用云车施工门槽，实现了门槽部位的平起作业，门槽先于大体积混凝土到顶。在门楣以下部位施工，云车提供了沟通左右岸交通的手段。封闭平台固定爬梯的安全性，优于大模板。轨道背后无拉筋，施工空间大，易于进料和振捣，无骨料分离问题。4 根轨道通过云车连接成整体，大大提高了抵抗变形的能力。轨道安装时始终以起始节作为调校基准，没有误差累积。调节撑杆能有力控制门槽宽度，取得比二期施工更好的施工质量。

5 与当前同类研究、同类技术的比较

三峡水利枢纽和李家峡水电站等项目拦污栅施工中为了加快施工进度相继采用了一期施工技术，但由于埋件加固采用外部加固的方式，体形庞大、结构复杂机械化程度低且造价高昂，无法重复使用。且原有一期方式的加固效果不佳，导致埋件施工质量也不太理想，甚至部分工程出现了拦污栅下栅困难的问题。因此，我国水利水电工程的门槽施工依旧以二期施工为主。但是由于近年来门槽施工质量的不断下降，给门槽一期直埋新技术提供了必要的研究空间。

在门槽一期直埋新技术研发中最核心的是成功研发出门槽云车，它是我国独创的一项门槽施工装置，适用于门槽直埋的机械化施工。实验证明，该装置性能稳定，能适应不同工况下的门槽施工作业。该云车具有自动提升功能，节省了施工中烦琐的垂直起吊手段。云车可沿已经施工好的门槽向上爬升，始终以底槛未定位起点，施工过程中无误差积累，

定位精度高，一个作业循环可完成6m长度的门槽施工，可使金结和土建同时进行节约施工时间。门槽一期直埋技术克服了原有一期施工技术的短板，采用强有力的外部加固方式为埋件提供支撑，保证施工精度。云车采用通用化设计，可以反复改装重复使用，对于门槽越高的工程其经济价值和工程安全意义就更加突显。

门槽施工一期、二期技术与门槽一期直埋新技术的比对表见表2。

表2　门槽施工方案技术比对表

对比项目	原有一期	二期施工	一期直埋施工
实施时间	与大体积混凝土同步	滞后于大体积混凝土	与大体积混凝土同步
加固方式	外部加固	内部加固	外部加固
特种作业	可能涉及	涉及	不涉及
凿毛与否	否	是	否
二期混凝土	无	有	无
质量控制	难	难	容易
安全风险	比较高	高	低
工期	缩短	长	缩短
成本	高	不易控制	受控
可否周转	不能	不能	能
应用范围	小	大	大
工程管理	复杂	复杂	简单
结合问题	无	有	无
抗渗耐冲	强	薄弱	强
施工空间	相对较大	狭窄	相对较大
骨料分离	风险小	风险大	风险小
振捣密实	容易实现	较难实现	容易实现
拆模难度	相对较小	风险很高	相对较小
施工效率	低	低	高

6　结论

门槽一期直埋施工技术是在传统一期、二期施工技术的基础上研究而来。该新技术不断优化一期、二期混凝土施工中的技术缺陷，确保混凝土与门槽钢结构的紧密结合，打破传统施工思路，使得水利水电工程门槽施工朝着“更高效、更安全、质量好、工期短、成本低”的方向迈进。该项新技术还成功填补了我国在门槽直埋施工领域/方面的技术空白。

沙坪二级水电站进水口3号孔检修闸门门槽总高度为42m，按照二期混凝土浇筑方式安装门槽，工期分析：一期混凝土浇筑完成后，二期施工排架搭设需5～6天，一期混凝土表面凿毛需5～6天；门槽埋件安装需30～32天。门槽二期混凝土需分7仓浇筑，需21～25天；检修门采用二期安装浇筑需61～69天。按照门槽一期直埋施工，门槽云车安装需15～16天，门槽埋件的安装可以在仓面备仓过程中安装，不占用直线工期；采用门槽一期直埋施工可缩短施工总工期约53天。若在水利水电工程建设过程中运用该项新技术，可以缩短关键工期产生显著经济效益。同时由于该项新技术在建设施工过程中不需要对建面进行凿毛且减少了狭窄空间内的临空临边高风险作业，减少了脚手架、吊篮等特种作业数量，符合绿色水电的发展方向，具有广阔的发展空间和发展价值。

参考文献

[1] 李锐，杜治洲，杨佳刚，等. 中国水电开发现状及前景展望［J］. 水科学与工程技术，2019（6）：73－78.

[2] 韩冬，方红卫，严秉忠，等. 2013年中国水电发展现状［J］. 水力发电学报，2014，33（5）：1－5.

[3] LI Xiaozhu，CHEN Zhijun，FAN Xiaochao，et al. Hydropower development situation and prospects in China［J］. Renew Sustain Energy Rev，2018，232－239.

[4] CHANG Xiaolin，LIU Xinghong，ZHOU Wei，et al. Hydropower in China at present and its further development［J］. Energy 2010，35（11）：4400－4406.

[5] 彭智祥，杨宗立，龚建新，等. 一种闸门槽施工方法及装置：中国，CN21311018684［P］. 2013.

[6] 黄兴周，王红军. 乌东德右岸导流洞闸门门槽快速施工技术［J］. 云南水力发电，2016，32（3）：98－101.

[7] 周德文. 沙坪二级水电站厂房工程主要施工技术综述［C］//四川省水力发电工程学会. 四川省水力发电工程学会2018年学术交流会暨“川云桂湘粤青”六省（区）施工技术交流会论文集. 成都：四川省水力发电工程学会，2018：73－77.

调试检验篇

灯泡贯流式机组发电机定子铁损试验探讨

李　伟　杨　杰

（中国水利水电第七工程局有限公司，四川成都　610081）

摘　要： 灯泡贯流式机组由于其独特的结构，其发电机定子安装时呈卧式结构，而发电机定子铁芯是由薄硅钢片现场叠装而成。在铁芯硅钢片的制造或现场叠装过程中，可能存在片间绝缘损坏，从而造成片间短路。为了防止运行中因片间短路引起局部过热，甚至威胁到机组的安全运行，在定子铁芯组装完成后，必须进行磁化试验，以检查铁芯片间绝缘是否短路，压紧螺栓是否压紧，最终判定定子铁芯是否合格。

关键词： 灯泡贯流式；机组；发电机定子；磁化试验

定子磁化试验过程中，测量定子铁芯的总有功损耗及定子铁芯机座等各部位的温度，查找局部过热点，从而计算出铁芯的单位损耗及温升，发现可能存在的局部缺陷，综合判断定子铁芯的制造、安装质量是否符合设计要求。本文结合自身工作经验，全程参与沙坪二级水电站6台灯泡贯流式机组的磁化试验，并在过程中以不同的试验条件及不同的绕线方式所产生的试验结果进行了分析对比，探讨灯泡贯流式机组发电机定子磁化试验。

1　概述

沙坪二级水电站位于四川省乐山市峨边彝族自治县和金口河交界处，装设6台单机容量58MW灯泡贯流式水轮发电机组，发电机型号SFWG58－68/8750，定子机座高度为3000mm，定子铁芯内径ϕ8750mm，外径ϕ8250mm，定子铁芯高度1450mm，定子铁芯共510槽。

铁损试验在定子组装叠片完毕，定子下线开始之前进行，定子整体清扫后进行布置铁芯测温装置，再按要求进行缠绕励磁电缆。

2　试验基本原理

铁损试验的基本原理是：在叠装完成的发电机定子铁芯上缠绕励磁绕组，绕组中通入交流电流，使之在铁芯内部产生接近饱和状态的交变磁通，从而在铁芯中产生涡流和磁滞损耗，使铁芯发热。同时，使铁芯中片间绝缘受损或劣化部分产生较大的涡流，温度很快升高。

用埋设的温度计测量铁芯、上下压板及定子机座的温度，计算出温升和温差；用红外

作者简介： 李伟（1989—　），男，工程师，学士；研究方向：水电站电气。

线测温仪查找局部过热点及辅助测温；在铁芯上缠绕测量绕组，测量其感应电压，计算出铁芯总的有功损耗。根据测量结果与设计要求比较，来判断定子铁芯的制造、安装质量。

3 试验计算

3.1 发电机定子铁芯技术参数

发电机定子铁芯技术参数见表1。

表1 发电机定子铁芯技术参数

铁芯外径 D_a	875cm	铁芯内径 D_i	825cm
铁芯长度 L	145cm	齿高 h_z	12.18cm
通风沟数量 N_s	36	通风沟高度 B_s	0.5cm
叠压系数 K	0.96		

3.2 励磁容量的计算

1. 铁芯有效长度

$$L_{fe}=K(L-N_sB_s) \tag{1}$$

式中 L_{fe}——铁芯有效长度，cm；

K——叠压系数，$K=0.96$。

则

$$L_{fe}=0.96\times(145-36\times0.5)=121.92\text{cm}$$

2. 铁芯磁轭部宽度

$$h_a=(D_a-D_i)/2-h_z \tag{2}$$

则

$$h_a=(875-825)/2-12.18(\text{齿高})=12.82\text{cm}$$

3. 铁芯轭部截面积

$$Q=L_{fe}\times h_a \tag{3}$$

$$Q=121.92\times12.82=1563.01\text{cm}^2=0.1563\text{m}^2$$

4. 励磁线圈匝数计算

$$W_1=U_1/(4.44fQB)\times10^4 \tag{4}$$

式中 U——励磁电压，V；

Q——轭部截面积，cm^2；

f——电源频率，Hz；

B——轭部磁通，T。则

$W_1=U_1/(4.44fQB)\times10^4=400/(4.44\times50\times1563.1\times1)\times10^4=11.52$，取12匝

5. 励磁绕组电流计算

$$I_p=\pi(D_a-h_a)a_w/W_1 \tag{5}$$

式中 a_w——单位长度安匝数，令 $a_w=1.5$ 安匝/cm，则

$$I_p = \pi(875-12.82)\times 1.5/12 = 338.40\text{A}$$

6. *励磁容量计算*

$$S = 1.05\times U_1\times I_p \tag{6}$$

$$S = 1.05\times 0.4\times 338.40 = 142.13\text{kVA}$$

7. *励磁电源计算*

$$S_{总} = \sqrt{3}S \tag{7}$$

$$S_{总} = 246.16\text{kVA}$$

根据计算，施工变压器能满足要求。

8. *测量线圈的计算*

若测量线圈取 $W_2=1$ 匝，则测量电压按照下列公式计算：

$$U_2 = U_1 W_2/W_1 = 33.3\text{V}$$

9. *励磁线圈导线的选择*

电缆芯线截面积按照下列公式计算：

$$S = I_e/\beta$$

式中 β——电缆的单位载流量系数，取 $\beta=2.5\text{A/mm}^2$，则

$S = I_e/\beta = 338/2.5 = 135.2\text{mm}^2$ 考虑导线长时间载流发热，宜选用软芯电缆 150mm^2，或选用 $3\times 70+1\times 35\text{mm}^2$ 电缆。

3.3 试验过程

（1）试验有关人员全部就位、安全措施就位。

（2）各部位正常以后合上试验专用断路器，密切观察励磁回路及定铁芯有无异常情况，检查各表计读数是否正常，并记录起始励磁电压、励磁电流、功率、感应电压，记录各测点的原始温度，同时开始计时。

（3）每隔 15min 记录一次各表计读数，并用红外测温仪随时监测各部位温度，找出高温区进行重点监测。

（4）试验过程中温度控制：

1）定子铁芯各部分的最高温升不超过 25K；

2）相互间最大温差不超过 10K。

（5）试验过程中，观察铁芯振动情况，楔子板出现松动应及时紧固；检查拉紧螺栓有无松动情况。

（6）试验过程中，每隔 10min 记录测温元件读数，整个试验持续 90min，如果实际试验磁通密度低于 1.0T 时，试验时间应按标准延长。

（7）铁芯磁化试验合格后，重新检查压紧螺杆力矩值，如果力矩值减小，重新拧紧压紧螺杆，直到力矩值达到制造厂要求；再次用 500V 兆欧表测量压紧螺杆对地绝缘电阻，绝缘电阻需大于 15MΩ。

（8）整个试验完成以后，所有试验设备撤除、退场，然后将试验区域清理干净。

3.4 试验结果与分析

沙坪二级水电站总共 6 台机组，1 号机组采用的施工 400V 电源，励磁电缆匝数 12

匝，2～6 号机组采用厂用电 380V 电源，励磁电缆匝数 11 匝；1～4 号机组采用励磁电缆缠绕铁芯带机座的方式进行试验，5 号、6 号机组采用励磁电缆仅缠绕铁芯的方式进行试验，试验结果见表 2。

表 2　　励磁电缆缠绕铁芯试验结果

机组序号	1 号机组	2 号机组	3 号机组	4 号机组	5 号机组	6 号机组
环境温度/℃	10	18.2	29	13	18	24.8
温升/℃	9.4	5.5	5.7	8.6	5.1	6.5
励磁电流/A	264～274	396～403	360～382	360～371	370～392	360～374
励磁电压/V	400.9	390	383	376	376	370
测量电压/V	32.3	33.8	32.7	32.8	32.67	32.3
计算结果 1T 耗/(W/kg)	1.27	1.4086	1.404	1.3875	1.403	1.3957

4　试验结果分析

合格标准：根据厂家说明要求，即在 90min 的试验中，要求铁芯最高温度不高于 70℃；铁芯最大温升不高于 25K；铁芯最大温差不大于 10K；铁芯与机座最大温差不大于 15K，此结构机组单位铁损值一般不超过 1.4175W/kg。

根据表 1 试验数据，铁芯最高温度及最大温差均没有大于标准，单位损耗均小于标准值，并且在试验过程中各部位振动声音正常，无局部过热现象。由以上结果可知，沙坪二级水电站 6 台机组的铁芯质量均满足要求。

其中，2 号机组与 5 号机组试验所处的环境温度几乎相同，但是励磁绕线的方式不同，2 号机组磁化试验带定子机座一起做的试验，而 5 号机组磁化试验仅带铁芯做的试验，其最大温升相差为 0.4℃，最终的单位损耗相差 0.0056W/kg，由此结果，可以初步得出沙坪二级水电站灯泡贯流式机组发电机定子磁化试验中绕线方式对试验结果影响不大。

5　结论

发电机定子磁化试验是检验水轮发电机组定子铁芯是否合格的有效方法，影响其结果的因素很多，最主要还是铁芯硅钢片制造质量与现场安装质量。鉴于自身能力、工作经验的限制，本文仅对绕线方式不同对磁化试验结果影响做了简单的分析，仅参考。

TOFD在大型灯泡贯流式机组管型座焊缝检测中的应用研究

董 靖 何世平

（国电大渡河沙坪水电建设有限公司，四川乐山 614300）

摘 要：灯泡贯流式机组管型座内外环与梯形柱现场安装对接焊缝厚度较大，焊接难度大且长期受到剪切应力、压应力以及震动等复杂应力的作用。为保证电站的长期安全运行，因此必须确保其焊缝质量符合国家和行业质量检测标准的规定。采用衍射时差法超声检测（TOFD），能够较好地检测出焊缝焊接缺欠和对焊缝质量进行控制。通过对沙坪二级水电站管型座焊缝TOFD检测研究，对TOFD在大型灯泡贯流式机组管型座焊缝检测中的应用有一定借鉴参考意义。

关键词：水电站；管型座环；梯形柱；焊缝；TOFD

1 引言

Time Of Flight Diffraction（TOFD）检测技术是超声波检测技术的一种，在20世纪90年代发展并成熟的，现水电等领域应用领域已逐渐取代原有的传统超声波检测和射线检测。

TOFD检测法也称为衍射时差法，采用的是一发一收模式的双探头结构，用带有一定角度的纵波探头发射超声波，纵波折射角度范围是45°～70°，用相同角度的纵波探头接收衍射信号，并使用可以生成扫描图形的超声波成像系统进行缺陷判断。TOFD主要是接收缺陷尖端的衍射波，因此不易受缺陷方向性影响，且面状缺陷的衍射信号较强，危害性缺陷更不易被漏检。其基本波型分为三种：直通波、缺陷波和底面反射波。直通波和底波作为缺陷深度测量的参考基准。

TOFD检测原理如图1所示。

2 TOFD检测盲区

TOFD检测在扫查面侧存在盲区D_{ds}，其由直通波导致。此扫查表面盲区的深度为：

$$D_{ds}=\left[\frac{(ct_p)^2}{4}+sct_p\right]^{\frac{1}{2}} \tag{1}$$

式中 c——声速，m/s；

t_p——幅值下降到10％脉冲峰值时的脉冲持续时间，s；

作者简介：董靖（1994年— ），男，助理工程师；研究方向：机电安装管理。

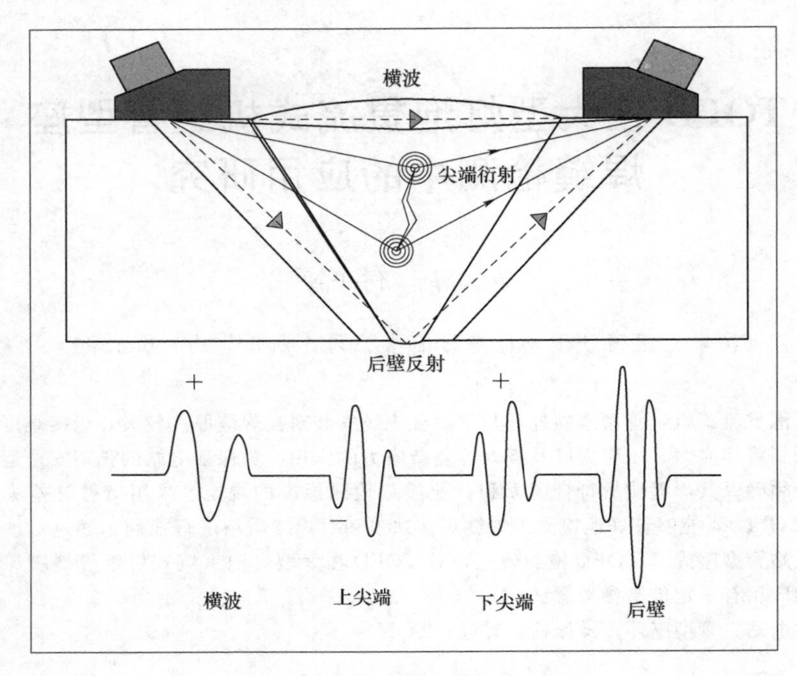

图 1　TOFD 检测原理

s——探头间距的一半，mm。

底面侧的盲区 D_{dw} 是由底面回波导致，其深度为

$$D_{dw}=\left[\frac{c^2(t_W+t_p)^2}{4}-s^2\right]^{\frac{1}{2}}-W \tag{2}$$

式中　t_W——底面回波的传播时间，s；

W——工件壁厚，mm。

沙坪二级水电站管型座与梯形柱对接焊缝母材厚度为 70mm，需要分两层检测[1]。第一层检测厚度范围 0～35mm，检测使用探头为 7.5MHz，1.5 周期，脉冲持续时间 $t_p=0.2\mu s$，入射角 60°，声速 5900m/s，探头间距 80mm。在此条件下根据式（1），计算出 $D_{ds}=6.9$mm。第二层检测厚度范围 26.3～70mm，检测使用探头为 5MHz，1.5 周期，脉冲持续时间 $t_p=0.3\mu s$，入射角 45°，声速 5900m/s，探头间距 111mm，$t_W=30.28\mu s$，在此条件下根据式（2），计算出 $D_{dw}=1.1$mm。

计算结果表明，TOFD 检测的上下表面盲区不能被忽视，尤其是上表面盲区较大，因此要结合 MT、改变 PCS 和探头中心频率来减小或消除盲区的影响。

3　检测

3.1　被检测焊缝要求

探头移动区域范围内应清除铁锈、飞溅、油漆、油垢及其他外部杂质。为便于探头的自由扫查，探伤表面应打磨光滑，其表面粗糙度不应超过 6.3μm。焊缝两侧各打磨宽度不少于 150mm。

3.2 检测仪器

TOFD检测系统采用Omniscan M×2检测系统，有专用计算机、软件、一对或多对探头、探头支架、扫查架和编码器等几部分组成。单通道检测仪器可以满足沙坪二级水电站管型座与梯形柱焊缝检测的需要，遇到厚板（>50mm）检测时可进行分区多次扫查。

（1）探头的选择及厚度分层。100mm以下的工件厚度一般可使用单探头检测，对于铁素体材料的工件可根据表1进行选取合适的探头，对于奥式体或其他高衰减材料检测时，需要降低探头公称频率和增大探头晶片尺寸。

表1　　厚度小于100mm时探头选取及分层依据

公称壁厚 T /mm	TOFD分层	分层厚度覆盖范围	公称频率 /MHz	晶片尺寸 /mm	建议角度 θ/(°)	主声速聚焦深度 H
$12 \leqslant T \leqslant 35$	1	$0 \sim T$	5～10	3～6	60～70	$2/3T$
$35 < T \leqslant 50$	1	$0 \sim T$	3～5	3～6	60～70	$2/3T$
$50 < T \leqslant 100$	1	$0 \sim T/2$	3～5	3～6	60～70	$2/6T$
	2	$3/8T \sim T$	3～5	6～12	45～60	$19/24T$

沙坪二级水电站管型座与梯形柱焊缝母材厚度为70mm，分两层进行扫查，第一层扫查选用探头频率7.5MHz、晶片直径6mm、60°楔块；第二层扫查选用探头频率5MHz、晶片直径6mm、45°楔块。

（2）探头中心距PCS的计算。为使整个焊缝截面内具有较为均匀的检测灵敏度，探头间距的调整宜使两探头声束中心线交点位于焊缝厚度的2/3处（$T \leqslant 50$mm），按照这一要求，结合焊缝两侧母材的厚度计算探头间距（PCS值），$PCS = 2/3KT$，$K = \tan\theta$。当50mm$< T <$100mm时，应分两层扫查，第一层扫查覆盖区域为$0 \sim T/2$板厚，PCS设置应使主声速聚焦在$1/6T$处，$PCS1 = 2/3KT$；第二层扫查覆盖区域为$3/8T \sim T$，PCS设置应使主声速聚焦在$19/24T$处，$PCS2 = 19/12KT$。

沙坪二级水电站管型座与梯形柱焊缝母材厚度为70mm，PCS1＝80mm；PCS1＝111mm。

（3）扫查方式。沙坪二级水电站管型座与梯形柱焊缝母材厚度为70mm，采用两次对中非平行扫查（D扫）（分别选用80mm和111mm）。

（4）A扫时间窗口设置。第一层扫查时时间窗口设置为13～19μs；第二层扫查时时间窗口设置为20.81～30.78μs。

（5）灵敏度校验。第一层扫查时，在工件上将直通波幅度调整到40%～80%频高。第二层扫查时，在Ⅱ型对比试块上把深度为26.25mm或61.25mm横孔的衍射信号（较弱者）调整到40%～80%频高。

（6）扫查速度。扫查速度不大于50mm/s，且须保证扫查数据丢失不大于扫查长度的5%，不得连续丢失数据，丢失的数据不能影响缺欠评定。

（7）焊缝检测。把管型座环与梯形柱对接焊缝分成8段，每段长度及编号、扫查方向如图2所示。

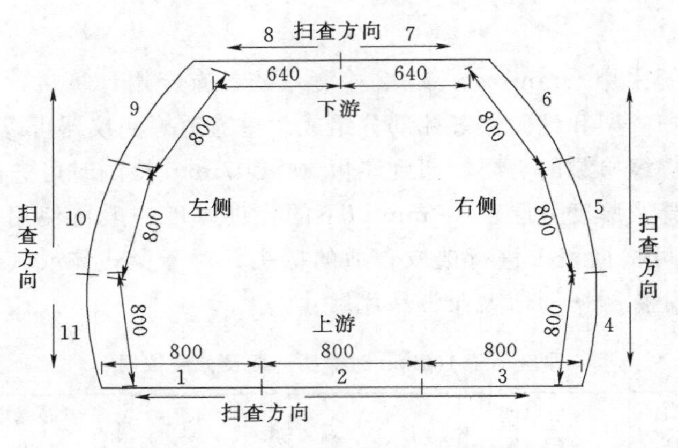

图 2　管型座环与梯形柱对接焊缝

4　数据分析

TOFD 检测技术主要根据成像图谱（如图 3 所示）的形状、尺寸进行数据分析，分为两步。

第一步为定性分析，确定缺陷的性质，其判定主要依据图谱显示缺陷的形状；

第二步为定量分析，确定缺陷的尺寸、位置等信息，缺陷的自身高度由缺陷的上下端点衍射信号来测量取得（注意缺陷上下端点衍射信号相位相反），缺陷长度由缺陷的成像长度测量取得，缺陷深度由直通波与缺陷衍射信号的上端点信号的时间差求得，缺陷距探头中心线的距离由 D 扫描信号求得。

完成数据分析后，便可依据标准对缺陷的危害性等级进行评价。

图 3　TOFD 检测成像图谱

5　实例

沙坪二级水电站管型座与梯形柱焊缝母材厚度 70mm，材质 Q345C，采用 TOFD 检测，选用公称频率 7.5MHz、晶片尺寸 6mm、角度 60°和公称频率 5MHz、晶片尺寸 6mm、角度 45°的探头。检测发现坡口断续未熔合，而采用 UT 检测较难判断，TOFD 检测图谱显示非常明显，如图 4 所示。

图 4　TOFD 图谱

6　结语

TOFD 检测技术与传统的内部缺陷检测方法相比有着较大的优势：

(1) TOFD 检测解决了超声脉冲回波反射法检测固有的一些缺点，缺陷的检出和定量不受脉冲角度、探测方向、缺陷形态、检测面粗糙度及探头压力等因素的影响，能准确地确定缺陷的性质、大小、深度、位置，检测精度和准确性远高于超声脉冲回波反射法；

(2) 与 RT 检测相比，TOFD 检测具有检测效率高、检出率高、检测周期短、无辐射等优点。

TOFD 检测在沙坪二级水电站管型座与梯形柱焊缝检测中的成功应用，表明 TOFD 检测在厚板焊缝检测中能够更好地检测出焊缝中的危害缺欠，由此更好地对焊缝质量进行控制。

参考文献

[1]　袁涛，曹怀祥，祝卫国，等．TOFD 超声成像检测技术在压力容器检验中的应用．压力容器，2008 (2)：58－60.

沙坪二级水电站自动化调试与运行

陈　陶[1]　谢明之[2]

（1. 东方电气集团东方电机控制设备有限公司，四川德阳　618000；
2. 国电大渡河沙坪水电建设有限公司，四川乐山　614300）

摘　要： 随着社会经济以及科学技术的快速发展，电站自动化设备的应用也越来越广泛。变电站自动化设备与传统自动化设备有着很大的差异，其更符合现代化社会的发展，具有节能效果好、运行效率高以及安全性高的鲜明特征。文章对电站自动化设备的安装调试以及运行维护进行详细介绍，并针对一些典型问题进行分析，使专业人员对该系统能够更全面地了解并更好地进行操作与维护。

关键词： 沙坪二级；电站自动化；调试；运行

沙坪二级水电站共有6台单机容量58MW水轮发电机组，总装机容量348MW，是目前亚洲单机容量最大的灯泡贯流式水轮发电机组。其额定转速88.2r/min，额定水头为14.3m。电站6台机组水轮机、发电机及机组自动化均为东方电机设计制造，中国水电七局安装并配合调试。

1　机组自动化系统组成

该电站的机组自动化系统主要分为油、气、水三个方面。另外，还有转速、机组消防、状态监测等辅助控制系统。本文主要对油、气、水系统的调试和运行进行详细介绍，对调试和运行中遇到的问题进行分析，并针对一些注意事项进行特别说明。

2　油系统的调试与运行

2.1　轴承润滑油给排油系统调试与运行

轴承润滑油给排油系统包括高低压稀油站、高位油箱、机组组合轴承、水导轴承以及油管路组成一个闭合系统，对机组轴承进行润滑。如果轴承润滑油给排油系统发生故障将会造成机组轴承烧毁，造成巨大的经济损失。

在轴承润滑油给排油系统中，设置了两台低压供油泵，一个主用一个备用。当机组运行时，主用泵一直运行，如图1所示。高位油箱的油位下降到低油位位置时，对应的位置开关动作，此时控制柜会自动启动备用油泵。当高位油箱液位回到正常油位，对应的油位正常位置开关动作，控制柜自动停止备用油泵。如果高位油箱液位一直下降，降到油位过低点后，对应的位置开关会给监控系统发油位过低信号，监控系统根据相应的流程停机，

作者简介： 陈陶（1988—　），男，工程师，学士；研究方向：发电站机械自动化控制。

防止轴承润滑油流中断导致轴承损坏。

在该系统的调试中需要注意轴承油管路上手动阀的开口大小调节和高位油箱三个液位开关的安装位置。

1. 油管路阀门开口大小调节

水导轴承和组合轴承润滑油管路上的阀门需要根据机组实际情况进行开口大小调节。若阀门开口太大，则会导致耗油量过大。开口太小则会导致流量不够，损坏轴承。调节开口大小时可根据设计提供的参考值进行初步调节。根据流量传感器的反馈与报警值作比较，比如水导轴承油流报警值为 $1.75m^3/h$，可以先把流量调节到 $2.25m^3/h$，当机组运行时再确认流量计是否报警，同时观察轴承温度是否在长时间运行后稳定在安全温度范围内。

另外，还需要观察高位油箱的液位变化情况。若机组运行，单台润滑油泵工作时，高位油箱液位上升，且溢流管不能完全溢流，则需把轴承油管路阀门开口调大。若液位下降过快，频繁启动备用泵，且轴承温度低，可适当关闭阀门开口。直到缓慢下降或缓慢上升且轴承温度正常。

用同样的方法对组合轴承的油管路阀门进行调节，调节时需要同时考虑组合轴承和水导轴承的情况。调节时一定要慢，时刻观察轴承温度，在保证轴承正常的情况下进行调节。

2. 液位开关调节

根据高位油箱的容积以及耗油量，在设计给的参考值基础上对液位开关进行适当调节。

调节时以保证机组安全运行基本油量、减少备用油泵启停频率、减少溢流量为基本准则，适当增加正常液位和低液位之间的距离以减少备用泵启动频率，避免双泵运行，造成对系统的冲击。适当降低事故低液位的报警点，避免在开机过程中，还未起泵时液位降低导致液位过低而开机失败。

在沙坪二级水电站就把轴承高位油箱的三个液位开关进行了适当调节。调整前正常值：＞2280mm，液位低报警：＜2130mm，液位过低报警：＜1830mm。按照该设定值容易出现油箱打满喷油和备用油泵频繁启停的情况。调整后，正常值：＞2140mm，液位低报警：＜1860mm，液位过低报警：＜1690mm。调整后情况得到了很大的改善。

2.2 轴承高压减载系统

轴承高压减载系统是机组在开机、停机的过程中组合轴承和水导轴承生成油膜的保证，防止机组轴承在低转速状态下不被烧毁。与润滑油系统一样，配有两台高压油泵，一台主用一台备用。正常开停机过程中只需要一台泵就可顺利建压，如果主用泵故障，立即启动备用泵。在轴承上安装了压力表和压力开关，其中压力开关送到轴承油系统控制柜，对高压顶起油泵进行控制。当油泵启动后油压上升，压力开关动作，表明建压成功。如果建压失败立即启动备用泵。

在沙坪二级水电站，每台机组采用四个压力开关节点，水导轴承和组合轴承各两个，一个用于开机过程压力监测，另一个用于停机过程压力监测。这种监测方式可以更准确地判断建压情况，对机组更加安全。因为机组在停止态和运行态轴承与瓦之间的间隙是不同，这导致同样的压力油到达轴承时所建立的压力不一样大。而判断高压顶起成功的根本依据是大轴的顶起量，按照发电机设计要求只要顶起量需要达到 0.10mm。而在停机态顶

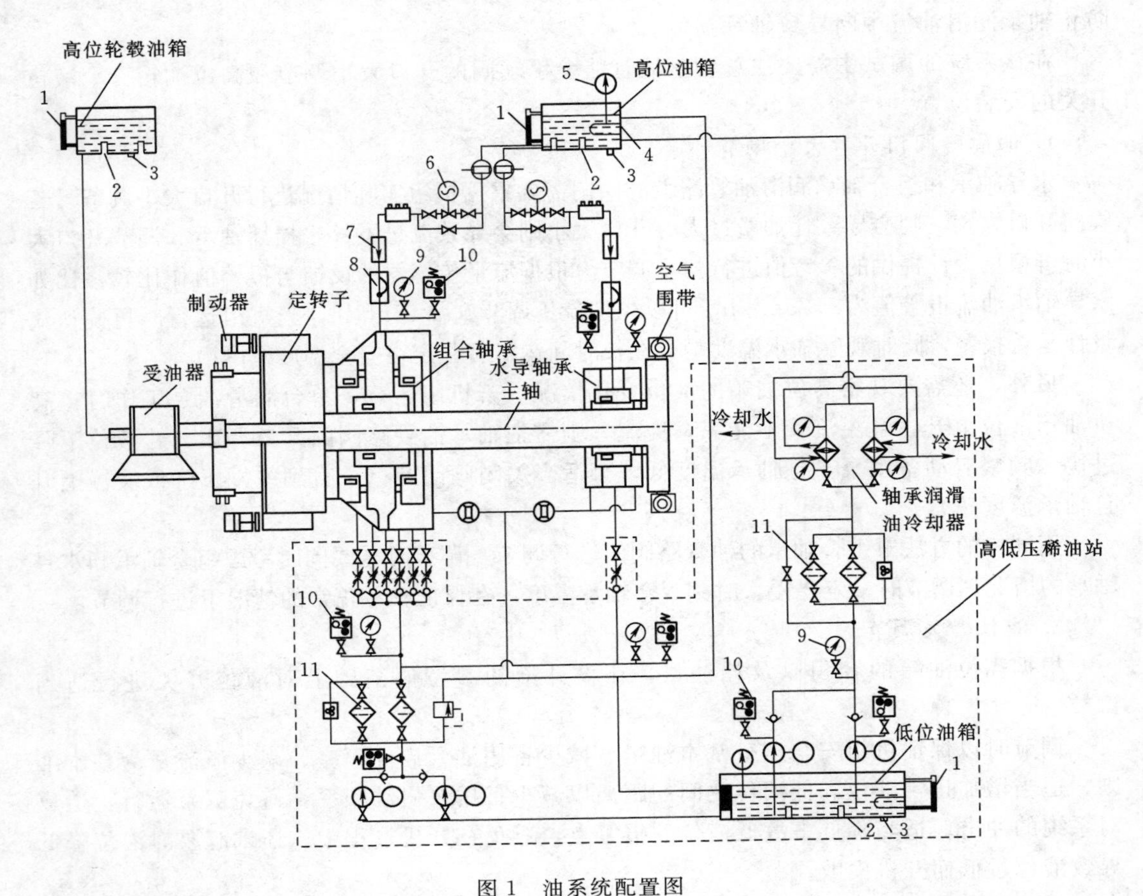

图1　油系统配置图

1—磁翻板液位计；2—液位变送器；3—油混水信号器；4—加热器；5—温度计；6—电动阀；7—流量开关；8—流量计；9—压力表；10—压力开关；11—过滤器

起0.10mm的压力值约为9MPa，停机时压力只能达到5MPa左右。因此，在两种工况下使用同一个整定值不能正确反应实际情况。

在调试时，需在轴承上架表进行顶起高度测量。启动高压顶起油泵后，观察顶起高度，若顶起高度不够，就需要调节高压油泵出口安全阀，提升出口压力。顶起高度达到要求后再把压力开关调到节点刚好闭合。在机组的正常运行中，需要严密监视高压顶起油泵的工作情况，如果高压顶起失败故障报警，需立刻采取措施保证机组平稳停机，停机过程中必须至少有一台泵处于运行状态。必要时可手动启动备用泵。

2.3　轮毂补油系统

轮毂补油系统是转轮轮毂保压及密封的系统。该系统包括高位轮毂油箱、液位开关、液位变送器及供油装置。高位轮毂油箱通过调速器高压油管减压后进行补油。在油箱上装有一套液位装置，其中三个液位开关，高液位报警：＞520mm，液位低报警：＜330mm，液位过低报警：＜180mm。若液位低报警信号动作开始补油，当高液位报警动作即停止补油。如果液位低或过低信号动作表明轮毂可能存在漏油，需要进行检查。

2.4 集油系统

集油系统用于机组接力器回油和受油器漏油收集，主要由集油箱、油泵和液位信号器组成。集油箱安装在最底层，2台油泵集装在集油箱上（一主一备），油泵的启停由液位信号器发信号，轴承油系统控制柜控制，将漏油打回调速器回油箱。当集油箱液位>600mm时，启动主用泵，当液位>750mm时再启动备用泵，当液位<200mm时停两台泵。另外，该系统还配备液位变送器，可从监控中查看液位变化情况。

正常运行时，集油泵运行间隔时间较长，若起泵频繁则需检查系统是否存在故障。主要检查机组密封性能和液位信号开关是否动作正常。同时配合液位变送器送上来的液位模拟量对故障进行判断和处理。

3 气系统调试与运行

3.1 机组制动系统

机组制动系统是两个气系统之一，气源来自电站公用气系统提供的0.5～0.8MPa压缩空气。气系统自动化元件配置如图2所示。

该系统的所有控制元件集成在制动柜中，柜中配备了气源压力监视、制动压力表、手动制动操作手柄、自动制动电磁阀和动作指示开关。在调试过程中，需要对每个信号进行校核。在此值得注意的是开机前需要确定每个制动闸都在复位状态，否则不能开机。

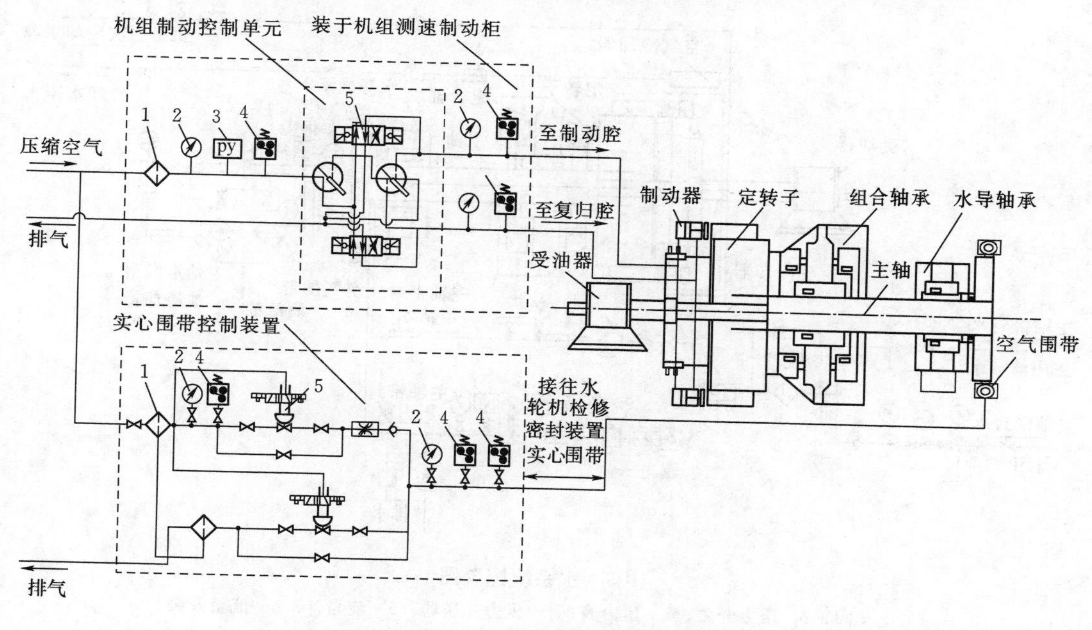

图2 气系统配置图

1—过滤器；2—压力表；3—压力变送器；4—压力开关；5—电磁阀

3.2 水轮机检修密封系统

检修密封系统是另外一个气系统，该系统采用加压式实心空气围带的结构，比老实的空心橡胶空气围带的密封效果好，抗磨损能力强，不易老化。

该系统也集成在制动柜里面，与制动系统用同一气源。该系统配备自动控制电磁阀、压力表和压力开关。调试时从监控发送投退令，通过电磁阀进行投退操作。当围带投入时，围带压力达到设定值，压力开关动作，信号反馈到监控，表明围带投入成功。如果投入令下达后投入信号未反馈，则需要检查管路是否正确，空气围带是否投入，若实际已投入，则需要调节压力开关整定值。一般情况下，压力开关整定值为 0.6MPa。

4 水系统调试与运行

4.1 机组冷却水系统

该系统分别向发电机冷却系统和轴承润滑油冷却系统提供冷却水。在该系统中分别设置了电动阀、流量计、压力开关、压力变送器和压力表等自动化元件。电动阀的开启和关闭由机组轴承油系统控制柜进行控制。当控制柜收到机组开机令时，开启电动阀，使冷却水进入系统，同时由压力开关、流量计和压力变送器进行监控，并把信号送到机组监控系统，如果发生流量过低，流量计会发出开关量报警，由监控系统对机组进行停机等操作。沙坪电站冷却水总管流量报警值为 140m³/h，低于该值则发出警报。系统配置如图 3 所示。

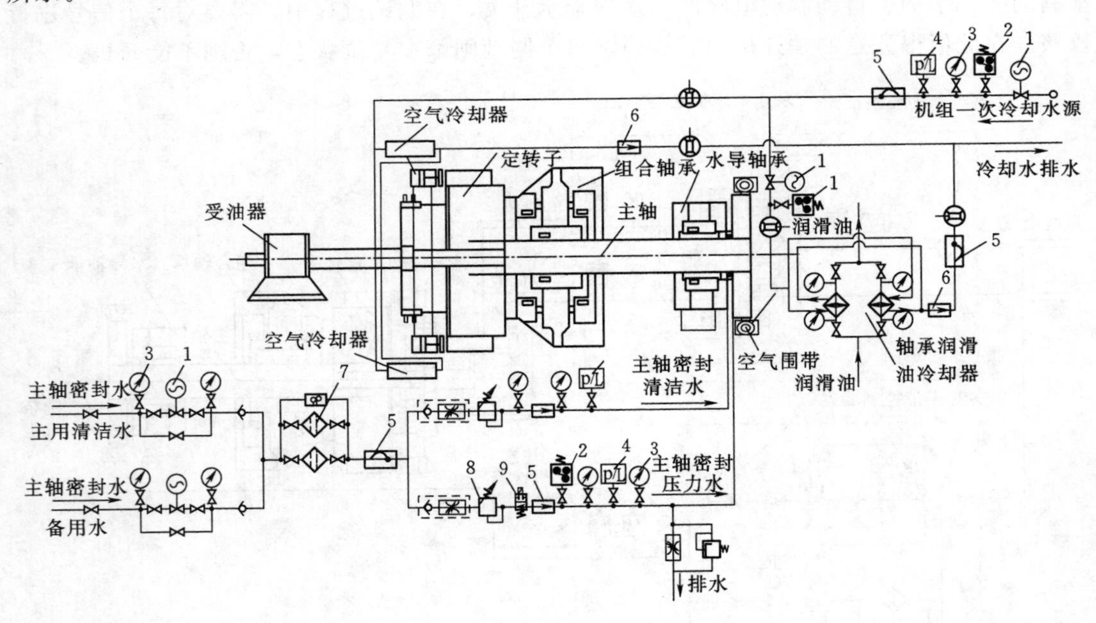

图 3 水系统配置图

1—电动阀；2—压力开关；3—压力表；4—压力变送器；5—流量计；6—流量开关；7—过滤器；8—压力调节阀；9—电磁阀

在发电机的冷却系统包含通风系统和冷却水系统，由 8 个轴流风机将水冷却器冷却后的冷风加压，然后进入发电机，随后将热量带出进入冷却器冷却。当机组开机时依次启动 8 台轴流风机，若同时有两台轴流风机停止运行则需要启动事故停机流程，防止机组温度过高。

4.2 水轮机主轴密封水系统

主轴密封水系统主要有压力封水作用和润滑、冷却作用。该系统对水流的连续性、水质、水压和水流量有较高的要求，因此在该电厂采用两路水源供水，相互冗余的方式。主路水源取自机组技术供水，备用水源取自机组消防供水，在两路水源管路上同时设置电动阀，分别控制。当主用水源压力、流量不足或者技术供水故障时，自动切换到备用水源供水。

该系统中设置了压力表、压力开关、压力变送器和流量开关，调试时分别从主备用水源提供冷缺水，检查对应的自动化元件工作是否正常。当冷却水从水源过来后分成两路，一路进行盘根密封；另一路进行端面密封，两处所需水压力不同，因此需要分别进行整定。盘根密封压力为2bar；端面密封压力为3.5bar。盘根密封流量报警为$2m^3/h$；端面密封流量报警为$2.8m^3/h$，停机时不报警。

该电厂的自动化辅助控制系统在设计时就考虑了各种运行情况，将所有控制信号都统一送到监控系统以便于集中监控。在调试期间，做了大量全面的试验，模拟系统可能遇到的所有情况来检测系统是否安全可靠，并进行程序的完善。随后完成了72h试运行，在试运行期间系统可靠运行。当机组正常运行时，运行人员在中控室内就可以对系统的运行情况进行掌控，减少频繁巡检带来的麻烦。

5 结语

自动化辅助控制系统是水轮发电机的重要组成部分，该系统的调试过程与结果直接关系到机组的安全可靠运行。确保自动控制系统各部分功能与整体功能的正确性至关重要。通过对各元件、各控制柜的仔细、完善调试可以提高系统的可靠性，减少电站运行维护人员的工作量，大大降低电站的管理成本，有效提升机组的运行安全性。

振动响应测试在弧形闸门运行中的应用研究

董　靖　何世平

（国电大渡河沙坪水电建设有限公司，四川峨边　614300）

摘　要：通过对沙坪二级水电站泄洪闸 2 号弧形工作闸门进行启闭过程振动响应（振动应力、振动加速度、振动位移）测试，得到 2 号弧形闸门局部开启至固定开度时的振动参数特征值及其变化规律，对安全性做出评价，并给出运行建议，本次研究对振动响应测试在弧形工作闸门日常运行中的应用有一定的参考意义。

关键词：弧形闸门；振动响应；振动应力；振动加速度；振动位移；日常运行

1　引言

沙坪二级水电站位于四川省乐山市峨边县和金口河区境内、峨边县城上游约 7km，是大渡河中游 22 个规划梯级中第 20 个梯级沙坪梯级的第二级，上接沙坪一级水电站，下邻已建龚嘴水电站。电站主要任务为发电，采用河床式开发，多年平均流量 $1390m^3/s$，正常蓄水位 554.0m，相应库容 2084 万 m^3，属日调节水库，装机容量 348MW，枢纽由泄洪闸、鱼道、右岸挡水坝段、河床式厂房等建筑物组成，坝顶全长 319.40m，最大坝高 63.0m。泄洪闸共有 5 扇弧形工作闸门（13m×16m，单扇重 390t），设计水头 26m。沙坪二级水电站泄洪闸弧形工作闸门尺寸大，水头高，日常需要频繁启闭、小开度运行，对其进行启闭过程振动响应测试研究具有重要的工程应用指导意义。

结构振动问题在实际工程中是常见的现象，然而闸门的振动问题又有其特殊性，它涉及水流条件、闸门结构及其相互作用，是一个复杂的水弹性力学问题。由于闸门结构的复杂性，水流动力作用与闸门振动的内在机制尚未充分认识，作用在弧形闸门上的水流脉动荷载至今难以进行可靠的理论预测[1]。因此从振动响应测试的角度，研究闸门实际运行中的振动参数并以此为依据指导闸门的日常运行，具有较好的实用价值。

2　弧形工作闸门振动响应测试内容及技术方案

水工钢闸门在启闭过程中，由于水流的动水脉动压力的作用，闸门产生了振动，此外，闸门在启闭过程中，由于闸门与支承之间的摩擦也会引起闸门振动。闸门强迫振动响应通常由振动应力、振动加速度和振动位移三个特征参数来表征[2]。

弧形工作闸门在启、闭过程和局部开启的工作状态下，受到高速、高压动水载荷的作用可能会出现剧烈振动。为取得沙坪二级水电站泄洪闸 2 号弧形工作闸门在启、闭过程和

作者简介：董靖（1994—　），男，助理工程师；研究方向：机电安装管理。

特定开度时的振动响应数据，在正常蓄水位 554.0m 附近对闸门进行整个全开全闭过程进行振动响应测试，考虑闸门的日常运行及测试的完整性，启闭过程中在 0.5m、1m、1.5m、2m、2.5m、3m、3.5m、4m、6m、8m、10m、12m、14m、16m、14m、12m、10m、8m、6m、4m、3.5m、3m、2.5m、2m、1.5m、1m、0.5m 开度分别停留 2min。

2.1 振动应力测试方案

本次振动应力测试主要关注闸门局部开启至固定开度的状态下，由于水流强烈的紊动作用，在闸门上产生脉动水压力而引起结构的振动。

振动应力测试采用应变“电测法”，利用应变计中金属丝的电阻应变效应，将闸门结构的应变量转变为电阻的相对变化量，然后通过动态电阻应变仪的电桥电路等电阻变化转变成电压信号，经放大、检波、滤波后输入记录分析仪器中记录、显示、分析，即可得应变的时程曲线，由应变即可得到相应过程的应力变化。

通过对泄洪闸 2 号工作闸门的结构应力分析，结合工程实际经验，为使测试能够真实地反应结构受力状态，泄洪闸 2 号工作闸门振动应力测试共计在闸门上布置 32 个测点，其中上主横梁 6 个、下主横梁 6 个、面板 4 个，边梁 2 个，吊耳板 1 个、支臂 13 个。

2.2 振动加速度测试

振动加速度测试采用 IEPE 型三向加速度传感器和动态信号采集仪直接测试，结合现场工况，对于可能浸入到水中的传感器，直接采用防水型三向加速度传感器，对于可能有溅水的位置，则采用普通三向加速度传感器并做好防水处理。

振动加速度测试在闸门上不同部位共计布置三向振动加速度传感器 14 个，其中上主横梁 2 个、下主横梁 2 个、边梁 2 个、边梁吊耳板处 1 个、支臂上 5 个、支铰座支撑部位 2 个，同时测试顺水流向、侧向及垂向三个方向的振动量，以完整拾取闸门局部开启运行过程中在水动力荷载作用下闸门不同部位、不同方向的振动量。

2.3 振动位移测试

振动位移测试采用二次积分调理器对振动加速度信号进行二次积分的方法获得。

泄洪闸 2 号工作闸门振动位移测试布点与振动加速度测试布点相同。

3 弧形闸门振动响应测试成果分析

3.1 弧形闸门振动应力测试成果分析

在正常蓄水位 554.0m 附近，沙坪二级水电站泄洪闸 2 号工作闸门在整个全开全闭过程中所测固定开度振动应力最大值为 6.1MPa，位于面板上（顺水流看，左上支臂与主梁连接处对应面板位置附近），方向为垂向，出现在闭门过程 12m 开度时。多数测点振动应力最大值出现在闭门过程 12m、10m 开度。钢闸门的动应力不应大于材料允许应力的 20%，表孔弧门按不同结构部位其钢材（Q345B）的允许应力在 170～335MPa[3]，因此动应力应该小于 33MPa。从观测结果来看，在正常蓄水位 554.0m 附近，沙坪二级水电站泄洪闸 2 号工作闸门在整个全开全闭过程中所测固定开度振动应力均较小，满足振动应力小于钢闸门允许应力 20%（33MPa）的要求。

3.2 弧形闸门振动加速度测试成果分析

在正常蓄水位554.0m附近沙坪二级水电站泄洪闸2号工作闸门在整个全开全闭过程中所测固定开度最大振动加速度最大值为1.636m/s^2，位于左下支臂靠近下主横梁位置处，方向为侧向，对应于闭门过程1.5m开度，在闸门启闭、过程中均是当开度为12m时，各测点对应振动加速度特征值相对较大。

3.3 弧形闸门振动位移测试成果分析

在正常蓄水位554.0m附近沙坪二级水电站泄洪闸2号工作闸门在整个全开全闭过程中所测固定开度最大振动位移均方根值最大值为52.602μm，边梁吊耳板处，方向为侧向，对应于启门过程1m开度。在启门过程1m开度和闭门过程1.5开度，对应过程各测点的振动位移均方根值相对较大。根据美国阿肯色河通航枢纽中提出的以振动位移均方根值来划分水工钢闸门振动强弱的标准，即振动可以忽略不计（0～0.0508mm）、振动微小（0.0508～0.254mm）、振动中等（0.254～0.508mm）和振动严重（大于0.508mm）。泄洪闸2号工作闸门试验过程中测得泄洪闸2号工作闸门启、闭过程固定开度振位移均方根值最大值为52.602μm，属于微小振动，不影响闸门的安全运行。

4 结论

（1）在正常蓄水位554.0m附近，沙坪二级水电站泄洪闸2号工作闸门启闭过程各固定开度振动应力均小于闸门许用应力的20%（33MPa）。多数测点振动应力最大值出现在闭门过程12m、10m开度。

（2）试验测得泄洪闸2号工作闸门启、闭过程固定开度最大振动加速度特征值为1.636m/s^2。在闸门启、闭过程中均是当开度为12m时，各测点对应振动加速度特征值相对较大。对比以往类似工程测试数据，泄洪闸2号工作闸门振动加速度特征值在正常范围内。

（3）试验测得泄洪闸2号工作闸门启、闭过程固定开度最大振动位移均方根值为52.602μm，属于微小振动，不影响闸门的安全运行。在启门过程1m开度和闭门过程1.5m开度，对应过程各测点的振动位移均方根值相对较大。

沙坪二级水电站泄洪闸2号弧形工作闸门启、闭过程在固定开度12m附近振动应力、振动加速度特征值相对较大，在固定开度1.5m附近振动位移均方根值相对较大，在日常运行中应考虑减少在1.5m、12m两个开度附近长时间运行。

参考文献

[1] 姬锐敏，蒋昌波，许尚农，等. 弧形闸门流激振动原型观测方法探讨［J］. 交通科学与工程，2013，29（2）：71-78.

[2] 刘礼华，欧珠光，陈五一. 水工钢闸门检测理论与实践［M］. 武汉：武汉大学出版社，2008.

[3] 国家能源局. NB 35055—2015 水工钢闸门设计规范［S］. 北京：中国电力出版社，2016.

特大型灯泡贯流式机组 500kV GIS 设备现场安装及调试

王天禹　陈洁华

（国电大渡河沙坪水电建设有限公司，四川乐山　614300）

摘　要：本文简要介绍特大型灯泡贯流式机组沙南电站 500kV GIS 设备现场洁净化安装及调试过程，分析了设备洁净化安装过程所需要达到的技术标准、注意事项、安装细节以及调试试验。沙南电站装机容量 348MW，装设 6 台单机容量 58MW 灯泡贯流式水轮发电机组。

关键词：500kV 变电站；GIS 设备；洁净化安装

1　引言

目前我国用电需求量较大，新建电站逐年增多，GIS 设备洁净化安装及调试试验在变电站的应用中显得更为重要，沙南电站采用气体作为绝缘介质的金属封闭开关，内含断路器、隔离开关、电流互感器、电压互感器、母线、导体、伸缩节等多种电气设备，选择绝缘性能与灭弧性能优秀的六氟化硫气体作为绝缘介质，相比传统的开敞式配电装置占地面积更小，元器件密封对环境干扰小，运行可靠性更高，故对设备安装洁净化要求极高。

2　洁净化安装所需器材设备

2.1　鞋套

由于现场对灰尘量要求较高，人员进入 GIS 室均要求穿鞋套进入，防止行走时鞋子将灰尘带入 GIS 室，以便保持室内干净卫生，提高洁净化安装标准，有效地控制室内灰尘量。

2.2　头套

安装人员需正确佩戴头套于安全帽中，防止在安装设备时掉落头发进入设备内，造成试验时击穿放电，影响设备安全运行。

2.3　吸尘器

每天每隔三个小时用吸尘器在 GIS 室全方位、无死角吸尘一次，保证室内干净卫生，大幅度降低环境粉尘量。表 1 为某一测点吸尘前后粉尘量监测对比。

作者简介：王天禹（1992—　），男，助理工程师，学士；研究方向：水电站自动控制系统，水电站辅机控制系统。

表 1 吸尘前后粉尘量

吸尘前粉尘/(mg/m³)	吸尘后粉尘/(mg/m³)
22	9

2.4 空气质量检测仪

GIS室设置4台空气质量检测仪，均匀分布在室内，每天实时更新监测数据，并取各点检测结果的平均值作为该房间的检测值，空气质量检测仪有效准确地为安装人员提供安装环境有关信息，为设备洁净化安装打下了良好的基础。表2为一台空气质量检测仪实时监测数据。

表 2 实时监测数据

温度/℃	湿度/%	粉尘/(mg/m³)	甲醛/(mg/m³)	TVOC/(mg/m³)	空气综合质量
18	60	16	0.01	0.2	优

2.5 GIS室整体封闭处理

整个GIS室密封处理，室内顶棚土建工作必须完成，并做好顶棚灰尘处理工作。室内门窗密封良好，室内不允许有昆虫、蚊子等存在。密封整体性应防风、耐受5级及以上风力、防沙尘、防雨。

2.6 清洗液和擦拭纸

设备表面往往附着着很多尘埃和毛刺，用清洗液和擦拭纸有效地杜绝了这一现象，将设备洁净到最大化，大大提高了设备安装过后的运行稳定性，杜绝了设备因杂质局部放电的现象发生。

2.7 防尘安装室

GIS设备安装时，提高安装环境尤为重要，为了保证安装时的室内温湿度及空气质量，采用防尘安装室大大提高了安装质量[1]。表3为防尘安装室组成部分及作用分析。表4为选取安装期间的一天通过采集连续5h室内外数据对比。表5为GIS安装环境参数指标。

表 3 防尘安装室组成部分及作用分析

组成部分	作用分析
风淋室	经高效过滤器过滤后的洁净气流由可旋转喷嘴从各个方向喷射到人身上，有效快速地清除灰尘
净化空调机	设有高效过滤风口，持续补充干燥空气保持室内正压、恒温，对空气进行净化，避免外界尘埃粒子进入室内
空气净化装置	采用防尘滤芯，有效去除污浊空气中的粉尘颗粒
粉尘监测装置	净化棚内粉尘量，将粉尘量控制在20g/m³以内
SF_6、氧气、温湿度监测装置	监测防尘室SF_6、氧气、温湿度
吊架	防尘室安装可移动吊架
视频监控	全时间记录安装过程

表4　　室内外监测数据

时间	室内监测			室外监测		
	温度/℃	湿度/%	粉尘/(mg/m³)	温度/℃	湿度/%	粉尘/(mg/m³)
8：00	18	32	10	10	49	18
9：00	20	32	10	12	47	20
10：00	21	33	11	13	47	20
11：00	23	33	12	15	48	22
12：00	24	33	12	15	48	21
13：00	24	33	11	16	50	22

表5　　GIS安装环境参数指标

环境参数	温度/℃	湿度/%	粉尘/(mg/m³)
指标	20±8	<80	<20

结合表4数据对比分析可以看出，采用防尘室后安装环境温度、湿度、粉尘量相对于室外数据得到了很好的控制，全部有效的符合表3要求的指标数据，大大提高了洁净化安装的工程质量，保证了设备洁净化安装的基本要求。

2.8　存在的不足

由于安装工期较紧，部分门窗、墙体土建完善工作尚未完成，导致设备安装过程中GIS室内密封性差，室内灰尘量不能得到有效控制，故增加了室内吸尘、设备除尘等工作事项，安装人员工程量较大。

3　GIS安装工艺

3.1　安装GIS设备

GIS设备的安装比敞开式开关间隔安装要更加简单便捷，厂家按照相应要求对GIS设备进行组装，电站现场只需要将各个部件进行组装吊装即可完成各间隔之间的安装。GIS设备的密封性要作为首要的检查项目，用作密封的O型槽应保持完好清洁无划痕，密封圈要求使用最新的并完好无损，接口处密封脂的涂抹应均匀，不得与SF_6接触，不得外泄。清洁剂、擦拭纸等辅助安装器具需符合相关产品技术标准，严禁使用不合格产品[2]。所有吊装作业应根据产品技术特点选择合适的吊装点进行作业，下面将对安装GIS设备作简要介绍。

3.1.1　母线的对接

母线在安装过程中需将两段母线对接完成，如图1所示。

母线在安装过程中需将母线事先通风，确定里面氧气浓度是否在18%以上，环境湿度大于80%时在安装期间吹入干燥空气，两段母线的接口法兰处O型槽需使用密封圈进行密封，法兰面涂上密封脂进行安装。安装过程中需将灰尘量控制在20CPM以下，如灰尘量较大需用吸尘器除尘后用清洗液和擦拭纸擦拭设备表面以达到清洁灰尘的效果。两段母线的接口处需用透明塑料薄膜遮挡以防止灰尘在安装过程中进入母线内。

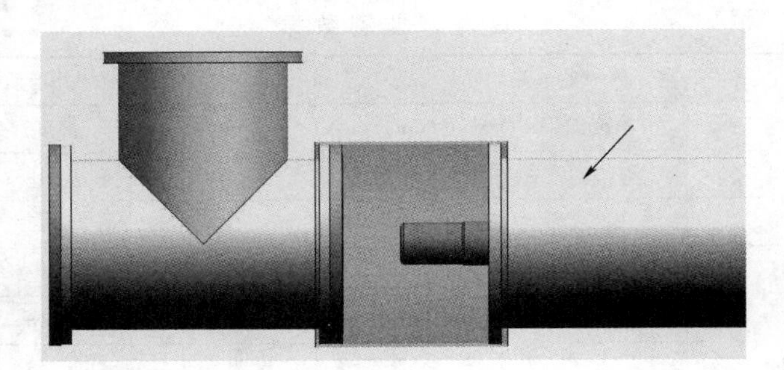

图 1　母线对接

3.1.2　连接气体配管安装

采用氮气清洁管路内部，组装面用清洗液和擦拭纸擦干净，清除灰尘，确认 O 型槽、气体密封面有无损坏，如图 2 所示。

3.1.3　安装密封吸附剂

在气体排管安装后，抽真空前安装吸附剂，隔室吸附剂的更换周期一般情况下与 GIS 检修周期相同，但当微水检测发现里面水分过多，吸附剂已无法满足吸附水分要求时需更换吸附剂，吸附剂的安装要在抽真空之前进行，厂家要求在 20min 之内完成，现场安装单位要求在 15min 之内安装完成，然后进行抽真空注 SF_6 等工作。在吸附剂更换时需将该段气室所属间隔的相应 GIS 设备进行停电，SF_6 气体做回收处理。GIS 吸附剂使用量：断路器 12000g；E/DS 单相母线 700g；单相母线 700g；端盖 700g，吸附剂可重复使用但必须活化处理。

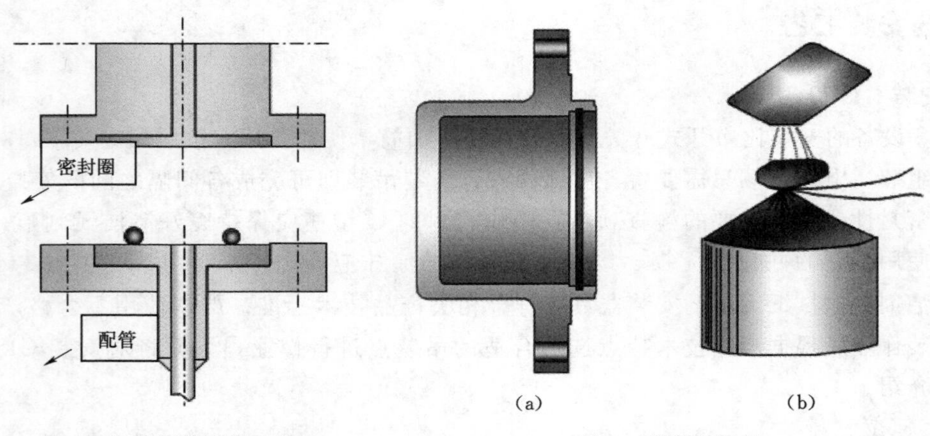

图 2　连接气体配管安装

图 3　吸附剂装置

3.1.4　抽真空注气

吸附剂安装完后应立即抽真空，真空抽好后注入 SF_6 气体（注：PT、LA 出厂时内充 SF_6 气体，不得抽真空，而应直接充气），为了不使盆式绝缘子一次性承受过大压力，所有间隔需分两次进行充气，直到做高压耐压试验前才将气室充至额定压力。在充气过程中严禁气罐倒立，充气后的气罐应关闭阀门，充气时应调整减压阀来调整充气速度[3]，确保安全。

3.1.5 其他设备安装

断路器、隔离开关、接地开关、电流互感器、电压互感器、避雷器等设备均由厂家安装完成后运输到现场进行整体洁净化吊装。

3.2 现场试验调试

3.2.1 试验名称：对接前的结构检查确认

GIS结构部件要跟制造图纸和技术规范书相一致。配管连接处密封件、紧固件、连接件符合图纸要求。配线和图纸要相符合，电气联锁元件符合图纸，控制、测量、保护、调节设备等符合图纸要求。技术标准：检查结果要与规格标准和图纸一致。

3.2.2 试验名称：主回路电阻的测量

使用主回路电阻测试仪测量主回路电阻是发现GIS设备导电回路中有无接触不良的缺陷的有效途径，此试验在GIS设备完全安装后全部测量。主回路电阻的测量是通过直流降落法进行测量的，见表6。

表6 主回路电阻

技术标准	测量的电阻值不超过设计标准值的±120%
断路器（CB）	35μΩ
隔离（DS）	20μΩ
接地（ES）	20μΩ
快速接地（FES）	20μΩ

3.2.3 试验名称：辅助回路和控制回路绝缘试验

回路绝缘试验采用摇表测试绝缘（500V，1000MΩ），具体技术标准为：电阻值大于2MΩ（100万Ω=1000kΩ=1MΩ）。

3.2.4 试验名称：开关机械特性和操作试验

此试验目的在于确保试验对象能否经受电气和机械操作。在这些试验过程中，特别要证实在供应电压和它们的操作装置压力的规定范围内，开关装置正确地分闸和合闸[4]。具体方法为：在额定电压下，进行断路器特性试验。在110%额定电压、80%额定电压下进行断路器合闸试验，在65%额定电压、110%额定电压下进行断路器分闸试验。在30%额定电压下，断路器不动作试验。目的在于确保试验对象能否经受电气和机械操作。试验需要高压断路器特性测试仪来实现操作。技术标准见表7。

表7 技术标准

技术标准	合闸时间：14.5～19ms（Max）
	分闸时间：81～105ms（Max）
	连续操作3次断路器不能分闸动作
	CB 50次试验无异常，E/DS、FES 50次试验无异常

3.2.5 试验名称：电流互感器试验

电流互感器在安装完成后需要做极性试验，此试验是测定电流方向的试验，极性决定一次回路和二次绕组之间的电流方向。还需要做电流比试验即每个抽头位置上的电流比测试，要用电流发生试验设备按照特定比率进行测量。记录下实际的一次电流和二次电流。

技术标准：使用电流互感器特性测试仪检测极性应为负值。

3.2.6 试验名称：联锁试验（逻辑顺序及操动试验）

检验接线是否符合接线图和规定要求，动作应可靠。

技术标准：符合接线图和规定要求。

3.2.7 试验名称：气体水分情况测量

用额定压力的 SF_6 气体注入 GIS，48h 后，在绝缘试验前用湿度检测器检查湿度。微水监测数据见表 8。

表 8 微水监测数据

微水监测项目	断路器部件	其他部件
技术标准	300ppm V/V	500ppm V/V

3.2.8 试验名称：气体密封性试验

用 SF_6 气体检测器通过轨迹检查对组装后的 GIS 外壳进行检查（SF_6 气体泄漏检测仪）。

技术标准：检测 SF_6 气体没有泄漏。

3.2.9 试验名称：绝缘试验

工频耐压应该在 PT、避雷器和电缆终端安装以前进行，或者这些设备能用专用隔离开关断开时进行。要求试验频率为 50Hz，试验持续时间 60s，试验电压为 592kV（现场的工频耐压按出厂试验的 80%进行，即 740×80%=592kV）。

技术标准：在试验期间，开关装置如果没有出现击穿放电，则通过试验。

3.2.10 试验名称：局部放电试验

局放测试有人工手持传感器对 GIS 进行多点测试，并记录测试数据，测试时首先在探头表面涂抹专用耦合剂，测量时尽量保持静止状态，观察连续的测量信号，如有问题切换至脉冲及相位模式测量，判断 GIS 是否放电。局部放电试验测量点一般选择气室的侧下方作为测量点，在 GIS 拐臂、断路器断口、隔刀、地刀、电压互感器、电流互感器、避雷器等。试验方法采用试验电压预升，然后降到试验电压测试。

技术标准：5pC 以下（pC 10^-12 库仑）。

3.2.11 试验名称：投运试验

试验方法：试验完成后通电试验。

技术标准：设备运行无异常。

3.2.12 试验名称：压力表试验

试验采用标准仪表进行比较并进行调整。异常现象发生时调整零点和额定压力数据。

技术标准：超过最小间隔的 1/10 以上视为合格。

3.2.13 试验名称：GIS 主回路 ABC 三相（不包括电压互感器和避雷器）耐压试验

这项试验是在所有 GIS 设备安装结束后进行的一项试验，也是最为重要的一项试验，试验需要检查气体无泄漏，气体含水量及气体压力正常，电流互感器所有二次回路必须短路接地，电压互感器保证二次回路开路，各汇控柜完好无异常，GIS各个部件已调试安装完毕可以带电操作，试验人员相互监护，其他与试验无关人员禁止进入带电区。由于电压互感器和避雷器的耐压值与其他部件不同，所以此次耐压试验不包括电压互感器和避雷器。

本试验所用仪器为高压谐振电抗器、多功能励磁变压器、高压分压器、便携式局部巡检仪、变频电源柜、导线、HVFP型系列变频电源控制系统、HV2型交流高压测量系统。

试验过程通过在318kV电压下对GIS进行老练净化，除去一些毛刺及灰尘杂质，时间为10min。继续升压到519kV对母线进行老练净化，时间为3min。最后升压至592kV持续耐压60s完成试验。试验结束后将电压降为381kV，测量各气室局部放电量，测量结束后迅速将电压降为0kV。待电压互感器及避雷器安装充气至额定气压后，试验电压为318kV，持续时间5min。

试验标准：被试验设备耐压过程中无闪络、无击穿视为合格。

4 结语

GIS设备作为新型设备已广泛用于电力系统中，GIS设备的安装调试在电力运行中也有着举足轻重的地位，若在设备安装调试时埋下隐患将直接导致运行事故发生，因此，学习、掌握、积累相应设备的洁净化安装和调试技术更是促进电力工作安全稳定的基础。

参考文献

[1] 陈嘉铭. 探究500kV气体绝缘金属封闭组合电器的应用 [J]. 中国电力教育，2012.

[2] 王志军. GIS设备安装与调试技术在电力系统中变电站中的应用 [J]. 中国新技术新产品，2011.

[3] 刘明武. 电力GIS设备故障诊断方法的探析 [J]. 内蒙古科技与经济，2013.

[4] 姚智明. 高压设备中SF_6气体泄漏原因分析 [J]. 科技信息，2012.

沙坪二级水电站水下地网降阻效果分析

贺楠峰　谢明之

（国电大渡河沙坪水电建设有限公司，四川乐山　614300）

摘　要： 国电大渡河沙坪二级水电站是大渡河流域规划22个梯级中第20个梯级电站，建在河流水位落差较大的山区，地形复杂，地势险峻，土壤电阻率高，场地狭小，可实施面积小，接地网降阻十分困难。因此，许多水电站在施工时，往往采用水下地网进行降阻。本文以国电大渡河沙坪二级水电站接地网建设为例，对水下地网降阻效果进行分析。

关键词： 水电站；水下地网；接地电阻；降阻分析

1　接地网概况

国家大渡河沙坪二级水电站接地网主要由坝前水下接地网、大坝接地网、厂房接地网、尾水渠接地网、鱼道接地网等组成，各部分接地网通过多条连接通道连接形成全厂统一的接地网。接地网材料为60mm×6mm镀锌扁钢。接地网系统如图1所示。

沙坪水电站新建成蓄水前，经过多次测试接地电阻值为0.7Ω，超过设计要求值（$R\leqslant 0.592\Omega$），不能满足安全运行要求。

2　水下接地网布置分析

2.1　地网选择分析

沙坪水电站大坝上游右岸和下游右岸有可实施补充空地。为了能选择最优的敷设区域，可采用两种方式来确定：

（1）采用专业设备测试不同区域的土壤电阻率，采用Winner法进行测试。测试结果见表1。

表1　　**Winner法测试土壤电阻率**

下游右岸绿化区域平均土壤电阻率	上游右岸沿原省道道路区域平均土壤电阻率
840Ω·m	525Ω·m

（2）由于水电站一般地网敷设面积很大，在没有专业设备的情况下，对于这样的大区域采用预埋法（预试法）测试，即在不同区域分别埋设等长度的接地装置，测试接地电阻。测试结果见表2。

作者简介： 贺楠峰（1989—　），男，工程师，学士；研究方向：机电安装工程管理。

表2　埋设100m接地体达到的接地电阻值

下游右岸绿化区域	上游右岸沿原省道道路
20.1Ω	12.6Ω

通过以上方式，从理论及实践两方面来同验证了接地装置敷设的最佳区域，即选择土壤电阻率小和降阻效果好的区域。应选择上游右岸沿原省道道路区域。

2.2　地网结构及长度分析

为了能对比地网结构对接地电阻的影响，采用了不同地网结构：外引单根接地线和外引接地网格。采用截面积为 $120mm^2$ 的铜覆钢绞线做外引接地线，分别测试长度为100m、500m、1000m、2000m时，其能达到的接地电阻值；采用截面积为 $120mm^2$ 的铜覆钢绞线做外引接地网，网格尺寸为6m×20m，分别测试长度为100m、500m、1000m、2000m时，其能达到的接地电阻值。测试数据见表3。

表3　接地电阻值测试数据

类　型	长度/m及面积/mm^2	接地电阻测试值/Ω
外引接地线	100	12.6
	500	3.04
	1000	1.95
	1500	1.32
	2000	1.06
外引接地网	100；S=600	9.86
	500；S=3000	2.84
	1000；S=6000	1.53
	1500；S=9000	1.16
	2000；S=12000	0.90

通过实测分析，外引接地线、接地网接地电阻随接地体长度（面积）是变化的，如图1所示。

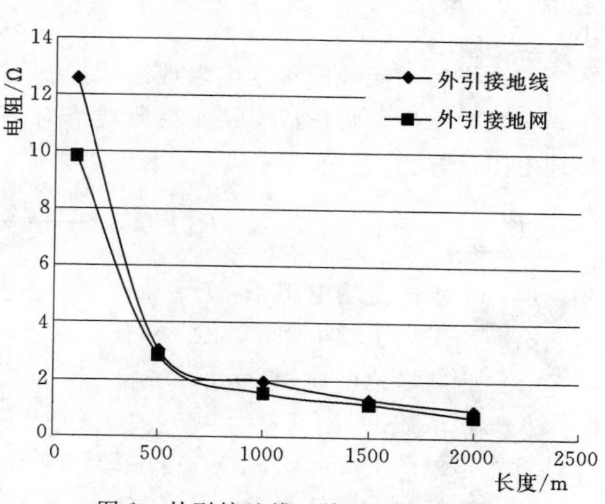

图1　外引接地线、接地网接地电阻随接地体长度（面积）变化曲线

通过图1可直观地看出：

（1）随着外引接地线长度增加，接地电阻值不断减小。

（2）随着外引接地网面积增加，接地电阻值不断减小。

（3）相同长度的外引接地网与外引单根接地线相比较，外引接地网的降阻效果优于外引接地线。

综上对比，选择外引接地网，同时外引接地网具有均压作用，防止或减少安全事故发生。

2.3 地网水淹深度分析

由于水电站具有特殊性，特别是敷设在大坝上游的接地网，在蓄水期间，水位上升，会淹没埋设的接地装置，进一步起到降低接地电阻的作用。为了探究水淹深度对接地电阻的影响，对不同水淹深度做了探究，分别测试水淹前、水淹0.5m、1.0m、2.0m时接地电阻值变化。通过使用一台接地网智能监测装置，用于实时测试接地电阻值变化，共计测试3天。测试数据见表4。

表4 测试数据

序号	测试日期	水淹深度	测试值
1	2017.06.02	水淹前	0.90
		水淹0.5m	0.72
		水淹1.0m	0.71
		水淹2.0m	0.72
2	2017.06.05	水淹前	0.90
		水淹0.5m	0.73
		水淹1.0m	0.72
		水淹2.0m	0.70
3	2017.06.08	水淹前	0.90
		水淹0.5m	0.71
		水淹1.0m	0.72
		水淹2.0m	0.71

通过对水淹前及不同水淹深度的接地电阻变化观察，可以看出：

（1）水淹后，改善了接地装置的土壤环境，接地电阻值得以降低。

（2）本次测试观察，发现对小接地电阻要求的接地网，水淹深度对接地电阻值的影响较小。

（3）水淹后，接地网接地电阻理论计算值：

当正常蓄水后，将形成双层土壤典型结构，上层为水的电阻率，下层为土壤电阻率，其接地电阻计算为

$$R_1 = 0.5 \times \frac{K(\rho_2 - \rho_1) + \rho_1}{\sqrt{S}} \tag{1}$$

式中 ρ_1——水的土壤电阻率，Ω·m；

ρ_2——平均土壤电阻率，Ω·m；

S——新增地网面积，m^2；

K——系数。

沙坪水电站 $\rho_1 = 25.5\Omega \cdot m$，$\rho_2 = 525\Omega \cdot m$，$S = 12000m^2$，由规范相关附图可得为 $K = 0.2$，按式（1）计算得 $R_1 = 0.57\Omega$。

由于土壤分布的不均匀性以及土壤电阻率估算的误差，理论计算值小于实测值。

（4）新增地网与原地网共同作用后，在水淹后，其能达到的接地电阻：

$$R=\frac{R_2R_3}{R_2+R_3}\times\frac{1}{\eta} \tag{2}$$

式中 R_2——原地网接地电阻，0.7Ω；

R_3——水淹后新增地网接地电阻，0.72Ω；

η——系数，0.75。

计算得 $R=0.587\Omega$，满足设计及安全运行要求。

3 结果及校验

将水下地网与原地网连接后，测得接地电阻值为0.583Ω，低于设计计算值0.592Ω，实测结果与理论计算基本相符。

4 结语

通过从水下地网选择分析、地网结构及长度分析和水淹深度分析等不同角度对比分析，可知：

（1）条件允许的情况下，应选择新增接地网。由于山区土壤分层复杂，应该采用预埋预试方法确定新增地网的区域，以减少设计盲目性。

（2）新增地网外延长度应该在坝长2倍以上，以利于减少原地网屏蔽，起到降阻的作用。

（3）利用水的低阻性降阻是切实可行的方法。但水淹深度对接地电阻值的影响较小。

沙坪二级水电站电力监控系统信息安全风险评估

余远程　王明涛

（国电大渡河沙坪水电建设有限公司，四川乐山　614300）

摘　要：电力监控系统是水电站生产系统中最为核心的子系统之一，电力监控系统网络的信息安全可靠与否直接关系着电力生产的安全运行。需要对水电站电力监控系统信息安全进行全面分析，从电力监控系统网络安全技术和安全管理的角度评估现有电力监控存在的安全风险。文中主要阐述水电站电力监控系统系网络安全风险评估的内容、方法、评估结果以及风险处置等。

关键词：水电站；电力监控系统；信息安全；风险评估

1　引言

2010年6月，伊朗布什尔核电站受到严重攻击。随后全球超过45000个网络，60%的个人电脑感染了这种病毒。据传，该病毒由美国和以色列的安全人员研发，通过U盘传播进入核电站内网环境，重点攻击西门子工控系统。该病毒导致伊朗核计划至少推迟了五年[1]。

2015年12月23日，乌克兰电力网络受到黑客攻击，导致伊万诺—弗兰科夫斯克州数十万用户大停电。根据乌克兰国家安全局事后分析，它是由一起有组织的黑客攻击行为造成的。黑客采用多种网络手段对乌克兰国家电网进行了攻击，如植入了被称为“Black-energy”的恶意软件，导致发电厂跳闸断电，并且，乌克兰地区多家电力公司同时遭受了拒绝式服务攻击，使各大电力公司的呼叫支持中心不堪重负，阻断电力运营商以远程控制方式对受感染系统实施的应急工作。

水电站电力监控系统网络庞大、子系统众多，各业务紧密耦合且分散，并且安全边界难以界定，单点失效可能造成整个电力监控系统的瘫痪，必然会影响水电站的正常运行。水电站电力监控系统网络一旦遇到攻击，后果极为严重，带来的不仅仅是经济的损失，甚至会威胁到国民的人身安全和社会安定[2]。因此，需要对水电站电力监控系统信息安全进行全面分析，从电力监控系统网络安全技术和安全管理的角度评估现有电力监控存在的安全风险，以指导后续的电力监控系统防护建设和管理工作。

2　风险评估的目的

贯彻落实《国务院关于深化制造业与互联网融合发展的指导意见》（国发〔2016〕28

作者简介：余远程（1986—　），男，工程师，学士；研究方向：水电站电气。

号）文件要求，推动《工业控制系统信息安全防护指南》落地实施，加强对工业控制系统信息安全工作的指导和监督；加强电力监控系统的信息安全管理，防范黑客及恶意代码等对电力监控系统的攻击及侵害，保障系统的安全稳定运行；落实国家信息安全等级保护制度，按照国家信息安全等级保护的有关要求，坚持“安全分区、网络专用、横向隔离、纵向认证”的原则，保障电力监控系统的安全；掌握电力监控系统网络安全风险点的分布情况，以及电力监控系统网络安全防护措施的现状；在总结电力监控系统网络安全风险评估工作的基础上，提出电力监控系统网络安全对策建议[3]。

3 风险评估的主要内容及方法

此次风险评估的主要内容包含技术性评估和管理性评估两个方面。

技术性评估是对电力监控系统中的主要设备：操作员工作站、工程师站、数据服务器、通信服务器、核心交换机、路由设备、防火墙、网闸等；机组现地控制单元、厂用公用现地控制单位、大坝现地控制单位、开关站现地控制单元中的交换机、PLC 等；励磁系统、调速系统、辅机控制系统、公用控制系统中的交换机、控制器等工控设备资产以及软件资产进行漏洞检测、分析。对工控系统网络数据流量包中的协议、端口、数据访问等情况开展深入分析，找出其中可能存在的异常行为[4]。

技术性评估采用设备接入方式（如图 1 所示），将威胁评估管理平台通过端口镜像的形式接入到系统核心交换机，进行漏洞分析和流量分析。对目标信息系统所在网络中的设备进行工控系统漏洞扫描分析，分析结果将通过报告形式通过多个维度展现，包括厂商、漏洞等级、漏洞类型、威胁描述、系统类型等。在进行数据流量分析时，数据流量应当达到一定数量级或时域区间；技术流量分析的时间点选择应包含业务数据的高峰期、低谷期及其他随机时间节点。采集的数据应包含位置、时间、时段等具有代表性的统计信息。正

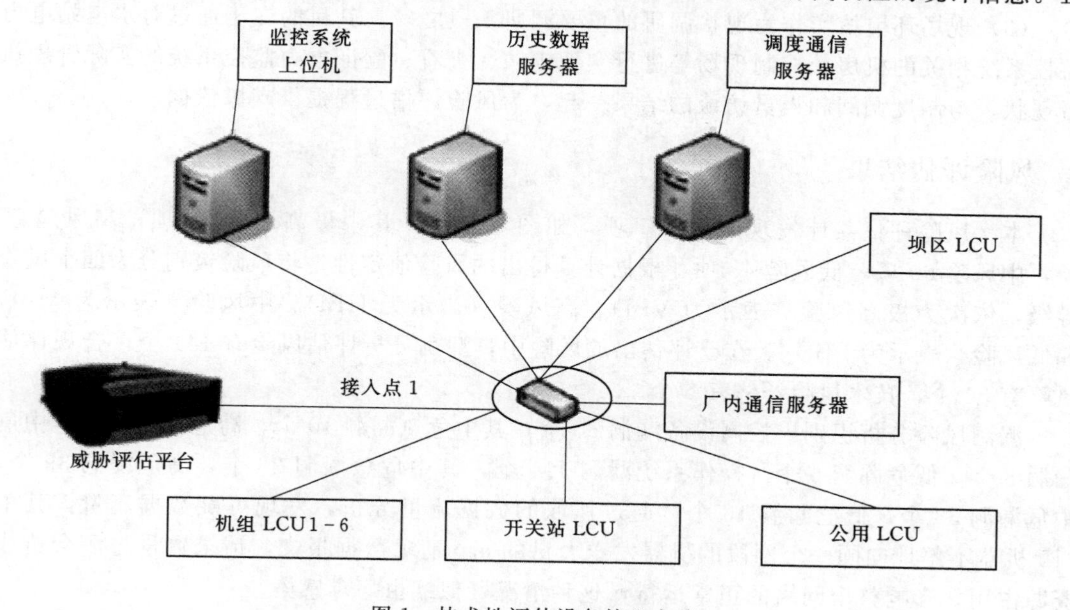

图 1 技术性评估设备接入方式

常情况下在实施技术接入过程中不会对电力监控系统正常运行造成影响，但由于系统现场情况的复杂性，不排除被设备接入可能出现的突发风险。因此，威胁评估平台设备接入的过程中，需要做好风险应急处置措施。在接入前，需要对被接入系统进行必要的系统备份，以便出现突发风险后进行系统快速恢复。相关的技术人员应密切监视被接入系统的实时状态，一旦发生异常情况，迅速切断威胁评估平台设备与网络链路之间的连接。

管理性评估是根据《信息安全技术 信息安全等级保护要求 第5部分：工业控制系统安全扩展要求》、《工业控制系统信息安全防护等级指南》（工信软函〔2016〕338号文）、《电力监控系统安全防护规定》（发改委〔2014〕14号令），从影响范围、严重程度、控制措施全面性、控制措施有效性分析电站在管理方面与合规要求之间存在的风险。

管理评估方法：通过人员访谈、制度调阅和现场核实等方式进行，分析水电站电力监控系统在管理方面存与合规要求之间存在的风险[5]。

（1）人员访谈是现状调研的重要环节之一。通过现场访谈，可以了解到各业务的实际运行流程、具体的安全控制措施和安全管理特点。通过了解实际的信息安全环境，深入挖掘风险评估的一些关键领域和关键点。访谈工作完成后，项目组将各被访谈人员对信息安全管理工作的理解情况、提出的意见和建议进行了归纳和总结。这些意见和建议不仅可以初步了解水电站的电力监控系统信息安全管理现状，还将成为项目后续各阶段风险评估的重要输入来源，为报告的编写也同时提供了支撑作用。

（2）日常工作中所使用的政策、制度、工作流程、操作手册及执行记录等都是本项目需要关注的重点。根据在访谈过程中了解到的涉及电力监控系统信息安全工作的文档，项目组会组织人员进行收集和调阅，并与相关标准做合规性逐条对比分析，分析的结果作为本报告中风险赋值的核心依据。在制度调阅阶段，项目组根据电力监控系统信息安全的特点，列举了24个方面的制度进行收集调阅。

（3）现场环境核实作为现状调研的重要调研手段之一，其目的在于通过对水电站电力监控系统相关的机房、控制现场等进行实地走访、查看、验证电力监控系统的实际管理执行现状，与制度调阅和人员访谈的结果一起，为风险评估过程提供支撑依据。

4 风险评估结果

本次风险评估共计发现风险201项，如图2所示，其中极高风险36项，高风险57项，中风险60项，低风险48项［根据计算得出的风险值定性地将风险级别分为四个风险等级，依次为极高风险（表示为VBI）、高风险（表示为HBI）、中风险（表示为MBI）和低风险（表示为LBI）］。在已评估出的风险中，漏洞分析评估风险有141个，合规评估风险有54个，技术风险评估有6个。

漏洞风险分析识别出控制设备漏洞30个，其中危急漏洞10个，高危漏洞8个，中危漏洞8个，低危漏洞4个。操作系统漏洞111个，其中危急漏洞26个，高危漏洞39个，中危漏洞33个，低危漏洞13个。通过抓取的数据流量分析，发现可疑数据流量，其中215机器不停地向同一个网段的机器发送大量的arp请求数据报文，请求数量过多会造成资源占用，影响整个网络的正常运行，这种情况疑似蠕虫病毒感染。

合规风险评估共识别出各类风险54项。基于工业控制系统信息安全防护指南风险统计 30 项，基于电力监控系统安全防护规定（14 号令）风险统计 24 项。其中极高风险 0 项，高风险 6 项，中等风险 14 项，其余为低等风险。

通过现场技术核实调研，识别出 6 类风险，其中 4 类高风险，2 类中风险。主要为：辅助调试电脑 1 缺乏 USB 管控、发现可疑流量数据、自动调试电脑存在恶意软件、辅助调试电脑 2 开机连入外网、2 号操作员站开启远程服务、安防产品 license 版本过期。

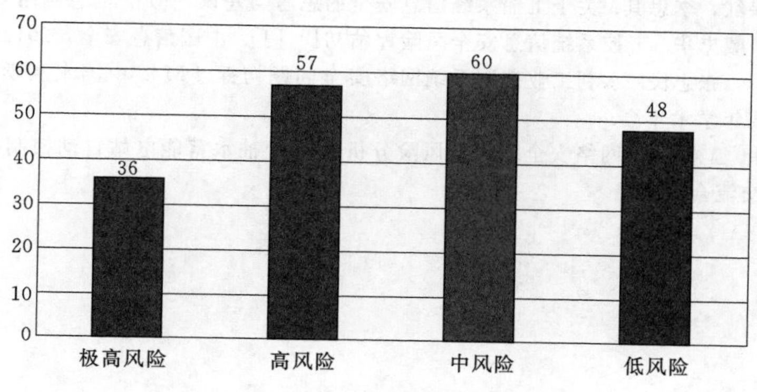

图 2　风险评估结果汇总

5　风险处置

风险处置是本次风险评估工作中的最后一个主要环节，也是实施周期最长、难度最大的阶段。风险处置的主要内容是根据风险评估结果，对每一项风险采取相应的处置措施，最终将风险降低到可以接受的水平。对于极高、高风险采取安全措施进行风险消除；对于中风险经评审后，原则上纳入风险处置计划进行整改，消除风险。对于水电站无法对该风险实施有效控制或不具备采取有效管控的风险暂时接受；对于低风险，由于发生可能性低或发生后影响较低，可以接受，暂不纳入风险处理计划。

针对不同风险，主要采取以下处理方法并计划分步实施：

（1）制度修订：新增或修订现有安全管理制度或安全管理策略文件，并按文件要求严格执行。

（2）管理优化：加强员工安全意识教育，定期组织员工进行安全培训培训，对各类要求的落实情况定期监督检查。

（3）技术改造：针对现有系统中存在的风险或漏洞，增加相应的网络安全防护设备，从技术上实现相应的管控要求。

6　结语

通过本次风险评估，沙坪二级水电站全面掌握了电力监控系统信息安全现状，为加强风险管理、信息安全防护建设提供了重要的基础数据；通过风险评估工作，各部门清晰整理了各类电力监控系统软硬件资产及合规性，了解了电力监控系统工控资产所面临的威胁状况、漏洞情况，合规要求的影响范围和目前所处的严重程度情况；培养了风险评估人员，积累了风险评估工作经验；提高内部人员对信息安全的认识；为沙坪二级水电站电力监控系统的稳定运行奠定了基础。

参考文献

[1] 郭娴. 互联网+时代下工业控制系统网络安全［M］. 自动化博览，2015.

[2] 王孝良，崔保红，李思其. 关于工控系统信息安全的思考与建议［M］. 信息网络安全，2012.8.

[3] 熊琦，彭勇，戴忠华. 工控系统信息安全风险评估初探［J］. 中国信息安全，2012.

[4] 郭江，张志华，张志民. 水利工业控制系统网络安全问题初探［M］. 中国水利学会泵及泵站专业委员会. 2015年学术年会.

[5] 郭江，张志华. 工控系统网络安全现状及风险分析［M］. 抽水蓄能电站自动控制技术应用研讨会. 2016年学术交流会论文集.

运行维护篇

特大型灯泡贯流式机组辅助设备供电可靠性研究

王明涛　谢明之

（国电大渡河沙坪水电建设有限公司，四川乐山　614300）

摘　要：对特大型灯泡贯流式机组辅助设备进行了简要的介绍并阐述其对机组运行的重要作用，根据辅助设备的重要性及运行特性，阐述了厂用电供电与辅助设备用电间关系；本文以负荷分配设计的均衡性、主用电源布置的合理性及保护级差的配合性为主线，针对灯泡贯流式机组辅助设备供电可靠性方面进行了一些探索与研究，希望各位电力同仁能高度重视厂用电系统的负荷设计及保护配置，以保证辅助设备用电的可靠性。

关键词：灯泡贯流式机组；辅助设备；厂用电系统；负荷分配；保护装置

1　引言

灯泡贯流式机组具有运行效率高、运行稳定的特点，在河流落差较小的地区，有着广阔的市场与发展前景；由于灯泡贯流式机组发电机必须安装在灯泡头内部，受安装空间的限制和通风冷却条件的影响，灯泡贯流式机组的容量一般都比较小。据数据统计，单机容量超过 50MW 的灯泡贯流式机组见表 1；单机容量最大的灯泡贯流式机组安装在巴西杰瑞水电站，单机容量为 75MW，沙坪二级水电站是国内单机容量最大的灯泡贯流式水电站，单机容量 58MW，就其容量而言居世界第三位，作为特大型灯泡贯流式机组由于其安装位置的特殊性、通风条件的限制性、辅助油路的复杂性等特点，在负荷供电可靠性上具有更高的要求。

表 1　　**50MW 及以上灯泡贯流式机组统计**

电站名称	国家	台数	功率/MW	转轮直径/mm	生　产　厂　家
杰瑞	巴西	50	75	—	东电供 22 台 阿尔斯通、福伊特、安德里茨组成联合体供 28 台
只见	日本	1	65	—	日立
沙坪二级	中国	6	58	7200	东电
桥巩	中国	8	57	7400	东电
石岛	美国	8	52.9	7400	阿尔斯通

2　辅控系统供电可靠性分析

灯泡贯流式机组主要由转动部分、固定部分及辅助设备组成，其中转动部分包括转

作者简介：王明涛（1983—　），男，工程师，学士；研究方向：水电站电气。

轮、主轴及转子，固定部分包括灯泡头、定子、组合轴承、水导轴承、导水机构及转轮室。机组辅助设备为主要包括调速器油压控制系统、通风冷却系统、轴承供油系统、高压油顶起系统等。下面就灯泡贯流式机组特有的且重要的辅助系统做一简单介绍，并说明其供电可靠性对机组运行的影响。

2.1 通风冷却系统

灯泡贯流式机组的转轮直径小、转速低，产生的风压也较低，发电机转子产生的风压较常规水轮发电机低得多，不能满足通风冷却要求，为此需要采用强迫循环的通风方式进行散热冷却；沙坪二级水电站选用轴流风机作为强迫风源，将空气冷却器冷却后的空气吹入发电机定、转子间隙进行冷却。该站设有 8 台轴流风机，由辅助设备控制柜Ⅰ进行逻辑控制，其作为冷却系统的重要组成部分之一，对机组的正常运行起到作用如下：首先，轴流风机供电电源是否正常是开机基本条件的重要判据之一，供电不可靠影响开机成功率；其次，在机组正常运行中，轴流风机若因缺少稳定的供电系统而全部停运，机组产生的热量将难以散去，瓦温便会升高，进而造成事故停机等严重后果。

2.2 轴承供油系统

轴承供油系统由轴承高位油箱、轴承低位油箱和循环油泵组成，在机组运行期间通过油冷却器和油过滤器不断地为高位油箱重新充油，高位油箱利用重力将油供给机组轴承；沙坪二级水电站设有 2 台循环油泵，两台油泵互为备用，由辅助设备控制柜Ⅱ进行逻辑控制，对机组的作用如下：一是给发电机组合轴承、水导轴承输送润滑油，使油流不至于中断而烧损轴承瓦；二是其供电电源是否正常也是开机基本条件的重要判据之一；如果轴承供油系统缺少稳定的供电系统，不单会造成开机失败，也会造成油流中断而烧损轴承瓦，给机组带来严重的甚至难以修复的后果。

2.3 高压油顶起系统

高压油顶起系统指向推力轴承瓦面及水导瓦面注入高压油，形成油膜润滑承载的设备，其作用是在机组开机和停机时喷射高压油在轴瓦表面与大轴间形成润滑油膜，使轴瓦不出现干摩擦；由于每台机组水导轴承和组合轴承承载不同，高压油顶起多少通常由压力开关的值来间接反映机组的顶起量；每次检修时应复核每台机组高压顶起量和高压压力开关整定值，根据实际顶起量调整压力开关整定值。沙坪二级水电站设有 2 台高压油泵，两台油泵互为备用，由辅助设备控制柜Ⅱ进行逻辑控制，其供电电源是否正常是开机基本条件的重要判决之一。如果高压油系统缺少稳定的供电系统，会造成开停机失败，机组也会因润滑不足而造成轴瓦损伤，给机组带来灾难性的后果。

3 厂用电系统负荷分配合理性分析

沙坪二级水电站机组的辅助设备主要由 400V 自用及公用电系统供电，其负荷分配的均衡性与合理性是辅助设备供电可靠性的充分条件之一，负荷设计分配不均衡、不合理均会造成母线局部过载过热，长此以往就有短路故障的风险。

该站 400V 自用及公用厂用电系统由两套，1 号自用及公用厂用电系统承载的负荷有：1～3 号机组辅控设备、主厂房桥机、主变消防泵及其他厂用电负荷；2 号自用及公用厂用电系统承载的负荷有：4～6号机组辅控设备、尾水单向门机、GIS消防动力柜及其他厂用电负荷。两套自用及公用厂用电系统负荷设计相似，下面以400V 2号自用及公用厂用电系统为例进行介绍，2号自用及公用电系统设置两段母线，母线间设置有联络开关，正常时Ⅰ段、Ⅱ段分段独立运行，Ⅰ段、Ⅱ段由10kV Ⅰ段、Ⅲ段分别供电，如图1所示；下面结合设备参数及负荷分配情况进行负荷分配合理性分析，400V厂用变压器的设备参数见表2，2号自用及公用电系统Ⅰ段、Ⅱ段厂用电系统的负荷分配见表3。

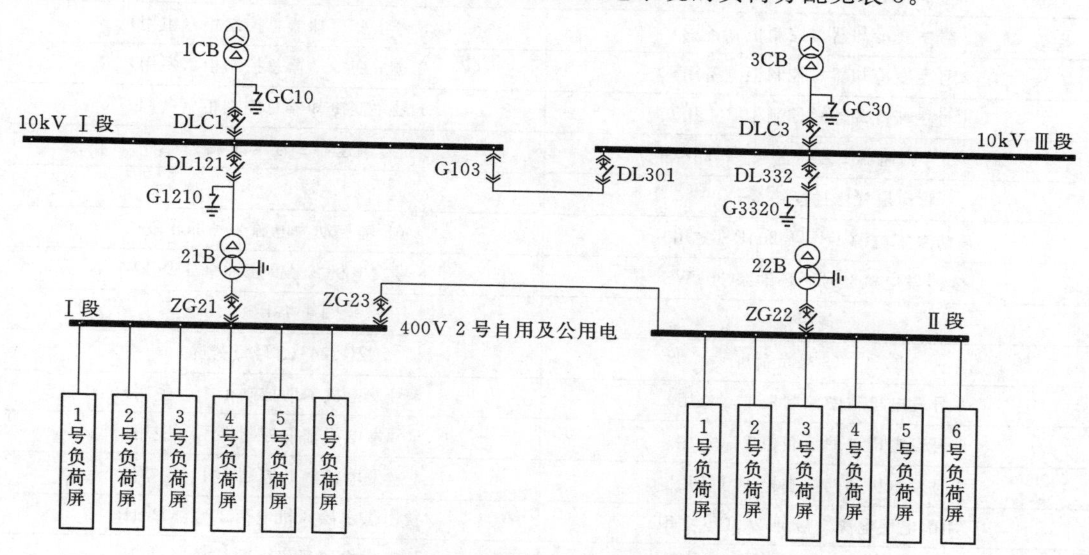

图1　400V 2号自用及公用厂用电系统图

表2　　1号、2号厂用变压器（21B、22B）参数

额定容量	2000kVA	额定二次电压	400V
额定一次电压	10500V	额定二次电流	2887A
额定一次电流	110A		

表3　　400V 2号自用及公用电系统负荷配置表

Ⅰ段	Ⅱ段
ZG212（1号负荷屏）	ZG222（1号负荷屏）
4号机自用电动力柜4J1P（主用）	4号机自用电动力柜4J1P（备用）
4号机自用电动力柜4J2P（主用）	4号机自用电动力柜4J2P（备用）
5号机自用电动力柜5J1P（主用）	5号机自用电动力柜5J1P（备用）
5号机自用电动力柜5J2P（主用）	5号机自用电动力柜5J2P（备用）
6号机自用电动力柜6J1P（主用）	6号机自用电动力柜6J1P（备用）
6号机自用电动力柜6J2P（主用）	6号机自用电动力柜6J2P（备用）
4号调速器1号压油泵110kW	4号调速器2号压油泵110kW
5号调速器2号压油泵110kW	5号调速器1号压油泵110kW
备用	备用

续表

Ⅰ 段	Ⅱ 段
ZG213（2 号负荷屏）	ZG223（2 号负荷屏）
6 号发电机辅助控制柜Ⅱ（备用）	6 号发电机辅助控制柜Ⅱ（主用）
5 号发电机辅助控制柜Ⅱ（备用）	5 号发电机辅助控制柜Ⅱ（主用）
4 号发电机辅助控制柜Ⅱ（备用）	4 号发电机辅助控制柜Ⅱ（主用）
3 号主变冷却器总控制柜（备用）	3 号主变冷却器总控制柜（主用）
2 号主变冷却器总控制柜（备用）	2 号主变冷却器总控制柜（主用）
1 号主变冷却器总控制柜（主用）	1 号主变冷却器总控制柜（备用）
6 号调速器 1 号压油泵 110kW	6 号调速器 2 号压油泵 110kW
管道层检修插座箱 2 JX09	—
消防泵室电源 1 号屏 204P（主用）	6F 辅控动力电源 2 号屏Ⅱ段
4 号发电机 2 号循环油泵 30kW	6 号发电机 2 号高压油泵 18.5kW
备用	备用
ZG214（3 号负荷屏）	ZG224（3 号负荷屏）
6 号发电机辅助控制柜Ⅰ（备用）	6 号发电机辅助控制柜Ⅰ（主用）
5 号发电机辅助控制柜Ⅰ（备用）	5 号发电机辅助控制柜Ⅰ（主用）
4 号发电机辅助控制柜Ⅰ（备用）	4 号发电机辅助控制柜Ⅰ（主用）
厂用配电层电源 1 号屏 206P（主用）	技术供水层风机电源 1 号屏 201P
消防泵室电源 2 号屏 205P（主用）	技术供水层风机电源 2 号屏 202P
备用	备用
ZG215（4 号负荷屏）	ZG225（4 号负荷屏）
6 号发电机轴承油系统控制柜 6J3P（备用）	6 号发电机轴承油系统控制柜 6J3P（主用）
5 号发电机轴承油系统控制柜 5J3P（备用）	5 号发电机轴承油系统控制柜 5J3P（主用）
4 号发电机轴承油系统控制柜 4J3P（备用）	4 号发电机轴承油系统控制柜 4J3P（主用）
空调水泵房电源屏 203P	机组配电层通风空调机柴油发电机电源屏 208P
备用	计算机监控系统消防动力屏 214P
4 号发电机 2 号高压油泵 18.5kW	6 号发电机 2 号循环油泵 30kW
ZG216（5 号负荷屏）	ZG226（5 号负荷屏）
4 号机组 1 号技术供水泵　45kW	4 号机组 2 号技术供水泵　45kW
5 号机组 2 号技术供水泵　45kW	5 号机组 1 号技术供水泵　45kW
6 号机组 1 号技术供水泵　45kW	6 号机组 2 号技术供水泵　45kW
厂用配电层电源 2 号屏 207P	厂用配电层电源 1 号屏 206P
中控楼 1、2 楼通风空调电源屏 213P	厂用配电层电源 2 号屏 207P
中控楼 3、4 楼通风空调电源屏 215P	GIS 消防动力柜 209P
中控楼 5、6 楼通风空调电源屏 216P	母线及油箱室风机电源屏 210P
计算机监控消防动力屏　214P	消防泵室电源 1 号屏　204P

续表

Ⅰ段	Ⅱ段
备用	5号发电机2号高压油泵 18.5kW
ZG212（6号负荷屏）	ZG227（6号负荷屏）
机组检修排水泵3 110kW	机组检修排水泵4 110kW
厂房渗漏排水泵4 110kW	厂房渗漏排水泵3 110kW
GIS室检修插座箱 JX11	V型配电箱（尾水单向门机）132kW×2
GIS消防动力柜 209P（主用）	EL562.50高程GIS动力柜 212P
GIS智能汇控柜电源屏 211P（主用）	GIS室智能汇控柜电源屏 211P（备用）
管道层检修插座箱 JX07	GIS室排风机及断路器汇控柜电源 205P（备用）
备用	备用
5号发电机2号循环油泵 30kW	—

根据400V 2号自用及公用厂用电系统承载负荷的数据统计，Ⅰ段所承载的总负荷为2101.94kW，其中启动频次较高的设备负荷约827.74kW；Ⅱ段所承载的总负荷为2674.42kW，其中启动频次较高的设备负荷约1286.43kW。从负荷数据统计来看，Ⅱ段负荷分配不均衡，负荷较重的Ⅱ段在电机启动的瞬间更容易发生过载现象。在特殊的工况下，1台厂用变压器故障或检修时，Ⅰ段、Ⅱ段通过联络开关ZG23联络运行，启动频次较高的设备负荷总量为2114.17kW也超过了厂用变压器的额定容量，可见厂用变压器设计容量偏小，不利于设备的稳定供电。

对该站月度设备运行数据进行统计分析，站内重要或运行时间较长的辅助设备有轴流风机、循环油泵、高压油泵、辅助压油泵、主变冷却器循环油泵、渗漏泵及生活供水泵等，这些长时间运行的辅助设备会影响到负荷电流；这里只列举2号自用公用厂用电系统所带的辅助设备，其运行数据见表4。

表4　　月度设备运行数据统计表

设备名称	额定功率/kW	额定电流/A	额定转速/(r/min)	运行时长
主变冷却器1号循环油泵	3.7	5.9	—	216h55min
主变冷却器2号循环油泵	3.7	5.9	—	240h
主变冷却器3号循环油泵	3.7	5.9	—	239h16min
机组1号循环油泵	30	58	1475	124h
机组2号循环油泵	30	58	1475	127h
机组1号高压油泵	18.5	35.8	1470	2h51min
机组2号高压油泵	18.5	35.8	1470	1h29min
机组1号压油泵	110	197	2982	18min47s
机组2号压油泵	110	197	2982	18min40s
机组辅助压油泵	11	21.5	2935	47h54min18s
3号渗漏排水泵	110	197	2982	10h27min

续表

设备名称	额定功率/kW	额定电流/A	额定转速/(r/min)	运行时长
4号渗漏排水泵	110	197	2982	10h25min
3号检修排水泵	110	197	2982	1h2min
4号检修排水泵	110	197	2982	2h42min
1号生活供水泵	11	20.6	2945	194h4min
2号生活供水泵	11	20.6	2945	193h5min
机组轴流风机	22	40.7	2935	114h4min

注 1. 机组辅助设备以6F机组为例，6F机组本月运行时长为114h4min，开停机次数32次；轴流风机在机组运行时一直启动且辅控装置未设置统计界面，视为与机组运行时长相同。
2. 该站机组技术供水方式、主变技术供水均以“自流”为主，因此该站技术供水泵启动极少；机组压油泵以辅助压油泵为主。
3. 主变辅助设备以1B为例，其他主变运行时长视为相仿。

从机组开机流程及辅助设备的控制逻辑可知，机组在开机过程中会投入轴流风机、循环油泵及高压油泵等，高压油泵在转速达到95%额定转速退出运行，轴流风机与循环油泵则随机组正常运行，从设备运行数据来看，轴流风机与循环油泵对机组的正常运行的作用重大，由于8台轴流风机需同时启动且功率远大于循环油泵，将以轴流风机为主线来分析最不利工况下的负荷电流。

根据结合表2负荷配置情况可知，机组轴流风机、生活供水泵均配置在Ⅱ段3号负荷屏中，机组循环油泵、高压油泵均配置在Ⅱ段4号负荷屏中，2号、3号主变冷却器循环油泵配置在Ⅱ段2号负荷屏中，3号渗漏排水泵、4号检修排水泵均配置至Ⅱ段6号负荷屏中。

假设在4F、5F机组、生活供水泵及3号渗漏排水泵正常运行，这时Ⅱ段的负荷电流至少为16台轴流风机、2台循环油泵、2台生活供水泵、1台渗漏排水泵的电流之和，合计为1005.4A；此时6F机组开机，开机过程中8台轴流风机会同时启动，根据JB 10391—2008《Y系列三相异步电动机技术条件》查得22kW电机的堵转电流是额定电流7.5倍，因此启动电流应为7.5×8×39.5=2442A，也就是在6F机组启动中，Ⅱ段所带的电流可达到3447.4A，该电流约为厂用变压器额定电流的1.19倍。在这种大电流下，若Ⅱ段母排加工工艺存在问题，易造成放电及短路故障，最终影响Ⅱ段所承载辅助设备的供电可靠性，继而影响机组的正常运行。

4 厂用电保护配置与供电可靠性的关系

10kV厂用电系统与400V厂用电系统间的保护级差配合关系是保证机组辅助设备供电可靠的又一充分条件，若保护配置不合理会造成保护越级跳闸，扩大事故范围，影响设备的安全稳定运行。下面结合该站一起越级跳闸案例说明保护配置对机组辅助设备供电可靠性的影响。

4.1 厂用电系统运行情况介绍

该站10kV厂用电母线分三段，厂用电系统图见图2，其中Ⅰ段、Ⅲ段母线分别由1号、

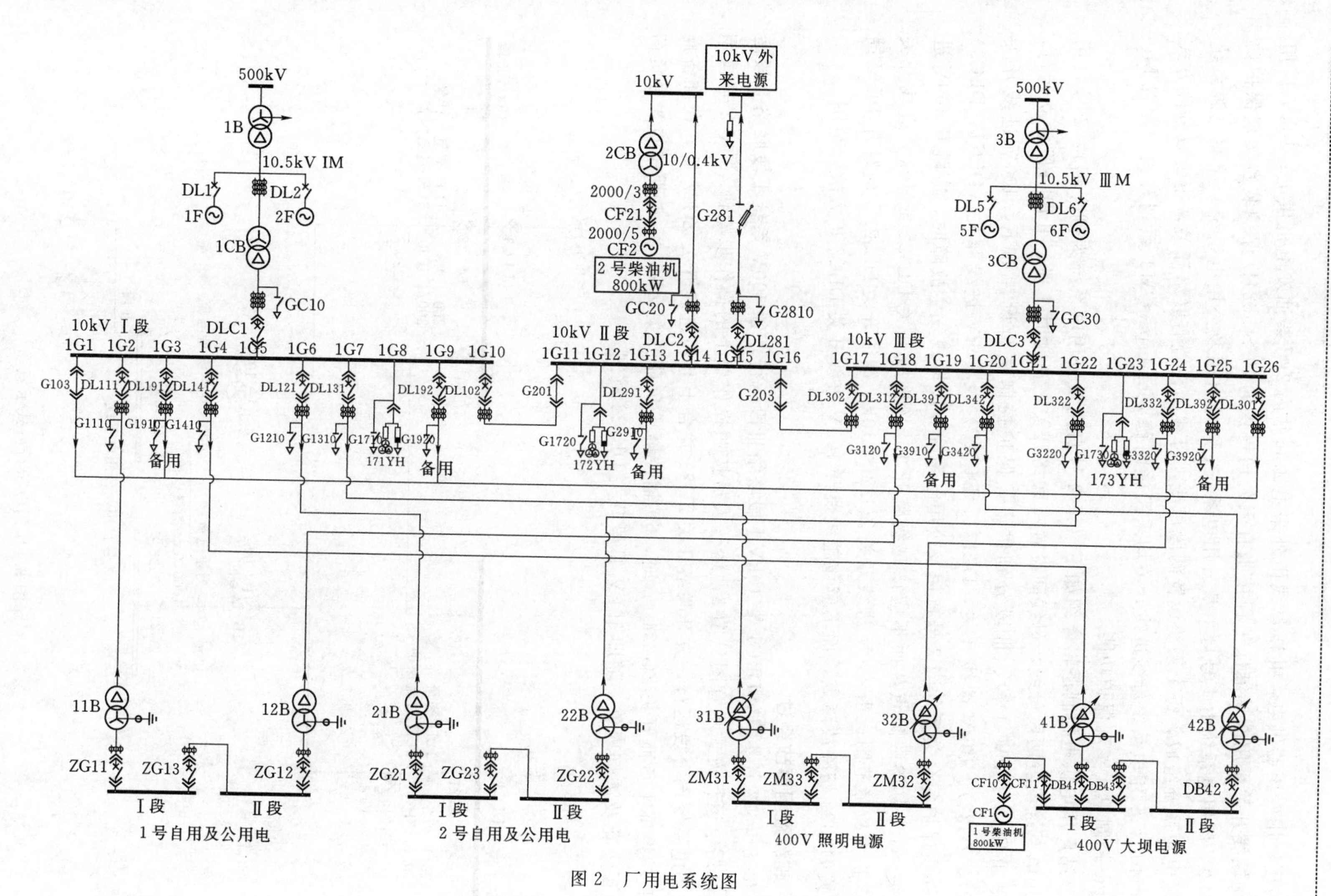
500kV
1B
10.5kV IM
DL1
DL2
1F
2F
1CB
GC10
10kV Ⅰ段
DLC1
1G1 1G2 1G3 1G4 1G5 1G6 1G7 1G8 1G9 1G10
G103
DL111
DL191
DL141
DL121
DL131
DL192
DL102
G1110
G1910
G1410
G1210
G1310
G1710
G1920
171YH
备用
10kV
10kV 外
来电源
2CB
10/0.4kV
2000/3
CF21
2000/5
CF2
2 号柴油机
800kW
G281
GC20
G2810
10kV Ⅱ段
DLC2
DL281
1G11 1G12 1G13 1G14 1G15 1G16
G201
DL291
G203
G1720
G2910
172YH
备用
500kV
3B
10.5kV ⅢM
DL5
DL6
5F
6F
3CB
GC30
10kV Ⅲ段
DLC3
1G17 1G18 1G19 1G20 1G21 1G22 1G23 1G24 1G25 1G26
DL302
DL312
DL391
DL342
DL322
DL332
DL392
DL301
G3120
G3910
G3420
G3220
G1730
G3320
G3920
173YH
备用
11B
12B
21B
22B
31B
32B
41B
42B
ZG11
ZG13
ZG12
ZG21
ZG23
ZG22
ZM31
ZM33
ZM32
CF10
CF11
DB41
DB43
DB42
CF1
1 号柴油机
800kW
Ⅰ段
Ⅱ段
1 号自用及公用电
2 号自用及公用电
400V 照明电源
400V 大坝电源
图 2　厂用电系统图

3 号高压厂用变压器供电，Ⅱ段母线由外来电源和站内 2 号柴油发电机供电；10kV 厂用电系统馈线开关采用南瑞继保工程技术有限公司提供的 PCS 9621D 保护装置实现保护功能。400V 厂用电系统由 1 号自用及公用电系统、2 号自用及公用电系统、照明电源系统及坝区电源系统组成，每个系统设置两段母线，母线间设置有联络开关，正常以分段方式运行；400V 厂用电系统母线进线开关均采用施耐德 Masterpact MT 系列开关，配置 Micrologic 控制单元实现保护功能。

该站厂用电供电控制逻辑介绍如下（以 2 号自用及公用电系统为例介绍）：2 号自用及公用电系统设置两段母线，母线间设置有联络开关，正常时Ⅰ段、Ⅱ段分段独立运行，Ⅰ段、Ⅱ段由 10kV Ⅰ段、Ⅲ段分别供电；保护控制逻辑设计如下，400V 进线开关（ZG21、ZG22）、10kV 馈线开关（DL121、DL322）及 10kV 进线开关（DLC1、DLC3）间应存在保护配合关系；当 2 号自用及公用电系统Ⅱ段母线发生故障时，应跳开 400V 进线开关 ZG22 切除故障点，而不应该越级跳开 10kV 馈线开关 DL322 或 10kV 进线开关 DLC3 扩大故障范围；当 400V 进线开关 ZG22 与 10kV 馈线开关 DL322，应跳开 10kV 馈线开关 DL322 切除故障点，而不应该越级跳开 10kV 进线开关 DLC3 扩大故障范围。

4.2 越级跳闸事故经过

2018 年 12 月 4 日，DLC1 带 10kVⅠ段联络Ⅲ段运行，各 400V 系统Ⅰ段联络Ⅱ段运行，厂用电运行方式示意图见图 3；运行人员按照操作票上的操作步骤将 400V 2 号自用及公用电系统倒分段运行，分开联络开关 ZG23 并合上Ⅱ段进线开关 ZG22 后，在准备操作 4F 辅控屏Ⅰ负荷开关 ZG224－4 时，6F 辅控屏Ⅰ负荷开关 ZG224－6 所在的 3 号负荷屏出现火花及浓烟现象，随即 10kV Ⅲ段开关 DL322 跳闸。

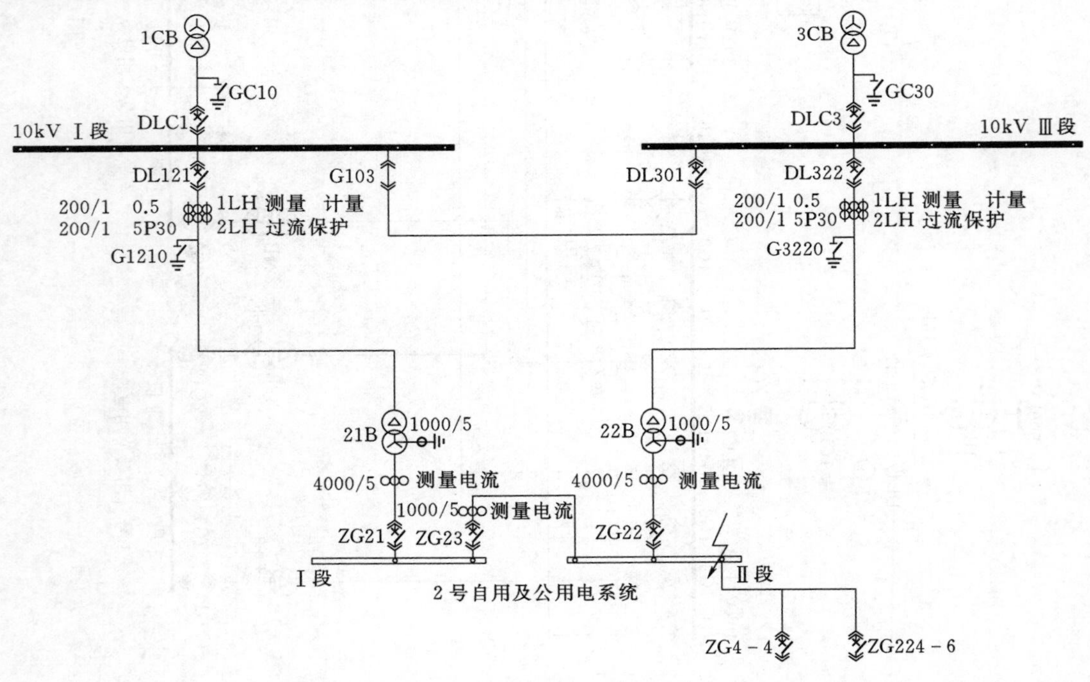

图 3 厂用电运行方式示意图

4.3 故障跳闸检查情况及原因分析

工作人员检查400V 2号自用及公用电系统的3号负荷屏发现，屏内分支母线下端已烧融缺失，如图4所示，初步判断2号自用及公用电系统Ⅱ段母线发生短路故障所致。

工作人员随即调取10kV厂用电系统DL322馈线开关保护装置动作报告查看跳闸动作信息，系过流保护动作，其中最大故障相电流为3.957A，动作信息如图5所示，由此判定3号负荷屏屏内母线发生三相短路故障，造成DL322馈线开关过流保护动作。

图4 负荷屏下端母线烧融缺失

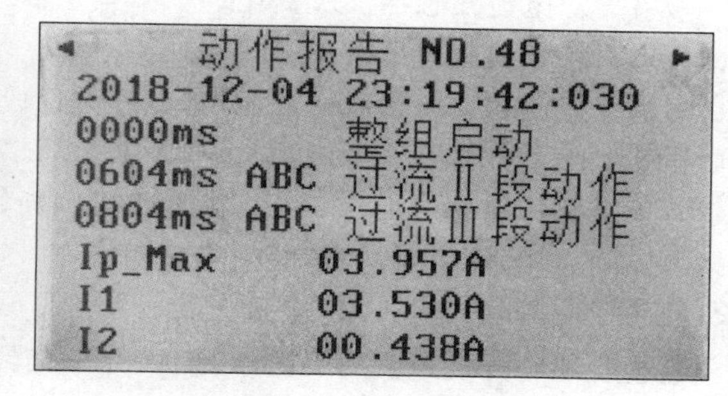

图5 DL322开关保护动作信息

4.4 越级跳闸事故原因分析

此次开关越级跳闸是由3号负荷屏内分支母线发生三相短路故障所致，即400V 2号自用及公用电系统Ⅱ段母线处发生故障导致；按照保护间的配合关系，本应跳开先跳开Ⅱ段母线进线开关ZG22，在ZG22开关拒动时，才允许远后备保护启动并切除短路故障，而本次事故却是由10kV馈线开关DL322过流保护动作来切除故障的，属于开关越级跳闸行为。

针对此次开关越级跳闸的原因进行分析，有以下三方面原因[3]：

(1) 母线进线开关机构发生卡阻导致本开关跳闸失败所致。

(2) 馈线开关保护与进线开关保护间定值未构成配合关系所致。

(3) 保护定值存在误整定行为所致。

4.4.1 开关机构卡阻的验证分析

工作人员对Ⅱ段母线进线开关ZG22进行了现地和远方手动分合试验，试验次数各3次，开关动作行为均正确且未发生卡阻现象。由此可以判断，开关机构操作灵活，此次开关越级跳闸并非由开关机构卡阻导致本开关跳闸失败所致。

4.4.2 定值配合关系的验证分析

查阅生产技术处下发的10kV馈线开关DL322定值整定值单，该开关设置有3段过流保护，其中过流Ⅰ段动作值为7.85A，延时0s，动作于DL322跳闸；过流Ⅱ段动作值为1.91A，延时0.6s，动作于ZG23跳闸（未投出口连片）；过流Ⅲ段动作值为1.91A，延时0.8s，动作于DL322跳闸。查阅Ⅱ段母线进线开关ZG22定值整定值单，该开关设置有长延时、短延时保护，其中长延时保护一次电流动作值为3200A，延时20s；短延时保护一次电流动作值为9600A，延时0.4s。

经对比两级开关过流保护动作延时，馈线开关DL322过流Ⅲ段保护动作时限0.8s大于Ⅱ段母线进线开关 ZG22 短延时过流保护动作时限 0.4s，说明两级开关间在保护动作时限上存在配合关系；经查阅厂用变压器 22B 相关资料，得知变压器高低压侧电压变比为 10.5/0.4，其高压侧电流互感器 TA 变比为 200/1，一次电流与二次电流的折算公式：

$$I_1 = I_2 n_{TA} n_B \tag{1}$$

式中 I_1——一次电流，A；

I_2——二次电流，A；

n_{TA}——电流互感器 TA 变比；

n_B——变压器电压变比。

根据公式（1），将馈线开关 DL322 过流Ⅲ段动作电流（二次电流）1.91A 折算到厂用变压器 22B 低压侧，一次动作电流为 10027.5A，此电流大于Ⅱ段母线进线开关 ZG22 短延时过流保护动作值为 9600A；由此可以判断，两级开关定值间存在配合关系，此次开关越级跳闸亦非由保护定值不匹配导致的。

4.4.3 定值误整定行为的验证分析

经查看现场开关定值的设置情况，10kV 馈线开关 DL322 保护定值设置未发现异常，Ⅱ段母线进线开关 ZG22 短延时过流保护动作时限设置在 I^2t ON（反时限投入）区域，动作时限设置值为 0.4s，如图 6 所示。

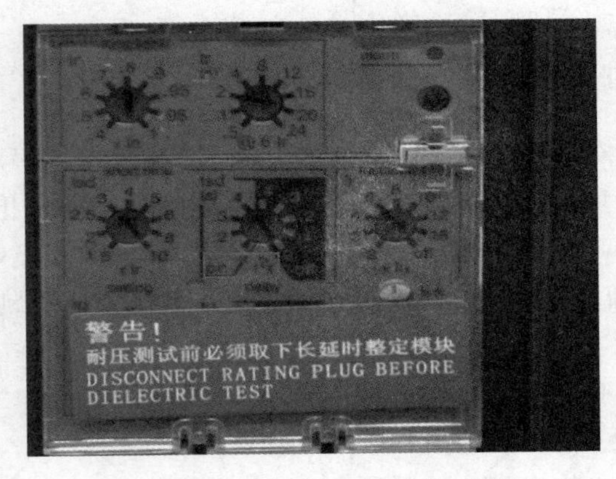

图 6 进线开关 ZG22 定值设置情况

查阅施耐德 Masterpact MT 系列技术资料，当开关短延时保护动作时限设置在 I^2t ON 区域（反时限投入）时，开关动作时限将由开关固有的脱扣曲线决定，符合反时限动作特性，这使得Ⅱ段母线进线开关 ZG22 动作时限远大于 0.4s。查阅进线开关 ZG22 铭牌资料，开关额定电流为 4000A，短延时保护一次电流动作值为 9600A，即为额定电流的 2.4 倍，按照脱扣曲线查得进线开关 ZG22 动作时限为 5.05s 左右，如图 7 所示，由于动作时限过长，导致上级馈线开关 DL322 抢先动作。由此判断，此次开关越级跳闸是因为保护动作时限定值设置区域错误造成上下级保护动作时限不匹配所致。

5 结语

针对厂用电两段间主用负荷不均衡是设计阶段应该重视的问题，电力生产人员应复核负荷容量，以达到负荷分配的平衡；同时，应根据机组运行特性，将辅助设备的主用电源进行合理布置，避免主用电源集中在同一段电源上。

针对轴流风机同时启动造成启动电流过大的问题，电站人员结合机组特性及运行经验，对轴流风机控制逻辑进行了优化，将轴流风机的启动方式由同时启动改为逐台启动，以避免启动电流过大造成Ⅱ段过负荷等异常行为；同时增加了风机对称轮换启停的控制模式，以保证设备的使用寿命得以延长。

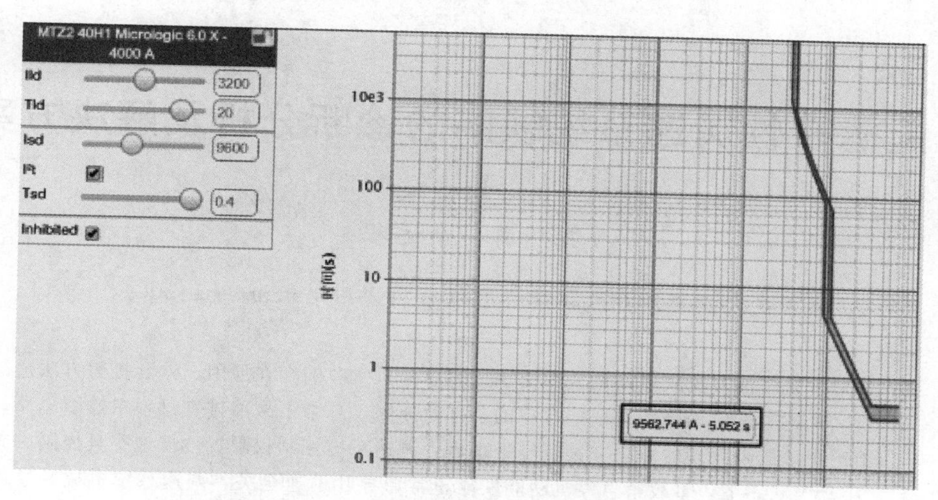

图 7　9600A 电流脱扣曲线计算图

针对保护动作时限设置不合理的问题，工作人员按照生产技术处下发的通知单要求将所有 400V 厂用电系统母线进线开关及联络开关短延时保护动作时限设置在 I^2t OFF 区域（反时限退出），经过运行检验，厂用电保护装置运行正常，未发生保护误动、拒动或越级跳闸情况。

综上分析，厂用电负荷分配设计的均衡性、主用电源布置的合理性及保护级差的配合关系是保障机组辅助设备用电可靠性的重要前提；希望各位电力同仁能高度重视厂用电系统的负荷设计及保护配置，以保证辅助设备用电的可靠性。

一起隐蔽性调速系统缺陷的诊断分析及解决方案

王明涛　余远程

（国电大渡河沙坪水电建设有限公司，四川乐山　614300）

摘　要： 针对一起灯泡贯流式机组调速系统事故紧急停机失败的存在原因、诊断排查方法进行分析，论述了造成该隐蔽性缺陷存在的条件及原因，总结了故障排查过程中诊断思路，并给出了该故障处理的解决方案；经处理后，调速系统控制权限置“现地”且控制方式切“手动”状态下，事故紧急停机功能恢复正常，导叶迅速全关，调速系统事故紧急停机失败这一问题得以有效解决。

关键词： 调速系统；事故紧急停机；隐蔽性；诊断分析；解决方案

1　引言

沙坪水电站是国内单机容量最大的灯泡贯流式水电站，其水轮机型号为 GZ（774）-WP-720，由东方电机有限公司制造；调速系统由南京南瑞集团公司制造，电气控制柜型号为 SAFR-2000H，液压操作柜型号为 ZFL-150/S，油压装置型号为 YZ-20-6.3。

该站水轮发电机组共设三种停机方式，除正常停机外，还设置了事故停机和紧急事故停机，以应对机组突发异常状况。当机组运行时发生一级过速、一般机械事故、一般电气事故，均会启动并执行事故停机流程，其事故停机流程如图 1 所示。调速系统紧急停机令可由调速系统或监控系统开出，调速系统在电气控制柜及液压操作柜分别设置了紧急停机按钮，以保证机组在出现突发异常情况后能快速停机。

2　调速系统发生事故停机失败的经过

2019 年 2 月 12 日，该站在调速系统控制权限切至“现地”、控制方式切至“手动”工况下，将 6 号水轮发电机组手动开机至空转状态，机组出现异响，运行人员随即在液压操作柜上按下“紧急停机”按钮，导叶开度从 13%降至 9%后，不再变化，调速系统无法继续关闭导叶，导致机组无法实现事故停机。

3　调速系统事故停机失败的隐蔽性分析

该站 6 号水轮发电机组于 2018 年 9 月 7 日完成 72h 试运行试验，在此之前的出厂试验及电站现场安装试验均未发现调速系统存在异常，那么造成该站调速系统手动状态下无法实现事故停机的原因是什么呢？结合调速系统的技术资料、试验报告、试验方式、作业

作者简介： 王明涛（1983—　），男，工程师，学士；研究方向：水电站电气。

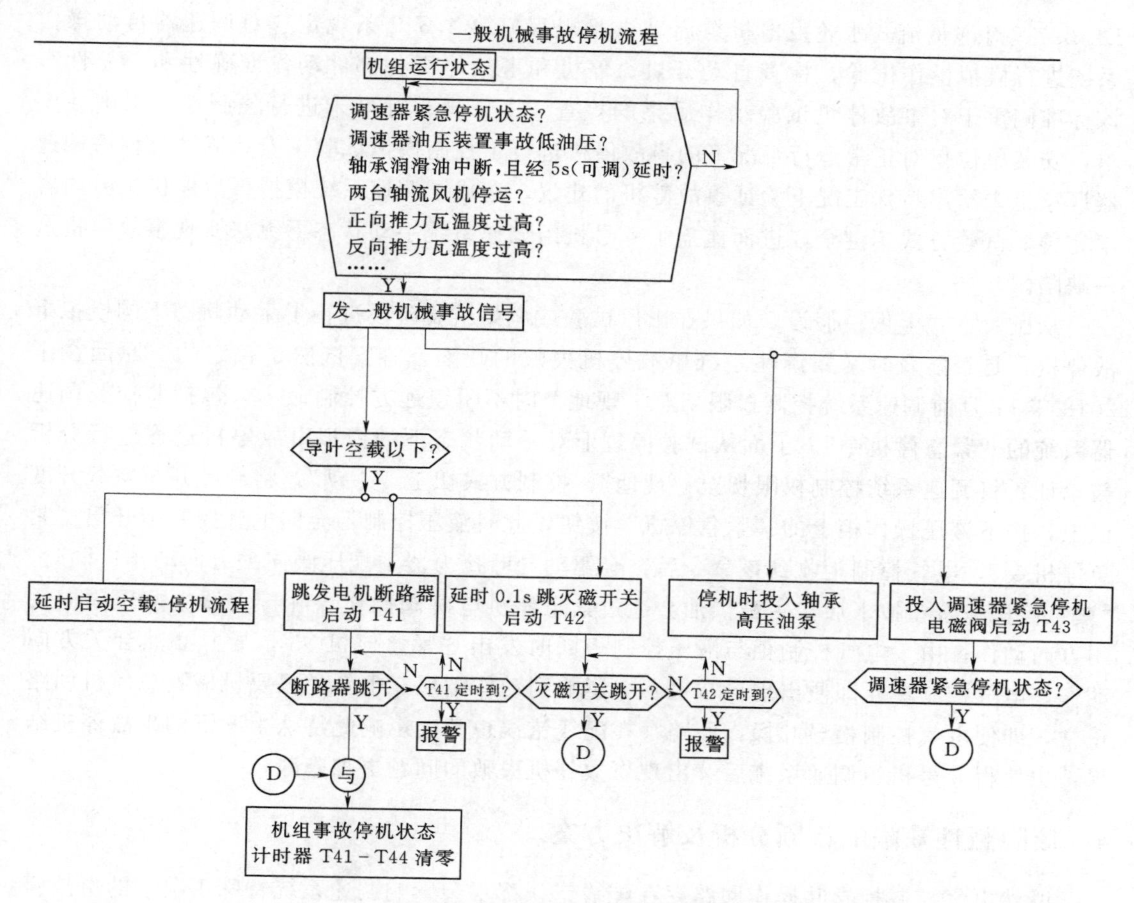

图 1　机组事故及紧急停机流程图

记录及规程规范要求，对该缺陷进行分析，笔者发现该站 6 号机组调速系统无法事故停机这一缺陷极具隐蔽性，在调速系统出厂试验及电站试验阶段无法通过事故状态模拟试验验证暴露出。从试验要求、试验方式及试验原理三个方面对该隐蔽性缺陷存在的条件及原因进行阐述。

笔者查阅了施工单位提供的《6 号水轮机组的机电安装电气试验报告》及调速厂家提供的《6 号水轮机组的调速器现场投运报告》[1]，其中前者报告中仅对调速器电气控制柜置“远控”，液压操作柜置“自动”这一工况做了事故停机模式试验，后者报告中仅对紧急停机按钮、开入量、开出量及开关量输入做了检查且未注明试验工况。在查阅了相关试验报告后，笔者进一步查阅了 GB 9652.2《水轮机控制系统试验》、DL 827《灯泡贯流式水轮发电机组启动试验规程》及 DL 496《水轮机电液调节系统及装置调整试验导则》等规程规范关于事故停机试验的要求，其中 GB 9652.2《水轮机控制系统试验》第 6.5.1 条规定“在制造厂内或电站水轮机蜗壳未充水条件下，进行如下试验项目：自动开机、手自动切换、增减负荷、自动停机和事故状态模拟试验，试验方法根据电站和调速器等设备实际情况制定”，该标准并未对事故停机试验做明要求，只要求根据实际情况制定试验方法；

DL 827《灯泡贯流式水轮发电机组启动试验规程》第 4.3.9 条规定“对调速器自动操作系统进行模拟操作试验，检查自动开机、停机和事故停机各部件动作准确性和可靠性”，该标准侧重于对事故停机试验动作后果的检查。由于规程标准未进行强制性、明确性要求，安装单位仅对正常运行工况下的事故停机进行了控制模拟试验，安装调试过程中调速器厂家也未给出特殊工况下验证事故停机的建议，造成了调速系统模拟事故停机试验内容不完善，试验方式不健全，进而掩盖了 6 号机组调速系统手动状态下无法实现事故停机这一缺陷。

从试验方式上做一假设，如果在出厂试验或电站试验阶段进行了手动状态下的模拟事故停机，是否能及时暴露调速系统事故停机失败的缺陷，答案依然是否定的，原因在于 2018 年 11 月前调速系统控制权限切至“现地”时不闭锁远方控制命令，包括监控及调速器系统的“紧急停机令”。下面从试验原理上对手动状态下的模拟事故停机过程进行分析与论证：将调速系统控制权限切至“现地”，控制方式切至“手动”，将导叶开至空载开度以上，按下液压操作柜上的“紧急停机”按钮，此时液压控制柜会向电气控制柜开出“紧急停机令”，电气控制柜收到该命令后，会驱动导叶接力器主配压阀向关方向动作；同时，“紧急停机”按钮按下后，主配供油会通过紧急停机电磁阀操作导叶接力器主配压阀向关闭方向动作；由于电气控制柜与液压控制柜同时发出“紧急停机令”，导叶必然会关方向动作，电气控制单元即便出现异常也不会影响到动作结果，也就是只要机械紧急停机回路正常，即便电气控制柜导叶操作回路存在配线错误也不会影响此特殊工况下的事故停机结果，也使得 6 号机组调速系统后续出现事故停机失败的问题更加隐蔽。

4 该隐蔽性缺陷的诊断分析及解决方案

既然电气控制柜导叶操作回路存在配线错误都不会影响调速系统特殊工况下的事故停机，那么 2019 年 2 月出现调速系统事故停机失败的原因究竟是什么呢？将对该隐蔽性缺陷进一步地诊断分析并给予解决方案。

结合图纸及技术资料对 6 号机组调速系统无法实现事故停机的原因进行分析，主要有以下三个方面：一是事故紧急停机电气回路存在异常所致；二是事故紧急停机液压回路存在异常所致；三是与事故紧急停机相关联的其他回路存在异常所致。

4.1 事故紧急停机电气回路检查分析

将 6 号水轮发电机组开至“空转”状态，调速系统控制权切至“现地”，运行人员在液压操作柜上按下“紧急停机”按钮，“急停”指示灯点亮，且柜内 K8、K9 继电器均励磁，事故停机电气回路如图 2 所示；工作人员在紧急停机电磁阀 V8D－b 处用万用表测量电压，测量到有 24V 正电压，可见急停电气回路无异常。

在保持“紧急停机”按钮未复归的情况下，观察继电器 K8、K9 均持续励磁，证明继电器 K8 的输出常开节点 5－9 动作可靠，排除紧急停机自保持回路存在异常行为的可能性；同时，紧急停机电磁阀处依旧能测得 24V 电压，证明继电器 K9 的输出常开节点 5－9 动作可靠，排除继电器 K9 输出接点动作行为不稳定的可能性[2]。由此可以判断，机组无法紧急停机并非由紧急停机电气回路异常所导致的。

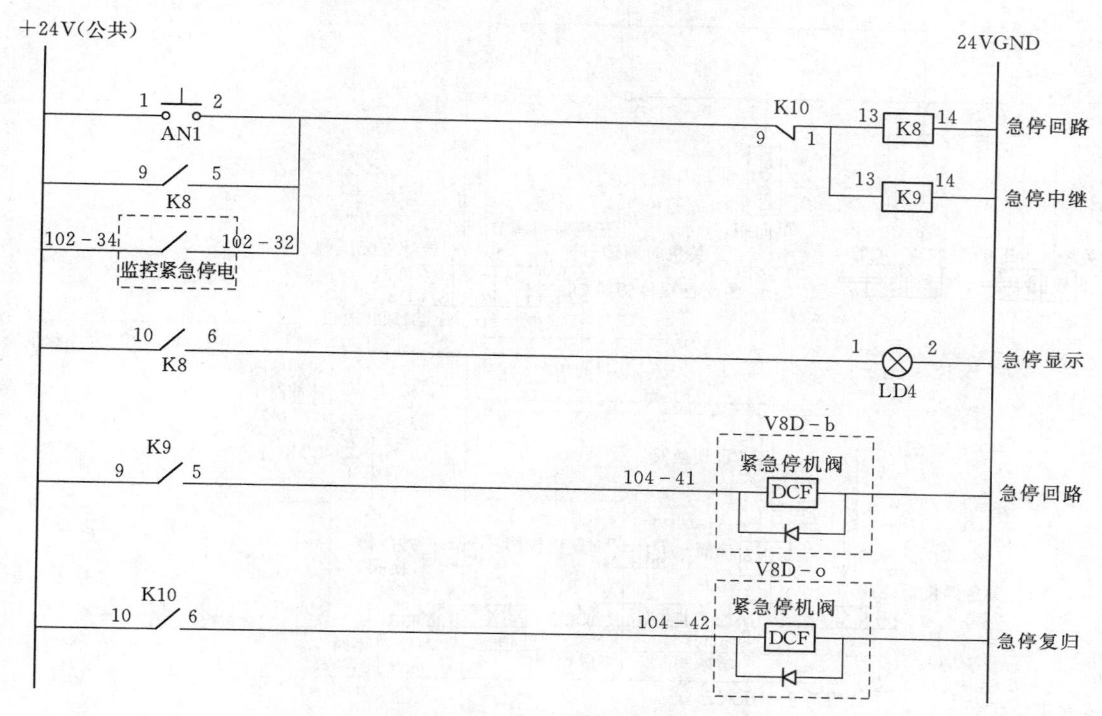

图 2　紧急停机电气回路图

4.2　事故紧急液压操作回路检查分析

将 6 号水轮发电机组重新开至“空转”状态，调速系统控制权切至“现地”，并将控制方式切至“手动”状态，工作人员手动操作紧急停机阀 V8D 活塞杆，将紧急停机阀置于投入状态，导叶开度迅速全关至 0%，液压操作回路图见图 3，证明主配供油——双切换滤油器——紧急停机阀——导叶主配压阀——导叶接力器间的液压操作油回路未发生堵塞现象，且液压操作回路未存在其他异常行为。由此可以判断，机组无法紧急停机亦非由液压操作回路异常所导致的。

4.3　事故紧急停机关联回路的检查分析

将 6 号水轮发电机组再次开至“空转”状态，调速系统控制权限切至“现地”并将控制方式切至“手动”状态，运行人员按下“紧急停机”按钮，导叶开度关至 9%后，无法继续关闭导叶，机组仍旧无法实现紧急停机。

工作人员检查调速系统电气控制柜发现，在“紧急停机”按钮按下后，事故紧急液压操作回路接通，主配供油驱动导叶向关的方向动作；而此时电气控制柜并未收到紧急停机令，仍旧处于“空载”状态，导叶开度下降造成频率降低至 50Hz 以下，电气控制柜为维持频率恒定（50Hz），将发出“增加”导叶开度的命令，以驱动导叶接力器向开方向动作。当导叶接力器开腔与关腔达到压力平衡时，导叶接力器不再动作，导叶无法实现全关。初步推断，“紧急停机”按钮按下后机组无法紧急停机是由该原因造成的。由此存在两个疑问：一是调速系统电气控制柜为何无法接收到液压控制柜发出的“紧急停机”令；

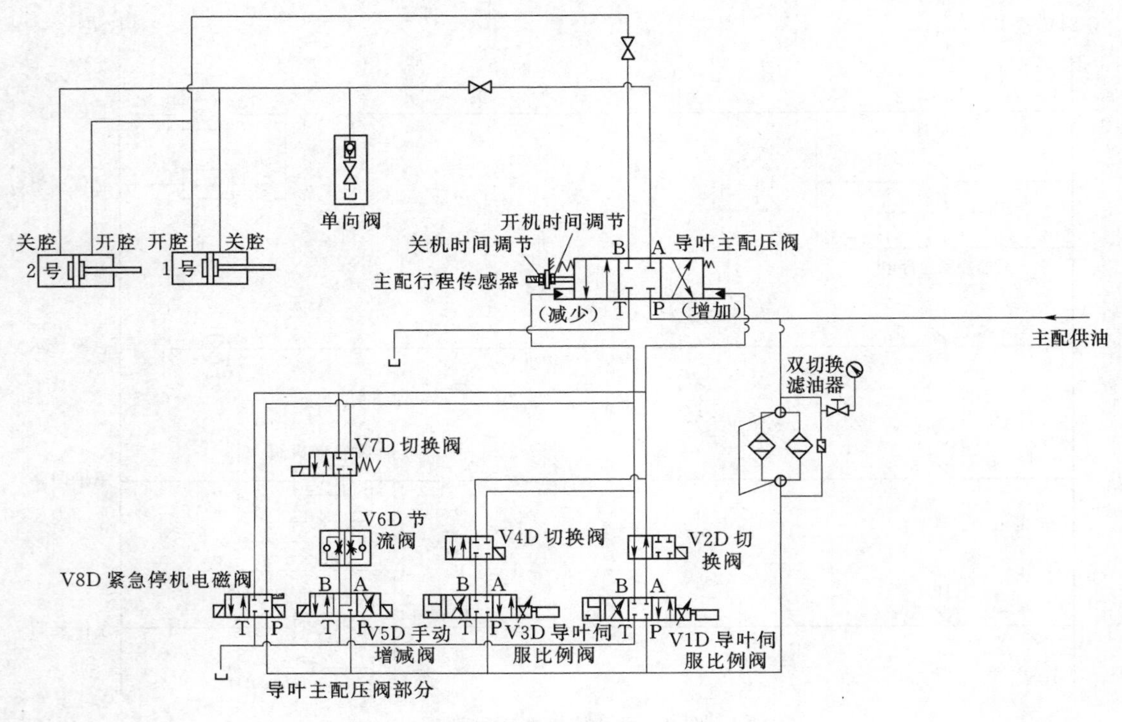

图 3　液压操作回路图

二是紧急停机控制回路与导叶控制回路间为何缺失了闭锁关联。

为此，笔者进一步查阅了相关资料，发现该站水轮机组调速系统程序于 2018 年 11 月进行了一次全面优化升级，优化的主要内容是在电气控制柜增加了现地闭锁逻辑功能，即调速系统控制权限切至“现地”的情况下，不再接收远方控制命令，其中也包括了紧急停机令。此次程序的优化升级正是调速系统电气控制柜接收不到液压控制柜发出的“紧急停机”令的原因所在。经过对调速系统电气控制回路深入梳理分析，发现紧急停机控制回路与导叶控制回路间是存在闭锁关联的，如图 4 所示。

当“紧急停机”按下按钮后，继电器 K8 励磁，K8 输出常开节点 7－11 闭合，急停切除导叶自动控制回路便接通，V2D 切换阀将动作至截止位置，结合图 3 可知，V1D 导叶比例伺服阀操作油回路被截断；同时，由于 V4D 切换阀将保持在截止位置，结合图 3 可知，V3D 导叶比例伺服阀操作油回路被截断；由于两路导叶操作油回路均被截断，导叶自动控制回路将无法调节导叶开度，便不会对事故紧急液压操作停机回路造成干扰。然而，工作人员在排查调速系统实际接线时发现，切换阀 V2D 与 V4D 回路接反，即 104－39 接至切换阀 V4D，104－40 接至切换阀 V2D。在这种接线方式下，当按下“紧急停机”按钮后，继电器 K8 励磁，K8 输出常开节点 7－11 闭合，急停切除自动回路便接通，V4D 切换阀将动作至工作位置，结合图 3 可知，V3D 导叶比例伺服阀操作油可通过切换阀 V4D 对导叶开度进行调节；由于“紧急停机”按下按钮后并没有正确切除导叶自动控制回路，破坏了事故紧急停机控制回路与导叶控制回路间闭锁关系[3]。

综上分析，调速系统电气控制柜增加了现地闭锁逻辑功能后，当调速系统控制权限处

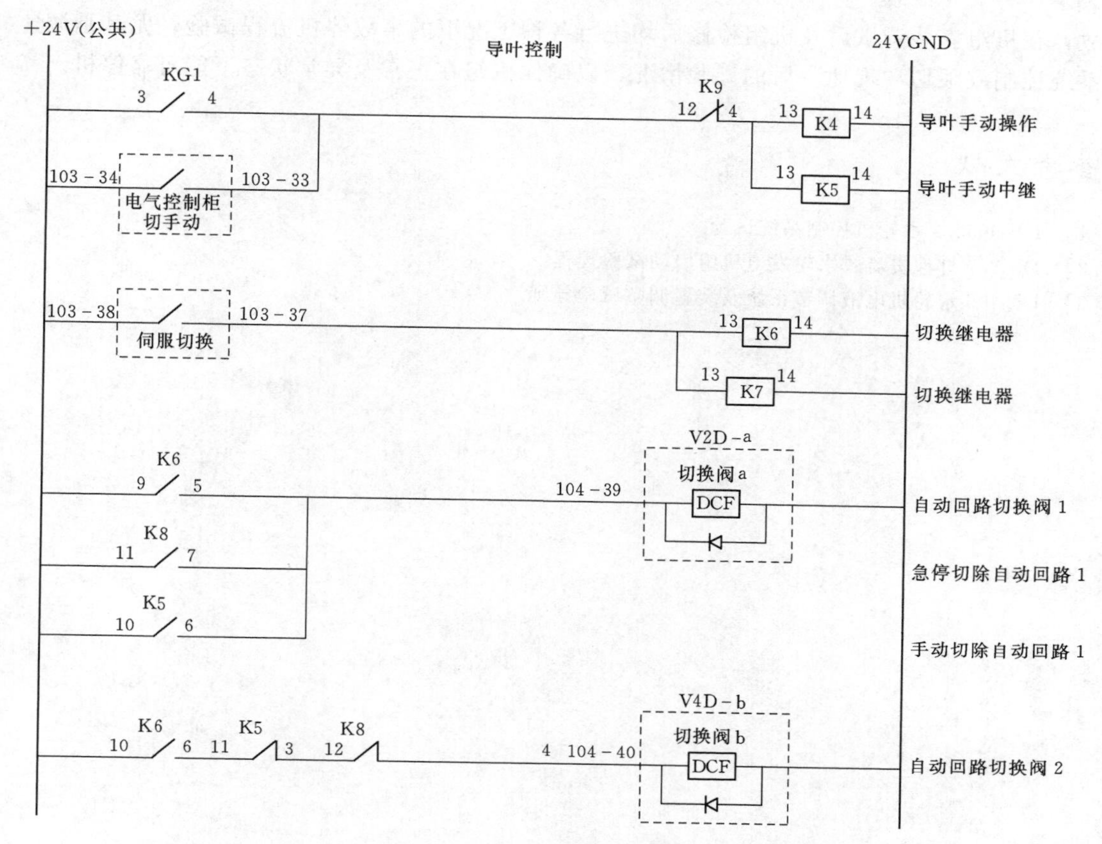

图 4　导叶电气控制回路图

于“现地”时，按下液压操作柜“紧急停机”按钮后，液压柜内 K8、K9 继电器励磁，继电器 K9 的输出常开节点 5-9 接通，紧急停机电磁阀 V8D 励磁，液压操作油可通过 V8D 对导叶进行关闭操作（如图 3 与图 4 所示）。由于现地闭锁逻辑的存在，调速系统电气控制柜不再接受任何远方命令，在收不到液压控制柜开出的“紧急停机”命令的情况下，当导叶开度降低时，电气控制柜为维持“空载”状态将发出开导叶命令；同时。由于切换阀 V2D 与 V4D 回路接反使得导叶自动控制回路不能正确切除，进而造成紧急停机液压操作回路与导叶控制操作回路同时接通，导致导叶无法关闭，机组调速系统无法实现事故紧急停机。

在确定原因后，工作人员将调速系统切换阀 V2D 与 V4D 接线调整后，重新将 6 号水轮发电机组开至“空转”状态，调速系统控制权限切至“现地”并将控制方式切至“手动”状态，按下“紧急停机”按钮，导叶迅速全关，紧急停机功能恢复正常。

5　结语

此次 6 号机组调速系统事故紧急停机失败这一缺陷较为隐蔽，在程序未升级前无法通过模拟试验检测发现；该隐蔽性缺陷的主要原因在于基建期机电安装人员接线疏忽所致，次要原因在于调速系统程序优化升级后未及时进行试验验证。为确保机组不再发生类似事故，在机组安装调试后及机组检修后均进行各种工况下的事故停机流程试验，尤其是调速系统控制权限切“现地”后的试验情况，以确保机组在正常及异常状态下能可靠停机。

参考文献

[1] GB 9652.2 水轮机控制系统试验.
[2] DL 827 灯泡贯流式水轮发电机组启动试验规程.
[3] DL 496 水轮机电液调节系统及装置调整试验导则.

除湿机对特大型灯泡贯流机组定转子绝缘保护的研究应用

徐德喜　何　滔

（国电大渡河沙坪水电建设有限公司，四川乐山　614300）

摘　要：2017年沙南电站首台机组投产，在机组停机消缺期间出现定转子绝缘电阻下降现象，轻度受潮时开机空转几小时一般可恢复绝缘，受潮严重时需进行短路干燥。本文结合目前国内单机容量最大的贯流机组运行情况，对大型除湿机在灯泡贯流机组定转子绝缘保护上应用的可行性进行研究。

关键词：灯泡贯流机组；发电机；定转子绝缘电阻；大型除湿机

1　引言

沙南电站是大渡河中游22个规划梯级中第20个梯级水电站。电站采用河床式开发，开发任务主要为发电。坝址以上流域面积73632km²，多年平均流量1390m³/s，水库正常蓄水位554.00m，总库容为2084万m³，挡水建筑物最大坝高63.0m，机组由东方电机制造的灯泡贯流式水轮发电机组6台，单机容量58MW，总装机容量348MW。

电站位于四川省中部属中亚热带气候带，多年平均气温16.3℃，各月平均气温在6.5～25.1℃，极端最高气温37.6℃，发生在8月，极端最低气温－3.2℃，出现在12月。多年平均相对湿度77％，各月平均相对湿度在72％～82％，9—10月平均相对湿度最大为82％，3—4月平均相对湿度最小为72％，各月最小相对湿度为14％，发生在6月。

2　问题发现

沙南电站自投产以来面临停机消缺，枯水期发电流量不足时还存在机组轮停备用，另外机组每年都要进行一次长达14天的C修。根据统计在机组停机时间超过24h后机组绝缘便出现明显下降情况。当绝缘下降严重时需对定子进行短路干燥，整个过程耗时较长，对经济运行产生较大影响。经过咨询主机厂家及其他电厂得知绝缘受潮为行业共同现象，目前未有较好解决方案。

灯泡机组发电机舱长期处于水下，舱内湿度大，空气自然流通缓慢，灯泡头内壁温度低结露现象严重，很多水珠沿壁流下，灯泡头内及风洞内温度较高，水珠在高温下变为水蒸气沿竖井上升，一部分水蒸气离开灯泡头；另一部分进入灯泡头内部随空气进入发电机内部，引起绝缘下降。目前缺乏有效的机组绝缘监测手段，此外对机组绝缘测量流程繁

作者简介：徐德喜（1991—　），男，助理工程师，学士；研究方向：水电站自动控制系统、水电站调速器系统。

琐，需联系省调将机组转冷备用，给运行人员增加了很大的工作量。

3 发电机相关参数

灯泡贯流式水轮发电机定子技术参数见表1，转子技术参数见表2，发电机机舱参数见表3。

表1 发电机定子技术参数

序号	项　目	参　数
1	定子直径（至定子机座外缘）/mm	ϕ9250
2	定子铁芯的内径/外径/mm	ϕ8200/ϕ8700
3	定子机座/铁芯的高度/mm	3000/1450
4	定子槽数/个	510
5	定子绕组并联支路数/个	2
6	定子起吊装置的重量/t	130

表2 发电机转子技术参数

序号	项　目	参　数
1	转子直径/mm	ϕ7699
2	转子磁轭的高度/mm	1645
3	转子磁极的高度/mm	1636
4	磁极冲片厚度/mm	1
5	每极阻尼条数量/条	6
6	每极线圈匝数/匝	22
7	磁极数	68
8	磁极绕组的截面尺寸/mm	8×46
9	转子起吊重量（含起吊装置）/t	157

表3 发电机机舱技术参数

序号	项　目	参　数
1	灯泡头材料	Q235－B
2	锥形段材料	Q235－B
3	灯泡头尺寸/mm	ϕ7800×1800
4	锥心段尺寸/mm	ϕ9250/ϕ7800×2800

4 解决方案

4.1 除湿机参数

主机厂家为每台机组现配置2台除湿机单个功率0.5kW，6个加热器单个功率1.0kW，加热器在机组停机后自动投入，机组运行时退出。研究发现，通过加热器加热的空气在机舱内部循环，仅靠两台小型除湿机除湿效果不佳。为加快空气的流通，把潮湿的空气置换出来，促进空气循环，将干燥的空气送进机舱内部，增强除湿效果，决定加装大型除湿机，通过对发电机舱内温度、湿度设定，使定转子处于可控环境内来维持定转子绝缘电阻。除湿机具备现地远程操作切换功能，除湿机通信协议具有 SIEMENS 公司 S7－200 系列 PLC 的 PPI 协议和 ModBus－RTU 协议。

发电机风洞内空间接近 $450m^3$，机组运行时灯泡头内温度达 40～42℃，相对湿度按 100％来计算，空气中含水量约 $40g/m^3$，整个风洞内含水量为 18kg；因本站采用两台机组共用一台除湿机，在两台机组同时停机的情况下，按照 4h 处理完风洞内所含水分选择配置如下参数的除湿机。具体参数见表 4。

表 4　　除湿机具体参数

产品型号	名义除湿量	名义风量	制冷剂/注入量	功率	外形尺寸
CGTZF10XB	10kg/h	$3000m^3/h$	R22/8kg	5.1kW	1500mm×1300mm×1680mm

4.2 除湿机设备布置

沙南电站除湿机布置在厂房管道层，高层 538m，除湿机处理后的干燥冷风通过 PVC 管道经发电机舱竖井进入发电机舱，然后冷风分为 6 条支路，通过前机架预先开好的孔洞进入发电机风洞内腔[2]。除湿机机舱内安装示意如图 1 所示。

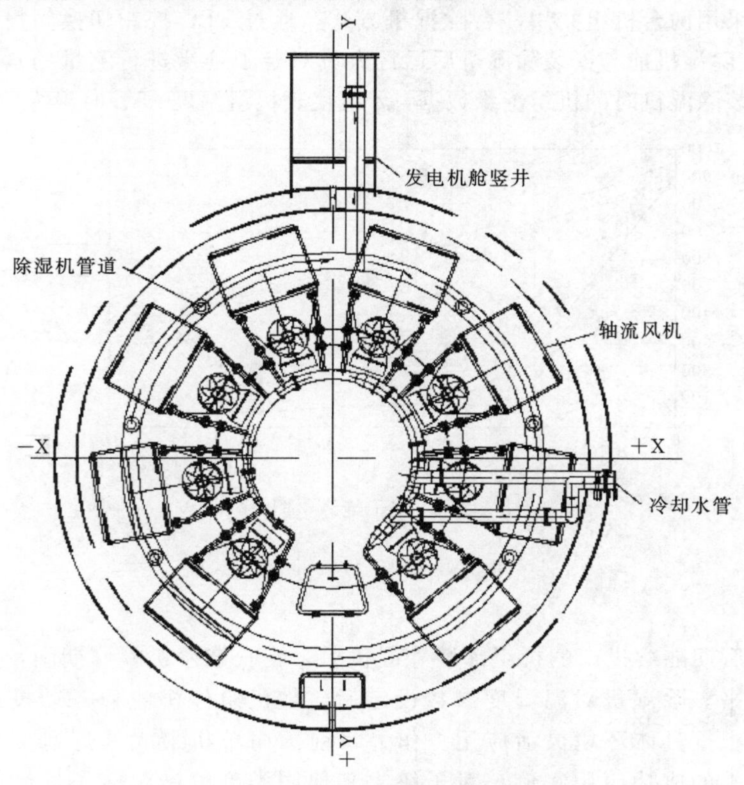

图 1　除湿机机舱内安装示意图

4.3 除湿机操作及数据记录

除湿机具有温度、湿度参数设定功能。根据运行经验温度设定在25.0℃，回差2.5℃；湿度设定在50.0%RH，回差5.0%RH。通过运行观察此参数能较好地满足机组长时间停机状态下的绝缘保护。具体数据如图2所示，其中Y值代表未安装除湿机时机舱内的温湿度数据。

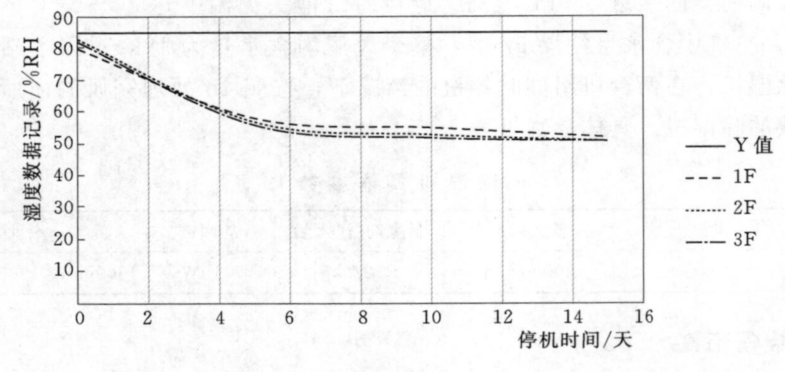

图2 机舱温湿度

4.4 绝缘数据记录

沙南电站采用两台机组共用一台除湿机方式，通过PLC控制切换阀投退除湿机。图3、图4是安装除湿机前与安装除湿机后运行人员对定子绝缘进行测量的具体数据，其中Y值代表未安装除湿机时的机组绝缘数据，Z值代表机组温度25℃时绝缘数据的正常值。

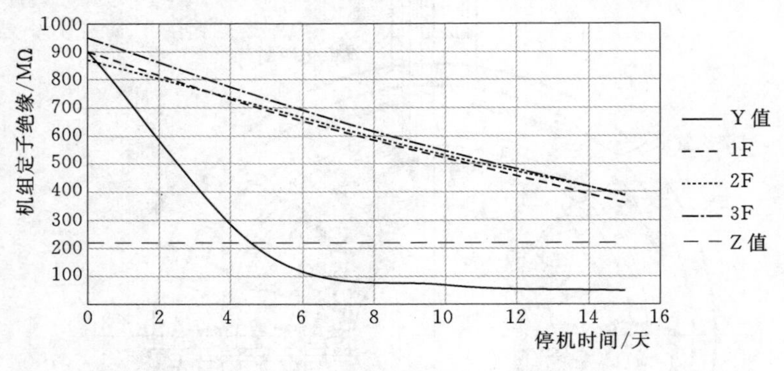

图3 定子绝缘电阻

5 结语

沙南电站后期陆续投产的机组加装除湿机后，在长期停机检修期间，定转子绝缘都维持在较高水平。除湿机对温湿度参数设定后，随机组停机流程自动投入运行，操作简单方便，可根据具体环境灵活应用。作为目前国内单机最大的灯泡贯流式机组在定转子绝缘保护上的成功应用案例，对于解决其他同类型电站定转子绝缘问题可以起到重要参考依据。

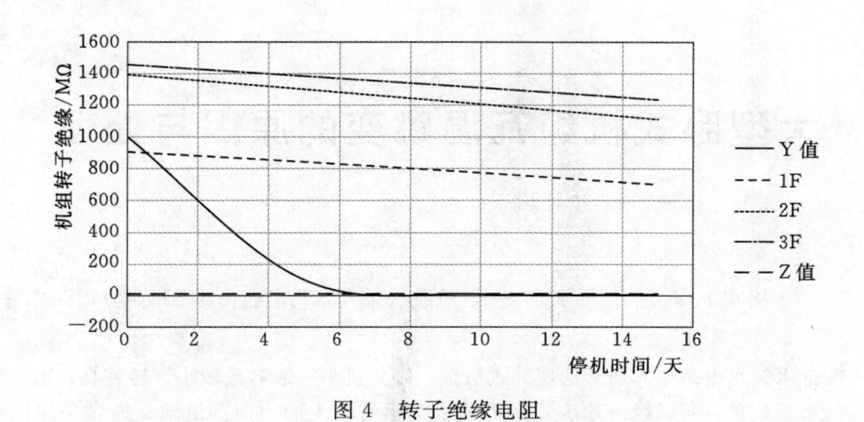

图4 转子绝缘电阻

参考文献

[1] 屈慢莉，周有良．特大型灯泡贯流式发电机绝缘受潮分析处理［J］．红水河，2019，38（1）：73-74.

大型卧式机组瓦温跳变的原因与处理

岳月艳　龙天豪

（国电大渡河沙坪水电建设有限公司，四川乐山　614300）

摘　要： 在低水头水电站中，通常选用卧式机组。卧式机组一般容量较小、转速高，因主轴为横向水平放置，所以径向轴承及推力轴承会承受较大的力，机组轴瓦通常采用巴氏合金瓦，瓦温测量系统的可靠性是机组安全稳定运行的保障，测温系统的误动会导致正常运行机组事故停机。本文对卧式机组瓦温跳变的原因进行了简单的分析，并提出了处理建议。

关键词： 卧式机组；轴承；瓦温高；跳变；原因；处理

1　故障表现形式

沙南水电站位于四川省乐山市峨边彝族自治县和金口河交界处，是大渡河梯级开发的第 20 级水电站，总装机容量 34.8 万 kW，共装设 6 台单机容量 5.8 万 kW 的卧式灯泡贯流式机组。该电站从投产以来，正常运行时，多次出现机组瓦温温度跳变现象，接近瓦温过高限值，造成瓦温过高假现象，严重影响到机组正常运行。该电站水轮发电机的正、反向推力瓦各 16 块、径向推力轴瓦 10 块、水导瓦 2 块均采用巴氏合金制成，正、反向推力瓦、径向推力轴瓦最高允许温度为 75℃，70℃时报警，达到 75℃触发事故停机，水导瓦最高允许温度为 65℃，60℃时报警，达到 65℃触发事故停机。目前该站机组经常出现瓦温突然变高或为负，为了防止机组误启动事故停机流程，在发现瓦温出现不正常跳变时，运行人员把相关瓦温启动事故停机的软压板退出运行，保证机组正常运行。电站发电机组瓦温跳变对发电机组的运行安全及电站的经济效益造成了较大的影响[1]。

2　原因分析

2.1　水导轴承及组合轴承

与立式机组相比，卧式机组的测温较为困难。沙坪灯泡贯流式机组水轮机与发电机共用一根轴。主轴长度 9230mm，轴身外径 1200mm，拥有足够刚度的结构尺寸和强度，以保证在任何转速包括最大飞逸转速下均能安全运转，而无有害的振动或变形。其次卧式机组的轴瓦结构复杂，由水导轴承和组合轴承组成，组合轴承又分为正向推力轴承、反向推力轴承和径向轴承，各轴瓦安装位置及数量不同，导致其受力不均匀。

水导轴承位于大轴的水轮机侧，即下游侧。采用径向自调心分半卧式的筒式轴承结

作者简介： 岳月艳（1993—　），女，助理工程师，学士；研究方向：水电站监控控制系统。

构，稀油润滑的巴氏合金瓦轴承。由于水轮机转轮为悬臂式，故水导轴承除了要承受水轮机的重量外，还要承受由于水力不平衡和水轮机重心偏移等带来的径向力。径向轴承能承受在最大飞逸转速（非协联）的极端工况下不小于5min所引起的温度、应力、振动和磨损而不损坏。能在额定转速最大负荷正常运行且冷却水中断的情况下运行10min并安全停机不损坏轴瓦。应允许必要时从最大飞逸转速惯性滑行直至停机的全部过程，水导轴承能安全承受。水导轴承分上、下两瓣，由轴承体、轴瓦、绝缘层、扇形支承板和端盖组成。轴瓦安装在瓦座内侧，上半部轴瓦受力小，下部轴瓦中间有一个压力油室，机组启动和停机时采用高压油顶起系统，其作用是扩大大轴受压力的面积，使大轴容易被高压油顶起[2]。上、下轴瓦分别浇筑在上、下瓦座上，各成为一个整体，瓦座装在轴承体内。扇形支撑板是水导轴承和内管形壳链接件，将水导轴承所承受的载荷传递至内管形壳。水轮机导轴承支架的径向振动（双振幅）小于0.10mm轴瓦设计间隙0.6～0.7mm。水导轴承结构示意图如图1所示。

组合轴承位于发电机的上游侧，由正推力轴承、反推力轴承和径向轴承组成，径向轴承和水导轴承主要作为支撑发电机转子、水轮机以及大轴等重量，并使大轴保持在中心位置运行[3]。径向和推力组合轴承装有高压油顶起装置，采用压力供油的方式进行润滑和冷却，装在同一轴承座内，设在转子下游侧。径向轴承共10面瓦，安装时先装下部6块受力瓦（瓦上均开有高压油孔），再安装上部4块径向轴瓦（无高压油孔）。根据受力分析，下部6块瓦受力大，上部4块受力小，故运行时下部6块瓦的温度始终高于上部4块。径向轴承测温元件布置示意如图2所示。

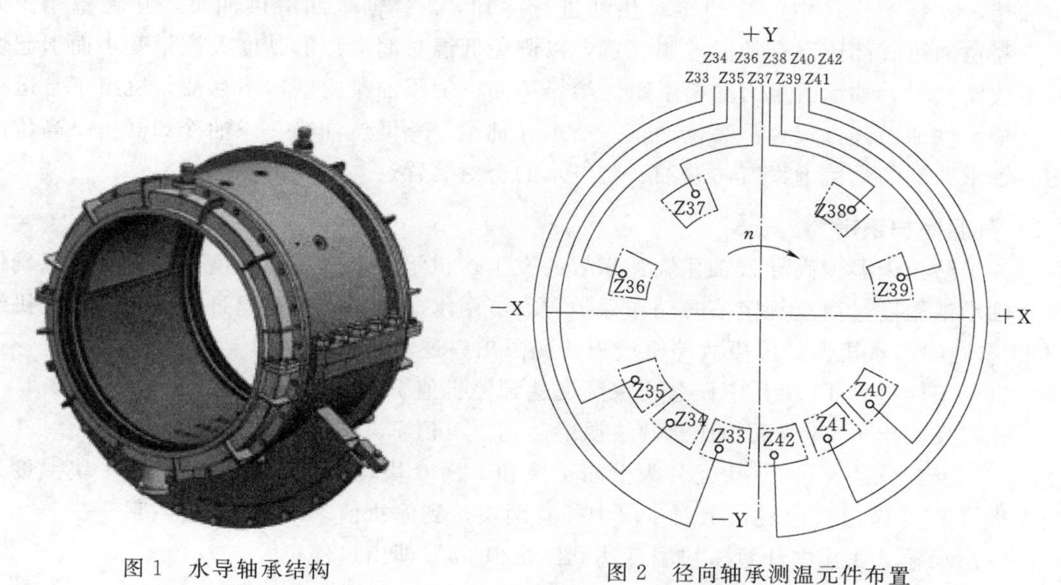

图1　水导轴承结构

图2　径向轴承测温元件布置

正推力轴承、反推力轴承各由16块轴瓦组成，轴承负荷各1010t，与镜板的间隙在0.6～0.8mm，正、反推力轴承测温元件布置示意如图3所示。

2.2　轴承冷却系统

沙坪水轮机径向轴承和发电机组合轴承共用一套润滑油系统，采用强迫油外循环方

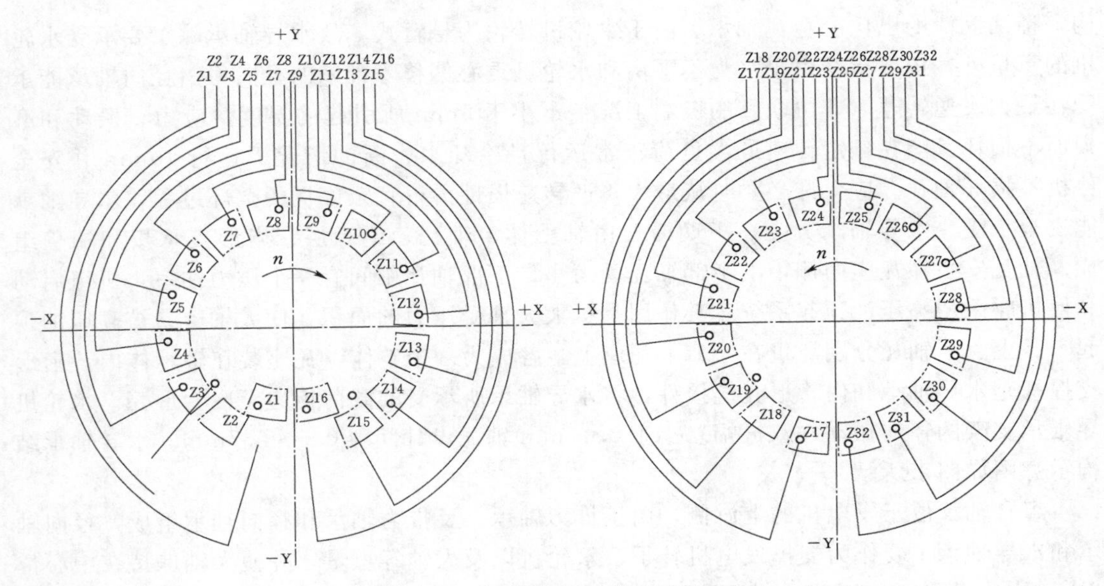

图3 正、反推力轴承测温元件布置

式、一次直接冷却。重力油箱系统由高位油箱、低位油箱及、油泵、油过滤器、油冷却器、管路自动化元件组成。由重力油箱给水导轴承和发电机的组合轴承供油，润滑油从高位油箱流出对水导轴承和发电机的组合轴承供油进行润滑，热油从轴承中自动排出流入低位油箱，安装于管路中的冷却器对热油进行冷却，2台轴承润滑供油泵，互为备用。另外，高位油箱底部还设有油温控制装置，以避免低温时润滑油的黏度大流量变小而引起烧瓦事故发生[3]。轴承由重力油箱系统供给循环油，轴承油箱内基本不存油，机组正常运行时，轴承供油循环方式为：高位油箱⟶水导轴承⟶低位油箱⟶油冷却器⟶高位油箱，轴承两端的端盖上设有防漏油、防进水的密封装置。

2.3 瓦温保护逻辑

为了防止因温度高导致轴瓦烧瓦事故的发生，机组配有轴承油温度过高保护，以确保任意轴承油温度过高至规定值时动作保护[4]。沙南水电站各轴承瓦温过高信号将触发机组LCU本地屏和水机保护屏事故停机流程，瓦温出口逻辑为：

（1）正向推力16块瓦中任意两块温度达到停机值75℃即出口停机。

（2）反向推力16块瓦中任意两块温度达到停机值75℃即出口停机。

（3）径向分块瓦中10块瓦分为上面4块和下面6块，当下面6块中任意1块温度达到停机值75℃即出口停机，上面4块中任意两块达到停机值75℃即出口停机。

（4）水导2块瓦中任意1块温度达到停机值65℃即出口停机。

（5）定子铁芯12支测温电阻中任意2支温度达到停机值120℃即出口停机。

（6）定子线圈36支测温电阻中任意2支温度达到停机值120℃即出口停机。轴瓦温度的测量采用双RTD测温电阻，分别以三线制的方式（如图4所示）接入机组LCU及水机保护回路，用来监视轴瓦温度的变化，当出现温度过高时监控系统发出温度过高的警告信号，达到停机温度时，监控系统启动事故停机流程。沙南轴瓦测温系统配置见表1。

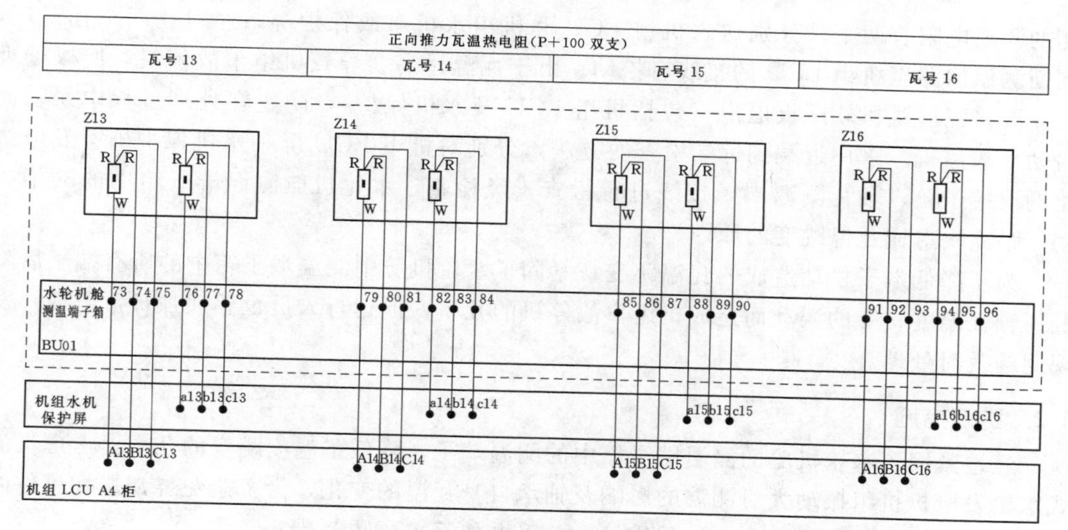

图4　轴瓦接线方式

表1　　　　　　　　　　　　轴瓦测温系统配置一览表

位置 用途		测温电阻编号		电阻型式	接口位置	引出位置
		数量	电阻编号			
正向推力瓦	轴瓦	16	$Z_1 \sim Z_{16}$	Pt100 双支	水轮机舱测温端子箱 BU01	一支引出至机组 LCU，一支引出至机组水机事故保护屏
反向推力瓦	轴瓦	16	$Z_{17} \sim Z_{32}$	Pt100 双支	水轮机舱测温端子箱 BU01	一支引出至机组 LCU，一支引出至机组水机事故保护屏
径向瓦	轴瓦	10	$Z_{33} \sim Z_{42}$	Pt100 双支	水轮机舱测温端子箱 BU01	一支引出至机组 LCU，一支引出至机组水机事故保护屏
水导瓦	轴瓦	2	$Z_{59} \sim Z_{60}$	Pt100 双支	水轮机舱测温端子箱 BU01	一支引出至机组 LCU，一支引出至机组水机事故保护屏

2.4　主要原因分析

根据以往机组故障处理经验及沙南水电站机组的结构，以下原因可能是瓦温跳变的原因：

(1) 测温电阻是轴瓦温度保护的最重要环节之一，测温电阻性能不稳定会导致温度信号误报。轴瓦处的测温电阻本体接线也可能由于轴瓦振动或安装工艺而松动。

(2) 水轮发电机舱测温端子箱内测温电阻上送端子箱的接线由于发电机舱内振动较大，端子箱内部受影响可能导致松动。

(3) 机组 LCU 屏和水机事故保护屏内测温端子箱上送监控系统的接线可能由于工程安装时工作人员未将端子线拧紧。

3　处理方法及防范措施

3.1　处理方法

查看了轴瓦测温系统图后发现，机组的正向推力瓦、反向推力瓦、径向推力瓦及水导瓦的测温电阻有两个，分别送入机组 LCU 和机组水机事故保护屏，经对比两个瓦温后，判断测温回路至机组 LCU 的接线有松动。由于瓦温过高会导致机组事故停机，所以处理前需要将瓦温跳机软压板退出（包括机组 LCU 及水机保护），防止在处理过程中误动而启动事故停机。采用近端到远端检查的方法，分别对机组 LCU 屏和水机保护屏、发电机舱测温端子箱、轴瓦测温端子接线进行检查。经检查，水轮机舱测温端子箱中的端子松动，是此次造成瓦温跳变的原因。

为了降低端子松动造成的瓦温跳变，紧固了水轮机舱中测温端子箱中的所有端子后降低了轴瓦温度跳变的误动而造成机组事故停机的几率，但运行人员也要加强日常监视，发现问题及时处理。

3.2 防范措施

经过紧固了水轮机舱的测温端子箱中的测温端子，降低了温度跳变的几率，考虑贯流式水轮发电机机组振动大对测温的影响及轴承自身瓦温的变化，为了避免烧瓦恶性事件的发生，在日常维护中需进一步加强维护，并采取如下主要防范措施：

（1）运行人员加强对水导轴承及组合轴承温度的日常监视，巡屏过程中注意轴承温度有无跳变、温度不正常等现象，发现问题及时汇报、及时处理。

（2）加强对轴承温度数据的记录，定期加以研究、分析，看有无明显变化，是否满足机组正常运行需求[5]。

（3）定期紧固水轮发电机舱中测温端子箱中的测温端子，防止端子松动导致瓦温跳变，造成事故停机。

（4）在水轮发电机舱中测温端子箱中加一个防振动装置，减小测温端子箱的振动，减小因振动过大导致测温端子松动的现象。

（5）把水轮发电机舱中测温端子箱端排改造成插拔式端子排，具有自锁功能，防止振动造成测温端子松动。

（6）测温电阻最后参与机组保护前，经过了焊接、端子等环节，任一处接触不良都会导致温度跳变，可以设置梯度报警闭锁保护出口功能，即温度突变的情况不符合机组运行情况，违背客观实际规律时，闭锁该测点温度保护出口，待温度恢复正常时重新投入[6]。

4 结语

在一般小型水电站中，由于各种因素的影响，发电机组的瓦温常常会出现突然跳变的情况。发电机组的瓦温临界温度通常在 70℃，一旦超过这个温度就可能导致轴瓦损坏，进一步破坏发电机组结构，为电站带来较大的经济损失。紧固测温端子对瓦温跳变有了有效控制，避免了由于温度跳变导致事故停机的几率，保证了机组的安全、稳定、可靠运行，但是对组合轴承及水导轴承温度的监视不能忽视，要防止温度过高而发生烧瓦现象，这就要求运行人员加强监视力度和现场设备的巡视力度，出现异常情况及时处理，避免扩大事故的发生。

参考文献

[1] 陈云峰. 卧式机组瓦温过高的原因及处理 [J]. 中国机械，2014 (4).
[2] 许斌. 水轮发电机瓦温过高引起的停机事故原因分析及处理措施 [J]. 兰州石化职业技术学院学报，2012，12 (02)：24-26.
[3] GB/T 8564—2003 水轮发电机组安装技术规范 [S].
[4] 周思年. YL1250-12/1730 型电动机上导瓦瓦温过高原因分析与降温措施 [J]. 中国水利水电，2000，(11)：45-46.
[5] 刘云. 水轮发电机故障处理与检修 [M]. 北京：中国水利水电出版社，2002.
[6] 代雄. 抽水蓄能机组轴瓦温度保护应用与改进 [J]. 水力发电，2014，40 (11)：19-21.

特大型灯泡贯流式机组轴瓦温度分析探究

刘雅岚　谢明之

（国电大渡河沙坪水电建设有限公司，四川乐山　614300）

摘　要：轴瓦温度是发电机组运行控制的重要参数，轴瓦温度过高严重威胁着机组的安全运行。特大型灯泡贯流式水轮发电机组轴瓦安装方向有别于立式水轮发电机组，因此，保持其各轴瓦温度在允许的范围以内，保证机组安全运行尤为重要。本文从沙南电站运维工作实际出发，分析轴瓦冷却系统运行机理及影响轴瓦温度升高的原因，最终针对不同原因提供相应的处理建议。

关键词：沙南电站；特大型灯泡贯流式机组；轴瓦温度

1　引言

轴瓦是水力机械中轴承的重要组成部件，水力机械中轴承又分为推力轴承和导轴承，它们在机组运行时承受轴向力（转轴部分重量＋轴向水推力）并限制轴径向摆动，维持在安装时调整好的轴线位置。因此，轴瓦在机组安全稳定运行中具有极其重要的作用。

2　设备概况

沙南电站特大型灯泡贯流式水轮发电机组的水轮机与发电机共用一根轴，发电机推力镜板面与主轴整锻为一体，主轴两端法兰采用螺栓分别与发电机的转子和水轮机的转轮连接，发电机主轴如图1所示。轴承由水导轴承和组合轴承组成，组合轴承包括正反推力轴承、径向轴承，推力轴承、径向轴承、水导轴承均采用巴氏合金瓦，径向轴瓦共10件，下端布置6件，设有高压油孔，上端布置4件。

发电机的推力轴承和径向轴承组装在同一个轴承座内，设在转子下游侧，推力轴瓦的装设如图2所示。

轴承润滑油系统由高位油箱、回油箱、高压油顶起装置、油冷却器、循环油泵、滤油器及相关自动化元件等组成。

高压油顶起装置额定压力为30MPa，在机组开机前自动投入，机组转速上升至90%Ne自动退出，机组停机前自动启动，停机完成后自动退出。开停机过程中向发电机组合轴承和水导轴承提供高压油源，以便顶起整个旋转轴系，利于轴瓦油膜的生成，保护轴瓦在低速运转时不被烧毁。

轴承油冷却系统采用油外循环冷却方式，经过轴承的热油流回至回油箱，循环油泵将

作者简介：刘雅岚（1993—　），女，助理工程师，学士学位；研究方向：水电站监控系统。

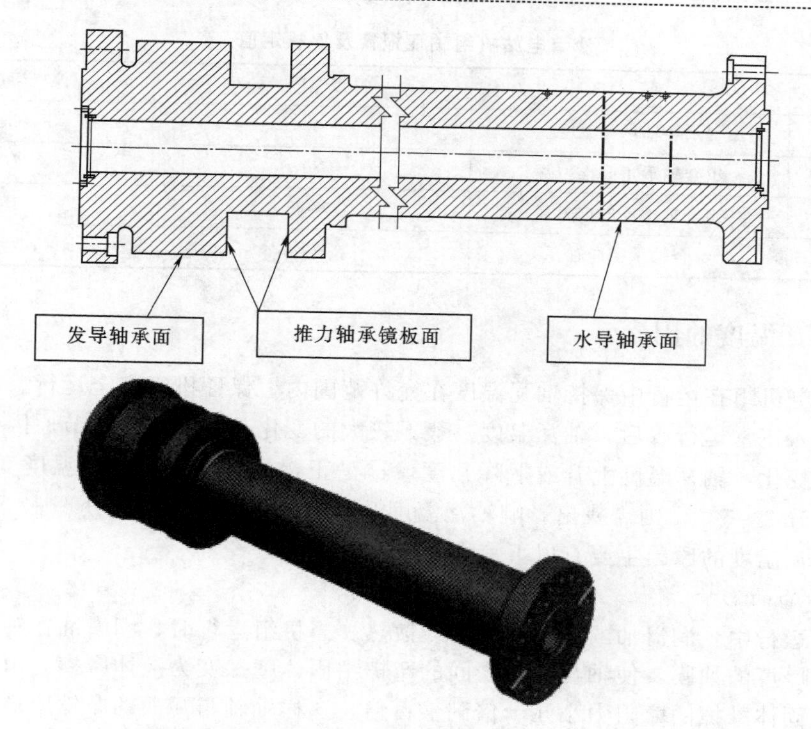

图1　发电机主轴

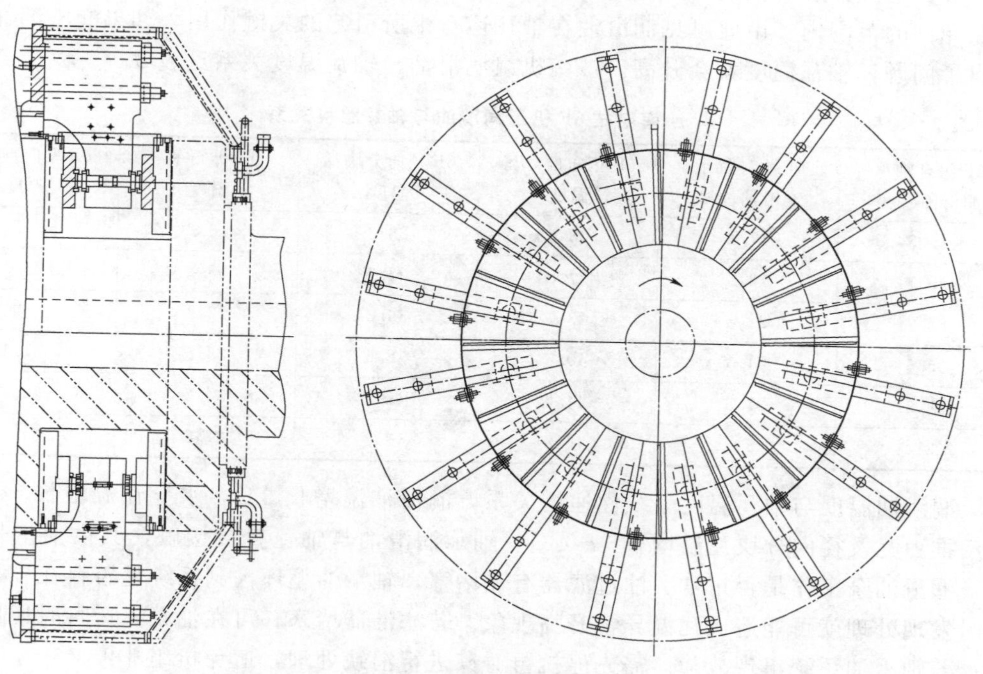

图2　推力轴瓦装配图

回油箱油经油冷却器冷却后抽送至轴承高位油箱。轴承油冷却系统正常运行是保证机组轴瓦温度在安全区间运行的基本条件。沙南电站机组轴瓦报警及停机定值见表1。

表1　沙南电站机组轴瓦报警及停机定值

序号	项　目	报警温度/℃	停机温度/℃
1	水导轴承瓦温度	60	65
2	组合轴承正向推力瓦	70	75
3	组合轴承反向推力瓦	70	75
4	组合轴承径向轴瓦	70	75

3　影响轴瓦温度的因素

水轮发电机组在运行中保持轴瓦温度在允许范围内，保证机组安全运行。一台机组在安装完成投入正常运行以后，轴瓦温度一般无较大的变化。如果由于季节原因引起外界温度发生较大变化，轴瓦温度上升或下降几度，这是正常的[1]。如在外界温度变化不大时，轴瓦温度上升3～5℃，则需找出影响轴瓦温度升高的原因并做相应的处理。

影响轴瓦温度的原因主要有以下三点。

1. 润滑油的影响

轴承在运行中，润滑油的作用是润滑与散热。当机组运行时，润滑油在轴与轴瓦之间形成了一定厚度的油膜，使轴与轴瓦之间的摩擦由固体摩擦变为液体摩擦。由于液体摩擦的摩阻力比固体摩擦的摩阻力小几十倍到上百倍，这样轴领与瓦面的摩擦所产生的热量将大大减少[2]。并且所生成的少部分热量又及时通过润滑油的循环带了出去，使轴瓦温度保持在允许的范围内。由此可见润滑油在轴瓦运行中所引起的关键作用，如果润滑油在运行中出了问题，轴瓦温度就会升高。沙南机组润滑油与轴瓦温度关系见表2。

表2　沙南电站6F机组润滑油与轴瓦温度关系　单位：℃

6F组合轴承润滑油温度	6F水导轴承润滑油油温	6F正向推力瓦温度	6F径向分块瓦温度	6F水导瓦温度	6F反向推力瓦温度
17.5	17.1	28.5	28.3	16.2	27
20.1	18.5	27.8	27.7	15.8	26.5
23.8	22.8	33.7	36.2	22.3	30
25.5	24.5	40.9	38.6	28.6	31.1
28.5	27.5	44.6	41.2	34.2	32.7
31	30	46.9	43.2	37.2	34.2

润滑油温度与轴瓦温度呈线性递增关系，润滑油温增长3℃，水导瓦温增长6～8℃，正反推力瓦及径向分块瓦温增长3～4℃。轴承润滑油与轴瓦直接接触，其供油量是否正常、润滑油泵工作是否正常、油过滤器有无堵塞，轴承油循环控制系统是否存在异常未能及时发现处理就可能造成瓦温异常升高现象。若滤油器堵塞，可在油泵未运行时切换滤油器；若轴承油系统出现故障，需先停机再对其进行消缺处理，避免机组非停。

2. 冷却水系统的影响

机组在运行中，虽然有润滑油的作用，可以减少轴与轴瓦之间的发热，但这并不能完全消灭转动部分的这种发热，而轴承润滑油的热量必须通过冷却装置释放。冷却水和润滑油组成一个循环系统，冷油经过轴瓦变为热油，热油通过水冷却器，再变为冷油供给轴瓦，如此进行反复循环，使轴与轴瓦摩擦产生的热量与冷却水流动所带走的热量达到平衡，使轴瓦温度一直维持在允许的范围以内[3]。如果在运行中，冷却水系统出现了故障，冷却水量就会减少或停止，轴瓦所产生的热量与冷却水带走的热量不相等，轴瓦温度就会上升。沙南机组润滑油与冷却水温度关系见表3。

表3　　沙南电站6F机组润滑油与轴瓦温度关系　　单位：℃

6F油冷却水温度	6F正向推力瓦温度	6F径向分块瓦温度	6F水导瓦温度	6F反向推力瓦温度
14.3	28.5	28.3	16.2	27
14.5	39.9	38.2	27.6	30.8
15.3	42.5	39.5	31	31.6
16.5	43.7	40.6	33	32.2
17.8	45	41.6	34.9	32.9
18.5	45.6	42.1	35.7	33.4
19.7	46.5	43.1	36.9	34.1

轴承冷却水通过冷却油间接影响轴瓦温度，冷却水温度与轴瓦温度也呈线性递增关系，但冷却水温度变化较小，水温增长3℃，油温增长5～6℃，故维持冷却水系统的运行也是必不可少的一环。冷却水系统的故障一般有：冷却水阀门损坏、阀门未全开，管道、过滤器堵塞等，使冷却水供水减少。因此，运行人员必须根据上游的水质变化，判断冷却水量是否足够。即使冷却水系统上装有示流信号器，压力表等监视装置，但有些特殊情况，监视装置也会给出了一个错误的信号，例如，冷却水滤水器堵塞，反映冷却水进口水压值并不会减低，有时还会增高，此时应至现场检查滤水器前后压差，压差若超过报警值应切换至另一台正常的滤水器运行，停运堵塞的滤水器，关闭滤水器前后阀门后进行清淤处理；示流信号器被卡住了，虽然示流信号器的示流信号并未减小，但实际冷却水量已经减少导致了轴瓦温度上升，此时应及时对示流器进行校准。一般机组都规定了冷却水进口最高温度的限制，以免影响其散热效果，引起轴瓦温度上升。

3. 机组振动的影响

水轮发电机组在运行中，由于多种原因都会引起机组振动。当机组振动以后，主轴摆度将增大，会对轴瓦产生一个冲击力，使主轴与轴瓦的摩阻力增大，产生的热量增加，同时由于主轴摆度大，润滑油的油膜受到一定程度的破坏，散热量不够，使得轴瓦温度上升[4]。水轮发电机组的振动原因很多，为使机组安全运行应避免在振动区运行。沙南机组轴承振动与冷却水温度关系见表4。

表4　　沙南电站6F机组轴承振动与轴瓦温度关系

6F机组水导轴承径向振动X	6F机组转轮室径向振动X	6F正向推力瓦温度/℃	6F反向推力瓦温度/℃	6F径向分块瓦温度/℃	6F水导瓦温度/℃
1	1	39.2	32.7	39.4	28.8
18	50	38.5	32.7	40.1	29

续表

6F机组水导轴承径向振动X	6F机组转轮室径向振动X	6F正向推力瓦温度/℃	6F反向推力瓦温度/℃	6F径向分块瓦温度/℃	6F水导瓦温度/℃
37	55	38.6	32.7	40.9	29.3
22	56	40.2	32.5	41.9	30.8
38	55	42.7	32.1	43.5	36.1

从表格中的数据可以看出机组振动对轴瓦温度影响较小，但也成正比关系，为避免振动摆度过大导致轴瓦散热不均匀、散热量不够，机组应调整负荷避开振动区运行。

水轮发电机组在运行中，引起轴瓦温度上升的原因很多。正确判断出是哪种原因引起的很重要。运行人员应根据机组运行的时间长短、水头情况、润滑油的油质、轴瓦温度升高过程是迅速上升的还是逐渐上升，最终进行综合判断，找出轴瓦温度升高的原因。然后根据不同原因进行相应处理，保证轴瓦运行温度在允许的范围内，保证机组的安全稳定运行。

4 结语

灯泡贯流式机组轴瓦温度控制是电厂运行的重要一环，需要运行人员与智能监控设备共同作用，从以上分析的原因，运行人员在不同情况下做正确作出相应处理，将轴瓦温度控制在允许范围内，以保证机组的安全稳定运行。而在沙南水电站的智能化建设过程中，随着智能化设备的增加，在未来也将对轴瓦的温度监测及控制方面做进一步优化处理。

参考文献

[1] 席靖. 水轮机轴瓦温度过高的原因分析 [J]. 黑龙江省龙头桥水库管理处，2013.

[2] 管建新. 浅谈水轮发电机组运行中轴瓦温度升高原因及处理方法 [J]. 安龙县水务局，2013.

[3] 冯衍祥. 灯泡贯流式机组运行中的若干问题 [J]. 湖南马迹塘水电厂，2007.

[4] 郑建锋. 卧轴混流式水轮发电机组轴瓦温度偏高的原因分析及处理 [J]. 浙江华电乌溪江水力发电厂，2015.

发电机开机过程中 CT 断线告警原因浅析

杨　振　何　滔

（国电大渡河沙坪水电建设有限公司，四川乐山　614300）

摘　要：本文介绍了一起发生在沙南电站发电机开机过程中，发电机保护装置报 CT 断线的现象，通过查看保护装置采样情况、分析报文、保护装置二次回路检查、机组一次设备检查、查阅资料、咨询专业人员、分析 CT 断线告警的判据及实际验证，得出此次 CT 断线告警属安装工艺原因，并提出了提高机组的安装工艺、CT 断线不闭锁差动保护、加强保护装置的定期校验等具有实际指导意义的预防 CT 断线的建议。

关键词：CT 断线；采样；回路检查；安装工艺；建议

1　背景

沙南电站位于大渡河和官料河汇合口上游 230m 处，电站设计水头低，采用灯泡贯流式水轮发电机组，单机容量量为 58MW，共有 6 台机组，总装机 348MW。发电机额定电压为 10.5kV，发电机—变压器采用两机一变扩大单元接线，发电机定子线圈采用双 Y 型接线，中性点经接地变接地。每台发电机配置两台保护装置，其中 1 号保护装置配置主保护功能（不完全差动保护 1、不完全差动保护 2、裂相横差等）和 2 号保护装置配置后备保护功能（定子接地保护、转子接地保护、相间后备保护、失磁保护、逆功率保护等），每台保护装置均有独立的 CT 电流采样回路。

2　事件经过

2020 年 3 月 18 日，6F 机组在空转等待并网的过程中，上位机简报光字报“6F 机组发电机主保护 TV 断线”“6F 机组发电机后备保护 TV 断线”。此前 6F 机组已空转运行 20min，当班人员发现此告警信息后立即停机检查。现场检查设备告警信息，6F 发电机 1 号保护装置显示“发电机中性点 1CT 异常”，如图 1 所示。检查现场屏柜、回路端子无明显异常[1]，如图 2 所示。

自检报告 NO.1749
2020-03-18 10:50:36:378ms
发电机中性点1CT异常
0->1

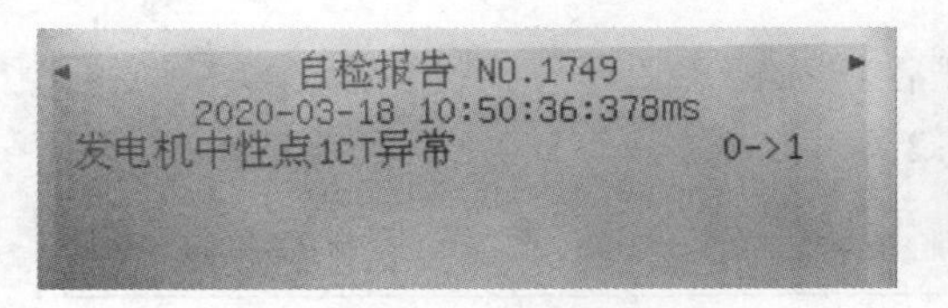

图 1　6F 发电机 1 保护装置故障信息

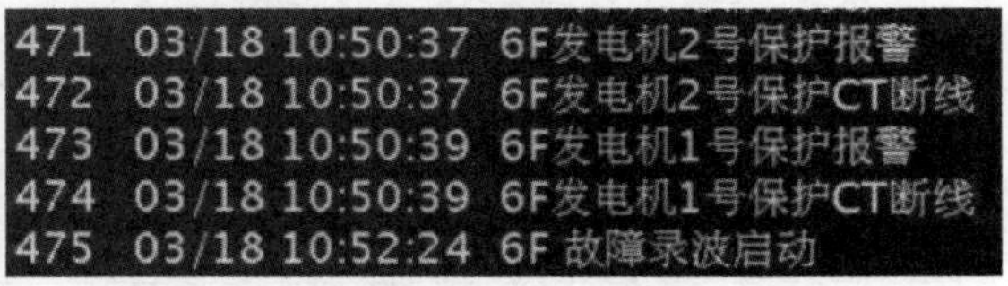

471 03/18 10:50:37 6F发电机2号保护报警
472 03/18 10:50:37 6F发电机2号保护CT断线
473 03/18 10:50:39 6F发电机1号保护报警
474 03/18 10:50:39 6F发电机1号保护CT断线
475 03/18 10:52:24 6F 故障录波启动

图 2　上位机告警光字

作者简介：杨振（1992—　），男，助理工程师，学士学位；研究方向：水电站保护系统。

3 检查处理

我站发电机保护装置的生产厂家为南瑞继保，型号为 PCS-985GW，查阅相关说明书，其 CT 断线判据的公式为

$$3I_0 > 0.04I_n + 0.25I_{max} \tag{1}$$

式中 $3I_0$——自产零序电流，A；

I_n——二次侧额定电流，1A 或 5A（沙南站二次侧额定电流为 1A）；

I_{max}——三相最大相电流，A。

根据式（1）判据可看成，当 CT 采样回路的零序电流大于 $0.04 + 0.25I_{max}$ 时，就判定为 CT 断线，可能造成这个动作的原因有：①CT 采样回路存在断线；②保护装置采样异常；③机组一次设备异常；④受周围环境干扰，装置误报。根据分析原因，维护人员依次进行检查[2]。

3.1 CT 采样回路检查

维护人员从 CT 本体到保护装置整个回路进行检查，确认现场回路无开路、端子无松动、不存在明显异常现象，并用螺丝刀紧固所有端子。

维护人员测量 CT 回路直流电阻。将发电机保护柜 CT 采样回路端子断开，然后在断开的端子排处，测量 CT 端子内侧和外侧的直流电阻。测量结果见表 1。

表 1　CT 二次回路电阻　单位：Ω

CT 二次回路电阻		外部回路	内部回路
中性点 1CT	A→N	23.94	0.38
	B→N	23.88	0.38
	C→N	23.67	0.38
中性点 2CT	A→N	24.23	0.34
	B→N	24.09	0.32
	C→N	24.09	0.32

根据以上数据分析，1CT 和 2CT 直流电阻数据无异常，确认 1CT 二次回路并无异常。

3.2 保护装置采样检查

维护人员将保护装置外围出口回路全部断开后，用继保仪给保护装置输入 0～1A 的电流，检查其采样是否存在异常。采样结果见表 2。

表 2　保护装置电流采样　单位：A

CT 回路	输入值	0	0.2	0.4	0.6	0.8	1.0
中性点 1CT	A 相实测值	0	0.2	0.4	0.6	0.8	1.0
	B 相实测值	0	0.2	0.4	0.6	0.8	1.0
	C 相实测值	0	0.2	0.4	0.6	0.8	1.0

续表

CT回路	输入值	0	0.2	0.4	0.6	0.8	1.0
中性点2CT	A相实测值	0	0.2	0.4	0.6	0.8	1.0
	B相实测值	0	0.2	0.4	0.6	0.8	1.0
	C相实测值	0	0.2	0.4	0.6	0.8	1.0

由以上数据可看出，保护装置采样无异常。

3.3 机组一次设备检查

维护人员做好相关措施后，用2500V摇表测量机组定子绝缘，测得数据$R60''=550M\Omega$，$R15''=63M\Omega$，$T=32℃$，吸收比为8.73，大于规定值1.6。用500V摇表测量机组转子绝缘，测得数据$R=345M\Omega$，$T=28℃$，数据合格。经检查机组定转子绝缘均未发现异常。

确认一次回路、二次回路、保护装置均无异常后。维护人员电话咨询南瑞继保专业人员，答复机组未并网前，保护装置采样的电流数据太小，受周围环境的影响大，同时也和机组的安装工艺有关，因此采样的数据并不可靠，确实存在可能误报的情况，在其他水电站也发生过类似的案例，建议开机并网观察。

为稳妥起见，维护人员采用机组零起升压的方式开机。各电压等级下，保护装置1CT和2CT电流采样数据见表3。

表3　各电压等级下中性点二次回路电流采样　单位：A

中性点二次回路电流		0	$25\%U_n$	$50\%U_n$	$75\%U_n$
中性点1CT	A相电流	0	0	0.01	0.01
	B相电流	0	0	0	0.02
	C相电流	0	0.01	0.02	0.04
	零序电流	0	0.01	0.04	0.06
中性点2CT	A相电流	0	0	0.02	0.02
	B相电流	0	0	0	0.01
	C相电流	0	0	0.01	0.02
	零序电流	0	0.01	0.04	0.06

当机端电压升至$75\%U_n$时，发电机保护1号保护装置和2号保护装置再次报“发电机中性点1CT异常”。当机组并网后增加负荷至12MW时，1CT断线告警自动复归。

4 原因分析

结合现场装置信息、测量数据、CT断线判据分析及咨询专业人员，得出此次CT断线异常原因：发电机在空转过程中，发电机通过剩磁在机端产生电压，该电压通过机端对地电容、接地变和定子绕组最终形成环路，继而产生电流。该电流容性系数较大，而机端对地电容阻值大小受安装工艺的影响，因此A、B、C三相的机端对地电容大小各不同，故而在A、B、C三相产生的电流是不平衡的，从而三相中产生不同大小的零序分量[3]。

当自产零序电流 $3I_0$ 满足判据 $3I_0>0.04I_n+0.25I_{max}$ 时，装置就报CT断线信号。而当机组并网带负荷后，容性电流在该相电流中占比较小，不满足CT断线判据，CT断线告警自动复归。

5 结语

CT断线是一种较大故障，会在二次回路引发高压电弧，危及人身和二次回路绝缘，严重时会造成人身伤亡和损毁设备。但是目前国内的保护装置还不能做到准确判断任何情况下的CT断线，办不到完全不误判[1]。而CT断线误告警给运行人员造成了较大的不便，不利于运行人员对于现场设备的运行状态的准确判断。若经常在发电机开机过程中出现类似误报，会让运行人员出现思想松懈。当真出现CT断线时，运行人员没法第一时间发现，危及人身和设备的安全。

由于该CT断线判据是一个动态公式 $3I_0>0.04I_n+0.25I_{max}$，因此并不能通过修改定值的方法来躲过"开机过程中报CT断线"的异常现象。为此，关于CT断线笔者有以下几点建议：

（1）电站建设初期，严格按照机电设备安装规范和标准，提高安装工艺[2]。

（2）在没有充分依据判明CT断线的情况下，CT断线不能闭锁差动保护动作。这是由于沙南电站不同于电网，电网可能因为保护误动作造成大面积停电，后果十分严重；而沙南电站装机容量小，就算保护误动也不会对电网稳定性造成很大的影响。因此，保护现场人身和设备安全是首要任务。

（3）加强对保护装置采样回路的维护力度，特别是周围环境振动较大的CT端子箱，应定期进行巡检。巡检时发现CT端子排处有明显过热或者烧灼痕迹，有时还有小火花产生，可以断定为是CT回路断线。

（4）提高定期校验的质量，定期校验时，要全面检查CT回路电阻和绝缘状况，对CT回路的每一个连接部分进行检查和清扫、紧固螺丝，测量回路电阻和绝缘情况，检查三相电阻是否平衡，并与历时数据比较，发现问题及时处理。

（5）严格执行继电保护措施票制度，防止出现CT回路连片未恢复、接错线或CT回路电缆剪断等人为事故的发生[3]。

（6）对于日常保护装置的报警和启动信息应加以重视，查明每一次报警或启动的原因，防止小的异常发展成大故障。

参考文献

[1] 李德佳．发电机纵差保护CT二次断线判别原理的分析和改进［J］．继电器，2005，33（12）：72-74.

[2] 蔡桂龙，唐云．变压器差动保护电流互感器二次回路断线闭锁分析［J］．继电器，2001，29（8）：62-66.

[3] 王国光．变电站综合自动化系统二次回路及运行维护［M］．北京：中国电力出版社，2005.

大型灯泡贯流式机组的开停机流程探索与应用

刘东科　何　滔

（国电大渡河沙坪水电建设有限公司，四川乐山　614300）

摘　要： 开停机流程是机组稳定运行的基本条件，随着管理精细化以及远方集控控制的运行方式转变，对于开停机成功率的要求越来越高。且开停机成功率对经济指标也有极其重大的影响。本文主要介绍了特大型灯泡贯流式机组开停机过程的特点，结合机组稳定运行的要求对灯泡贯流式机组的开停机流程进行一系列的探索，并通过实际的运行中遇到的典型问题及解决方法进行相关的应用介绍。

关键词： 特大型灯泡贯流式；开停机流程；应用；经济指标；探索

1　引言

沙南水电站隶属于国家能源集团责任有限公司下属的国电大渡河流域水电开发有限公司，又名国电大渡河沙坪二级水电站，为《四川省大渡河干流水电规划调整报告》推荐的3库28级开发方案的第24级，是Ⅱ等大（2）型工程。电站位于四川省乐山市峨边彝族自治县和金口河区交界处，上接2015年投产的枕头坝一级水电站，下邻已有40多年历史的龚嘴水电站，装设6台单机容量为58MW特大型灯泡贯流式水轮发电机组，为目前亚洲单机最大的灯泡贯流式水轮发电机组。

灯泡贯流式机组的结构独特，灯泡贯流式水轮机组的发电机密封安装在水轮机上游侧一个灯泡型的金属壳体中，发电机水平方向安装，发动机主轴直接连接水轮机转轮，作为贯流式机组其运行中具有水头低、流量大、转速低的特点。

2　开停机流程探索

在把握机组能够“快速开得起来，快速停得下来”的原则，从框架到细节来进行探索。

2.1　开机流程探索

开机流程的主要目的是将机组开起来，在这个过程中，首先需要考虑的是机组是否具备开起来的条件，然后怎样让机组转动起来，接着保证机组在开起来后是否能够正常运行发电。停机流程的目的在于将机组从电网分离并且由转动状态转变为静止状态并为下一次开机做好准备。

作者简介： 刘东科（1991—　），男，助理工程师，学士；研究方向：水电站监控控制系统。

2.1.1 开机条件

开机条件是在机组停机状态下，为保证机组能够正常的开起来所需要具备的条件。首先机组要满足正常控制，必须保证机组 LCU、保护装置、调速器系统、励磁系统等辅助设备无报警，且机组不能有事故信号。

2.1.2 开机至空转

开机到空转的过程中主要是机组由静止状态转变为转动状态，这一过程中机械系统部分至关重要，在这个过程中机组流程启动辅助设备，包括油系统、水系统。在辅助设备运行正常后，调速器打开导叶，通过水的能量将机组转动。

2.1.3 空转至空载

空转至空载的过程中主要是给机组加励磁让机组带压，上位机给励磁系统下发开机令后，励磁系统作用于转子使机组具备一定的电压。在这过程中需要保证机组的带压正常。

2.1.4 空载至发电

空载至发电的过程中主要让机组同期并入电网，通过同期装置调节机组电压频率保证机组在合适时间合上机组出口断路器，以达到发电的目的。

2.2 停机流程探索

停机流程的作用是使机组顺利地从电网分离并由转动状态转变为静止状态。

2.2.1 发电至空载

发电至空载的过程就是将机组从电网分离开，为保证机组的最小冲击及尽快与电网脱离，需要先减少机组负荷，即减少机组有功、无功，在减少到规定的数值下，分开机组出口断路器。

2.2.2 空载至空转

空载至空转的过程就是机组从“带电”到“不带电”的过程，机组灭磁，退出励磁系统使机组“不带电”。

2.2.3 空转至停机

空转至停机的过程主要是机组由转动到静止的过程，通过调速器系统关闭导叶，切断动力来源，投入制动系统，使机组静止下来，最后将辅助控制系统全部停运，使机组恢复至静止状态。

2.3 流程中延时的探索

在流程中当机组 LCU 下发命令至各个设备时，需要根据该设备的特性进行延时判断，既要保证设备正常启动的时间，又要考虑当设备不能正常启动时尽快退出流程。需要计算从下发命令至设备到设备实际动作时间来设定相应的延时。

3 开停机流程的应用

3.1 开机流程

由于不同的机组具有不同的特性，经历了一系列开停机试验以及机组 8 个月的稳定运行。在这个过程中累积了很多开停机的经验，将理论的探索运用到实际的运行中来。主要将机组分为停机态、开机准备态、过渡态、空转态、空载态、发电态几种状态，通过几种状态的转换来进行相关阐述[1]。

3.1.1 开机至空转

机组由静止状态装变成转动状态，此过程包括退出爬行监测装置，除湿机，发电机加热器，投入辅助设备包括油系统，水系统，打开导叶，保证机组转动至额定转速。

该过程中包含的状态包括开机准备态，过渡态和空转态。其中开机准备态是开机成功的基础，通过判断机组当前状态下是否具备开机条件来保证机组的开机成功率。开机准备态满足条件主要包括：机组 LCU 电源正常、辅助控制柜电源正常、发电机出口开关在分位、接地刀闸在分位、中性点刀闸在合位、机组未处于调试状态、机组无事故停机信号、轴承油系统正常、测速装置正常、调速器压油装置正常、同期方式在自准方式等。开机准态让运行人员一目了然看到机组可以随时开机。满足开机条件只是保证开机成功的第一步，开机至空转必须使机组处于空转态才能证明机组开机成功，下面简要说明该型号机组开机至空转的基本流程：①退出爬行监测装置。爬行监测装置同立式机组的蠕动监测装置工作原理相同；②发开机令至辅助控制柜、轴承油系统控制柜、技术供水系统，退除湿机。此步骤目的是投入轴流风机、排油雾泵、碳粉吸尘泵、轴承油系统、技术供水系统等机组辅助设备，其中轴承油系统尤为重要，包括了轴承循环油及高压油；③拔锁锭，开导叶。当转速升至 90%Ne 时退出高压油；④机组转速大于 95%Ne，机组空转态。

在 1F 机组运行初期，开机成功率仅有 90%，通过不断优化开机流程得到了接近 100%的开机成功率，其中典型优化问题是开机流程中轴承油系统的问题。轴承油中的高压油作用是在开停机时顶起大轴，保证轴瓦缝隙建立油膜。循环油系统起到冷却轴瓦，润滑的作用。由于受温度、轴瓦缝隙等因素的影响，循环油系统刚启动到开导叶机组转速上升的过程中轴承供油流量不稳定，易触发轴承供油流量低事故停机，在实际开机运行过程中曾出现 5 次以上此现象，导致开机成功率低，具体优化方法为：①增加延时保证循环油系统运行稳定后再打开导叶，经过多次试验在流程中开导叶前一步骤中增加两分钟延时；②在轴承油中断启动事故停机的条件中增加开机过程条件保证开机成功率。经过以上优化后在近两年的运行中未出现机组由于轴承油系统导致开机失败的现象。极大程度上保证了机组的开机成功率。

3.1.2 空转至空载

机组由空转至空载即为机组建压的过程。基本流程：①判断机组继电保护装置在正常运行；②判断灭磁开关位置，若为分则发令合灭磁开关；③向励磁系统发令建压；④机组电压高于 95%U_e，机组空载态。

在设计初期，判断机组继电保护装置运行情况放在开机条件里面，目的是保证机组在保护装置正常运行的情况下才能开机，经过电厂、设计院、厂家多方讨论，机组继电保护装置作用是在机组带电的情况下对机组进行保护，不需要放在开机条件中增加开机约束条件，决定将该条件放在空转至空载流程中。

3.1.3 空载至发电

机组由空载至发电即为机组并网的过程。基本流程：①判断出口刀闸位置，若在分位则合上隔离刀闸；②投 TV，目的是让同期装置采集系统及机端电压便于同期；③启动同期。调节电压，频率根据设定参数同期并网，合上机组出口断路器；④设定预设有功

5MW、无功 3MVar 机组进入发电态。

3.2 停机流程

3.2.1 停机至空载

停机至空载即为通过分开机组出口开关将机组与电网分离，首先需要降低机组有功至 5MW 以下、无功 3MVar 以下，避免分断路器时机组甩负荷对机组造成影响。降低机组有无功后，发出口断路器分闸命令成功分开出口断路器。

3.2.2 空载至空转

空载至空转即向励磁系统发停机令，机组由带电向不带电转变，此过程有两种情形：①机组正常逆变灭磁，机端电压低于 10%额定电压；②逆变灭磁不成功，此时通过跳灭磁开关进行灭磁。

3.2.3 空转至停机

空转至停机即为机组由转动至静止的过程。基本流程：①投入高压油，判高压油压力正常，确保机组在低转速时轴瓦与大轴有一定的间隙；②关导叶，切断动力来源；③当机组转速小于 25%时加闸，使机组快速停下；④退出辅助设备、轴承油系统、技术供水系统；⑤投入爬行监测装置。机组转变为开机准备态为下一次成功开机做准备[2]。

当全厂失电时，高压油泵不能正常运行高压油压力为 0，导致空转至停机流程退出。流程退出后机组在转速降至 25%以下时不会自动加闸，导致机组惰性停机，存在烧瓦的可能性。为解决这一问题，经过多次论证及试验将流程修改为：若是全厂失电导致事故停机，跳过判高压油压力正常这一个步骤，当机组转速低于 25%时，自动加闸，保证机组安全。

4 结语

由于机组从投运至今运行时间还只有三年时间，运行时间相对较短，在开停机流程的实际运用中，通过运行实际情况调整流程，增加判断条件、更改判断步骤、增加延时等方法使流程更加适合机组的运行特性。

参考文献

[1] 温业雄. 贯流式机组事故停机及开机不成功分析与处理 [J]. 广西电业，2008 (4)：121-123.
[2] 罗炳华. 浅谈灯泡贯流式水轮发电机组的优化运行 [J]. 低碳世界，2016 (2)：27-28.

贯流式水轮发电机组轴电流的产生与防护

雷 帅 陈洁华

（国电大渡河沙坪水电建设有限公司，四川乐山 614000）

摘 要： 贯流式水轮发电机由于设计、制造和安装不当以及运行中的一些故障，可能会产生轴电流。当这些电流流过轴承并且数值足够大时，就会灼伤轴瓦和轴承表面，还会使周围的润滑油炭化，破坏轴承油的润滑性和绝缘性，进而使轴承表面烧损酿成事故。因此，研究水轮发电机轴电流产生的原因，采取可行的防止措施和监测方法对于发电机安全、可靠地运行是至关重要的。

关键词： 贯流式水轮发电机；炭化；轴电流；轴承；轴瓦

1 引言

沙南水电站装有6台单机容量58MW的水轮发电机组，发电机组型号为SFWG58－68/8750，为灯泡贯流式结构，包括径向轴承、推力轴承和水导轴承。径向轴承装配主要由径向轴瓦及轴瓦支撑等组成，径向轴瓦为锡基轴承合金瓦；径向轴瓦共10件，下端布置6件，设有高压油孔。推力轴承正、反推力瓦均采用巴氏合金瓦，轴瓦设计能在不拆卸整个轴承的情况下进行更换或检修。水导轴承，位于大轴的水轮机侧，即下游侧。采用径向自调心分半卧式的筒式轴承结构，稀油润滑的巴氏合金瓦轴承。由于水轮机转轮为悬臂式，故水导轴承除了要承受水轮机的重量外，还要承受由于水力不平衡和水轮机重心偏移等带来的径向力。水导轴承为重载低速动静压启动轴承，水导轴承的工作方式为静压启动，水导轴承由重力油箱系统循环供油，轴承油箱内不存油，机组启动和停机时采用高压油顶起系统。发电机组采用的润滑油和操作用油为GB 11120《L－TSA汽轮机油》68号汽轮机油。在各种正常工况运行时，轴瓦的温度不超过65℃，润滑油的温度均不超过50℃。

水轮机与发电机共用一根轴。发电机推力镜板面与主轴整锻为一体，主轴两端法兰采用螺栓分别与发电机的转子和水轮机的转轮连接，主轴外部设有主轴保护套以保证人员安全。

主轴为优质碳钢整锻结构，带有锻制法兰，主轴两端的法兰分别与电机的转子和转轮用螺栓连接并有销子传递扭矩。主轴与发电机转子及转轮采用法兰连接，中空结构，内装有操作油管。主轴内的操作油管形成两个压力油腔和一个低压回油腔，以操作转轮叶片的转动。主轴应有足够刚度的结构尺寸和强度，以保证在任何转速包括最大飞逸转速下均能安全运转，而无有害的振动或变形。在水轮机的机坑内的主轴段设有主轴护套，以保证检

作者简介： 雷帅（1993— ），男，学士学位；研究方向：水电站保护系统。

修、巡视人员的安全[1]。

2 轴电流形成机理及其危害分析

2.1 轴电流形成机理

贯流式水轮发电机在运行时，可能引起磁通不平衡，该不平衡磁通与轴切割产生的轴电势，沿转子轴向分布，由于大轴的内阻很小，如果它沿轴承和底板形成闭合的回路，轴电流就可能达到很大数值（数百到数千安培），它将导致油质变化，轴承振动增大，轴瓦烧伤等事故。

（1）由于叠片、气隙、磁极配置等因素使发电机磁路磁阻不平衡，导致磁通不平衡，该不平衡磁通与发电机大轴切割产生轴电压；轴电压随发电机的电压和负荷的变化而变化。

（2）在发电机组安装中，发电机机械中心与电气中心不重合，存在偏差，造成磁通的不对称，在发电机转子大轴中感应产生轴电压。

（3）静电感应产生轴电压。在发电机组运行现场，由于强电场的作用，在发电机大轴的两端感应出轴电压。

（4）静电荷累积产生轴电压。发电机组在运行过程中，因润滑油的撞击及转动摩擦而在发电机大轴上产生静电荷，电荷逐渐积累便产生轴电压。

2.2 轴电流的危害

由于发电机轴电流回路中绝缘最薄弱部位在轴承压力油膜，所以轴电流的危害主要体现在对轴瓦的损害。

轴电流对机组轴瓦的危害取决于轴电流的幅值大小和作用时间的长短。虽然机组轴电压很低，一般只有0.5～2V，但因电流回路阻抗很小，所以将产生很大轴电流，对机组轴瓦危害很大。主要表现在：①在放电区域熔化金属粒子，在金属表面形成极微小的电蚀凹坑；②凹坑的积聚使表面变得粗糙，失去光泽，产生纯机械磨损；③熔化的金属微粒进入润滑系统，使润滑剂受到污染，整个润滑系统的润滑性能变差，含有大量金属微粒的润滑剂会降低油膜电阻，加速电火花侵蚀的进展；④在轴承承载区产生局部高温，破坏油膜，烧坏金属，增加磨耗，最终造成严重的摩擦损坏[2]。

3 轴电流保护装置运行情况

沙南水电站1～6号发电机装设的轴电流保护装置由轴电流互感器和ZCX型轴电流报警装置组成。当机组运行时，安装在发电机大轴上的轴电流互感器将轴电流检测出来，送入轴电流报警装置，经过整流、滤波、放大、比较，发出相应的信号。当轴电流达到预先设定的报警值时，信号装置上的报警指示灯亮，并发出开关量信号至发电机保护装置，一直保持到轴电流消失；当轴电流到达预先设定的停机值时，信号装置上的停机指示灯亮，并同时发出开关量信号至发电机保护装置，一直保持到轴电流消失。

轴电流报警装置定值：10A报警，15A停机。

4 减小或防止轴电流的主要措施

减小或消除发电机轴电流的措施主要有：限制发电机轴电压的升高；将发电机轴承部

件绝缘隔断电流形成回路；保证发电机轴承冷却用油、润滑用油的质量。

限制和降低轴电压的方法有多种，使用较多的是各种型式的大轴接地装置，例如用接地炭刷将大轴与机壳（地）连接起来，使转子对地导通，钳制发电机大轴对地电位，消除发电机轴电压，同时还可以及时消除因大轴置于强磁场中而感应的静电荷。

将发电机轴承部件绝缘，隔断轴电流回路，也是一种限制轴电流的方法。例如，把发电机推力轴承瓦底座、导瓦加装绝缘垫块进行绝缘，这样使大轴、轴瓦、底座、机架（地）之间无金属接触，隔断轴电流回路，限制轴电流[3]。

保持轴与轴瓦之间润滑油、绝缘油的质量，也可以限制轴电流。否则由于金属颗粒或水分使压力油膜的绝缘强度不能满足要求，容易被低电压击穿，从而产生轴电流。

5 采取的主要措施

发电机在安装后，发电机定子、转子的硅钢片及通风槽、转子磁极、气隙等磁场磁路及其磁阻都已经确定，减小或消除发电机轴电流的措施主要从以下方面着手：①装设发电机大轴接地装置，钳制发电机大轴对地电位，消除发电机轴电压，同时可以及时消除因大轴置于强磁场中而感应的静电荷；②发电机推力瓦改为塑料瓦，切断发电机大轴、瓦、机座（地）之间的金属连接；③发电机导轴承瓦架装设规格为厚 1～2mm 的环氧树脂绝缘垫块，在导瓦、瓦背、瓦背固定螺钉间装设环氧树脂垫块及绝缘套筒，切断发电机大轴、瓦、瓦调节螺钉、机座之间的金属连接；④按照技术监督标准要求对发电机轴承冷却润滑用 68 号汽轮机油进行外观、水分、酸值、运动粘度、破乳化度、液相锈蚀等项目的检测，确保油质合格；⑤安装发电机轴承油混水信号传感器监测发电机轴承油混水情况；⑥加强发电机各电气回路绝缘，避免引起大轴带电[4]。

通过以上措施和技术手段的正确实施，可将轴电压限制在很小的范围内，基本上可以消除轴电流对发电机轴承瓦的损害。

6 结语

发电机轴电流的监测是发电机组长期正常运行的关键之一，重视轴电流的变化监测，能有效保障机组的安全稳定运行。一般情况下，轴电流为几毫安到几百毫安，若忽视它就有可能带来严重的发电机运行事故，发电机在运行中发现轴电流随运行时间的增加而增大，建议尽快停机检查处理，防止事态扩大。在安装或检修过程中，及时测量各轴瓦的绝缘电阻值，并更换不合格的绝缘垫片，防止机组在运行时发生轴电流较大而烧坏瓦面等事故。

参考文献

[1] 景国强．轴电流对水轮发电机产生的影响［J］．水电站机电技术，2008，31：11-13.

[2] 龚力文．发电机轴电流保护动作的原因及防范［J］．水电厂自动化，2004：25-26.

[3] 王立贤，刘亚涛．水力发电机组轴绝缘监测系统［J］．中国西部科技，2010：45-47.

[4] 孙子龙．水轮发电机组轴电流异常原因分析及处理［J］．数字化用户，2017，26：35-37.

拦污栅对大型灯泡贯流式机组出力的影响

董 鲵 李 彬

（国电大渡河沙坪水电建设有限公司，四川乐山 614000）

摘 要：沙南水电站位于四川省乐山市峨边彝族自治县和金口河区境内，是大渡河中游22个规划梯级中，第20个梯级水电站的第二级，等级为Ⅱ等大（2）型工程，上接枕头坝水电站，下邻龚嘴水电站，水库最高蓄水位554.00m，总库容为2048万m^3，装设6台国内单机容量最大的灯泡贯流式水轮发电机组。因上游水库漂浮竹木、垃圾较多，易出现拦污栅堵塞的情况，严重威胁到机组安全运行；因而针对沙南水电站出现拦污栅堵塞造成机组效率下降的情况，通过观察拦污栅清污前后机组调速器协联关系的差异，分析水头损失的成因，提出避免和消除拦污栅堵塞增大水头损失的措施，为节能降耗和机组安全稳定运行提供保障。

关键词：拦污栅；水头损失；节能降耗；灯泡贯流式水轮发电机组

1 引言

沙南水电站枢纽工程各系统分别设有相应金属结构设备，总计闸孔（槽）63孔，各类闸门、拦污栅43扇，各类启闭机17套。金属结构设备的总工程量为9956t，其中闸门和拦污栅工程量为6566t，门（栅）槽埋设件工程量为1210t，启闭机及其轨道工程量为2180t。

引水发电系统闸门及其启闭设备：

（1）厂房进水渠拦污漂。在厂房进水渠的拦砂坎上设有一道拦污漂，横跨整个进水口拦污漂，总长约180m，按4m水位变幅进行设计。

（2）机组进水口拦污栅及其启闭设备。每条引水道的进水口前沿设置拦污栅一道，共设有12扇拦污栅。拦污栅的孔口尺寸为6.1m×42.085m，采用2×2000kN坝顶门机进行启闭操作，检修拦污栅的清污采用2×160kN的清污门机进行操作。

2 拦污栅在使用中的常见问题

2.1 拦污栅发生堵塞

拦污栅的作用就是阻止水草、树根、生活垃圾等异物进入机组进水流道，防止其对水工建筑物和水力机械造成危害，影响机组的安全运行。水中这些杂物在水中的比重不同，在拦污栅前的聚集状态也不同。栅上部：多为比重较小的水草；栅中下部：多

作者简介：董鲵（1993— ），女，助理工程师，学士；研究方向：水电站监控控制系统。

为比重较大的编织袋、尼龙制品等悬浮物；栅底部：树桩、砂石块、淤泥等。但是上游水流所带来的杂物碎块的数量一般无法预期估计和控制，如果拦污栅前堆积的污物经常不能及时的清理，就会使拦污栅发生阻塞，以致机组进水流道过流能力降低，影响机组的正常运行[1]。

2.2 拦污栅发生锈蚀

拦污栅为空间钢架与平台板的组合结构，常年在水流中浸泡，必然会产生一定的锈蚀。拦污栅发生锈蚀虽没有堵塞造成的后果严重，但锈蚀会导致拦污栅过水面积减少，增加水头损失，减小了拦污栅的过流能力，同时也影响了机组工作的效率。

2.3 拦污栅的振动问题

水流在通过拦污栅时，在局部损失发生时，栅条尾部脱流产生的卡门涡阶就会引起横向激振力，该激振力的频率随流速的增加而增加。当拦污栅表面作用力的频率与拦污栅的固有频率一致或接近时，将引起拦污栅共振，从而导致拦污栅的破坏。随着水流雷诺数的增加，栅后可出现周期性尾流、紊流尾流等流态。周期性尾流将激起拦污栅结构的周期性振动；紊流尾流则使结构产生随机性振动。

3 拦污栅对机组运行的影响分析

3.1 拦污栅严重阻塞的后果

拦污栅前的杂物阻塞会在短时间内增加拦污栅前后的水位差，随着过栅水流压差的逐步增大，水流对拦污栅的作用力越来越大，严重的会发生栅体结构变形以致破坏。拦污栅的阻塞变形使过流水量突然急剧减少，机组处于不利工况运行，会引起转轮汽蚀、机组振动、机组被迫停机等。

3.2 拦污栅遭受破坏的后果

拦污栅失去拦污效果，大型杂物就可以进入机组，有可能产生的后果为：打断叶片；编织袋等杂物会缠绕机组叶片，使机组流量减小、效率降低，振动加剧；树桩或大木棒等杂物甚至会卡阻导叶的转动。

3.3 水流通过拦污栅产生水力损失

拦污栅的水头损失由两部分组成：一是水流在通过拦污栅时，栅条对其有一个局部阻碍作用，产生局部水头损失，这是不可避免的；二是拦污栅所拦截的污物，部分地堵塞栅孔，使拦污栅原有的边界条件改变，加剧了对水流的阻碍作用，致使过栅的局部水头损失增加，这部分损失，通过清除污物，可以全部或部分清除。

局部水头损失的影响因素：栅条几何形状，过栅水流的雷诺数，进口前断面的流速分布等。近年来，对拦污栅堵塞或锈蚀改变栅孔结构使局部水头损失增加的研究取得了一些成果，具体表现为：一是在相同的上游平均流速下，随栅孔尺寸的加大，局部阻力系数减少；在相同栅孔下，局部阻力系数随上游平均流速增大而增加[2]；二是局部阻力系数随拦污栅有效断面比减小而增加；三是当过栅流量一定时，随着堵塞率的增加，局部阻力系数增大；当栅孔堵塞率一定时，阻力系数随过栅流量增加而增大。

4 拦污栅压差与机组调速器协联间的关系

4.1 拦污栅清污前机组运行工况

通过比较发现6台同型号机组在负荷相近情况下机组间导、桨叶开度数值差异大，其中3号机与1号机之间导叶开度数值相差达15.42%。检查3号机、1号机组调速器内采集到的水头分别为19.4m和21.69m，调速器内采集的水头相差2.29m是3号机导叶开度较1号机偏大，且负荷带不满的主要原因。查看3号机拦污栅差压为33.54kPa，综合分析认为3号机拦污栅堵塞严重。各机组的有功功率、导叶与桨叶开度见表1。

表1 各机组的有功功率、导叶与桨叶开度

机组	有功功率	导叶开度	桨叶开度	水　情
1F	44.86	78.51	75.83	上游水位553.49m，下游水位532.11m
2F	44.94	79.96	78.31	
3F	42.73	93.93	86.01	
4F	44.51	86.24	82.87	
5F	44.16	81.36	79.64	
6F	44.23	81.74	79.97	

4.2 清栅后机组运行工况

3号、4号机组拦污栅清污后机组运行工况见表2。3号机清污后拦污栅差压下降至9kPa，检查3号机组调速器内采集到的水头为21.69m，比3号机拦污栅清污前增大了2.29m。比较相近工况下3号机拦污栅清污前后导叶开度值，在上、下游水头基本一致情况下，可发现清污后导叶开度值减少13.2%，这主要是因为3号机组调速器内采集到的水头增加，而调速器根据水头变化来选择不同的协联曲线。未清渣的1号、2号、5号机导叶开度无明显变化。对全部机组清渣完毕后，比较机组间同负荷情况下导叶开度值，相差均不大于2%[3]。

表2 各机组的有功功率、导叶与桨叶开度

机组	有功功率	导叶开度	桨叶开度	水　情
1F	45.99	78.55	76.32	上游水位553.49m，下游水位532.11m
2F	46.09	79.77	78.91	
3F	45.87	80.73	79.91	
4F	46.78	78.24	76.59	
5F	46.22	83.53	82.87	
6F	46.71	83.76	82.98	

5 拦污栅水头损失对机组出力的影响及水头损失的成因

5.1 水轮发电机组出力

水轮发电机组出力公式：

$$N=\gamma QH_m\eta$$

式中　N——出力；

Q——流量；

H_m——发电水头；

η——水轮机效率；

γ——为水的重度，$\gamma=9.81\text{kN/m}^3$。

灯泡贯流式水电厂低水头大流量的特性决定了进水口拦污栅水头损失的微小变化对出力的影响。水头减小后发电耗水率必然增加。所以要求适时清污，尽可能减小水头损失，保证机组高效运行。

5.2　水头损失的成因

水电厂发电水头计算公式：

$$H_{净}=Z_{上}-Z_{下}-H_{损}$$

$$H_{损}=h_f+h_j$$

式中　$Z_{上}$——上游水位；

$Z_{下}$——下游水位；

$H_{损}$——水头损失；

h_f——沿程水头损失；

h_j——局部水头损失。

水头损失是水流在运动过程中克服水流阻力而消耗的能量。其中边界对水流的阻力是产生水头损失的外因，液体的黏滞性是产生水头损失的内因。当液体沿纵向边界流动时，如果局部边界的形状或大小改变，或存在局部阻碍时，液体内部结构就会急剧变化，液体质点间的相对运动加强，内摩擦增大，产生较大的能量损失，这种发生在局部范围内的水头损失称作为局部水头损失。

6　减少拦污栅堵塞造成水头损失的方法

6.1　多种清污方式相结合

清污的方式首先采用清污机清污，特殊情况下人工清污。在调度中利用洪水消退时段及时调整加大靠近机组段或坝前污多段溢洪道闸门开度集中泄流，既可排走部分漂浮污物，又不会造成水量浪费。

6.2　准确把握拦污栅清污时机

一般情况下拦污栅清污的时机可根据拦污栅差压信号达0.02MPa为主要判据[4]。根据灯泡贯流式水轮发电机组对水头的敏感性，同型机组通过对比同负荷下机组间调速器协联关系的差异，当导叶开度值相差达5%时安排清污，也是一种有效的手段。

6.3　确保清污机械设备状态良好

拦污栅清污机械设备在枯水期基本上不使用，平时应做好拦污栅清污机械检修、保养工作，在丰水期到来前应安排检修和试启动，并列入汛前检查项目，确保清污装置随时能正常投入使用。还应根据拦污栅使用情况，在枯水期进行检修。

6.4 提高对拦污栅堵塞影响机组效率的认识

及时对拦污栅清污降低水头损失，不仅是非常必要的降耗措施，也是非常重要的安全措施。运行人员应时刻关注机组水头损失的变化，勤比较、多分析，准确把握拦污栅清污时机，及时安排清污。

7 结语

以上浅析和论述仅基于沙南这种低水头贯流式电厂的具体情况，意在通过分析寻求有效的节能降耗途径，为进一步做好水电厂节水增发电量、安全稳定运行起到一定作用，也为同类型的其他水电站相关问题提供了参考。

参考文献

[1] 任玉珊，高金花，杨敏．水电站进水口拦污栅水头损失试验研究［J］．大坝与安全，2003，4：51-54.

[2] 阎诗武．水电站拦污栅的振动［J］．水利水运工程学报，2001，2：74-77.

[3] 王光纶，张文翠，李未显．抽水蓄能电站拦污栅结构振动特性模型试验研究［J］．清华大学学报：自然科学版，2001，2：114-118.

[4] 孙双科，柳海涛，李振中，等．抽水蓄能电站侧式进/出水口拦污栅断面的流速分布研究［J］．水利学报，2007，11：1329-1335.

特大型灯泡贯流式机组负荷波动分析

胡友钿　何　滔

（国电大渡河沙坪水电建设有限公司，四川乐山　614300）

摘　要：针对沙南电站特大型灯泡贯流式机组荷波动的现象，根据调速器导叶、桨叶开度、水头、负荷等特征量变化的波形图，分析出引起机组负荷波动的几种原因，同时也介绍了出现负荷波动对应的处理方法，为处理该问题时提供了参考方法。

关键词：灯泡贯流式机组；沙南电站；负荷波动；特点；危害

1　电站介绍

沙南水电站位于四川省乐山市峨边彝族自治县和金口河境内，是大渡河规划的22个梯级水电站中的第20级沙坪梯级水电站的第二级，上接沙坪一级水电站，下邻已建龚嘴水电站。电站装机6台，单机容量58MW，总装机容量348MW。电站位置靠近四川腹地，距成都和乐山直线距离分别约176km和60km。

沙南水电站库容较小，水库仅具有日调节能力，无力承担防洪任务，且无通航、灌溉、供水等要求。水轮机主要参数见表1。

表1　水轮机主要参数

参数	数值	参数	数值
最高水头/m	24.6	水轮机直径/m	7.2
额定水头/m	14.3	水轮机安装高程/m	523
最低水头/m	5.9	尾水位/m	538.13
水轮机额定功率/MW	59.5	吸出高度/m	－15.13
额定转速/(r/min)	88.2		

2　沙南调速器简介

沙南水电站水轮机调速器由控制系统和机械部分组成。调速器系统采用SAFR－2000型32位双微机双通道水轮机调速器，调速器控制系统由两套完全相同数字式调速器组成。

调速器电气部分采用两套贝加莱公司PCCX20系列32位可编程控制器组成双冗余容错控制系统，外加独立的第三方智能切换PLC（日本欧姆龙）及智能手动综合控制模块。

作者简介：胡友钿（1992—　），男，助理工程师，学士学位；研究方向：水电站自动化装置、自动系统。

主要由数字式微机调节器、功率放大单元、电液转换装置、反馈装置、测速装置、导叶桨叶主配压阀及液压阀组、分段关闭装置、重锤关闭装置、压力罐、回油箱、油泵、自动补气装置、自动控制元件等设备组成[1]。

调速器机械液压系统由ZFL/S系列液压调节装置、FD系列两段关闭装置、SG系列事故配压阀装置、YZ系列6.3MPa油压装置组成。调速器机械部分电液转换单元采用德国BOSCH公司高性能伺服比例阀组成的双冗余控制系统，其他控制数字电磁阀均采用德国BOSCH公司电磁阀，并配置有电手动综合控制模件、紧急停机电磁阀。主配压阀采用南瑞国家专利产品ZFL系列型，在系统掉电后能保证阀芯自动回到中位[2]。

3 负荷波动分析原因分析

沙南水电站采用灯泡贯流式机组，而灯泡贯流式水轮发电机组转动惯量小、工作水头较低、过水流量大，机组为双调机组，速动性能好，机组运行过程中水头变化率大，因此稳定性相对较差，在实际运行过程中经常出现水头及负荷波动导致机组运行稳定性恶化的异常现象。

3.1 调速器原因引起的负荷波动

通常机组的负荷波动与调速器息息相关，由此，在机组给定负荷29MW时，在负荷波动的一段时间里，对调速器的实际出力、导叶开度、桨叶开度、水头等相关数据每隔20s进行了采集分析，见表2。

表2　给定出力29MW时机组出力、导叶开度、桨叶开度、水头数据对比表

时间	7：29：30	7：29：50	7：30：10	7：30：30	7：30：50	7：31：10	7：31：30
机组出力/MW	29.04	29.4	29.5	28.12	26.62	26.58	28.85
水头/m	17.1	17.1	17.2	17.2	17.4	17.4	17.5
导叶开度/%	51.5	51.73	51.67	50.09	48.04	48.07	50.24
桨叶开度/%	25.9	26.48	26.42	24.09	20.11	20.22	24.47
时间	7：31：50	7：32：10	7：32：30	7：32：50	7：33：10	7：33：30	7：33：50
机组出力/MW	30.1	30.1	31.07	29.9	29.04	29.4	29.2
水头/m	17.6	17.6	17.6	17.7	17.7	17.7	17.7
导叶开度/%	53.1	53.1	53.1	51.9	51.7	51.7	51.8
桨叶开度/%	26.7	26.9	27.1	26.5	26.4	26.4	26.4

见表2，当7：30：10负荷开始波动时，机组的导叶开度、桨叶开度也随之发生了改变，并不能稳定保持给定出力29MW，而机组运行水头却在短时间内不断上涨，由于调速器采集水头每隔30s采集一次，因此当短时间内水头变化较大，调速器为了满足机组协联曲线不断地进行导叶开度、桨叶开度的调整，导致机组负荷出现波动。

当增加机组给定出力时，再一次每隔30s对机组增加出力这段时间的导叶开度、桨叶开度、实际出力等数据进行了采集分析，见表3。

表3　给定出力增加时时机组出力、导叶开度、桨叶开度、水头数据对比表

时间	9：22：30	9：23：00	9：23：30	9：24：00	9：24：30	9：25：00	9：25：30
给定出力/MW	29	29	49	49	49	57	57
机组出力/MW	29.7	29.6	26.5	49.6	51.1	58.01	57.4
水头/m	18.9	18.9	18.7	18.6	18.6	18.2	18.2
导叶开度/%	47.6	47.9	61.8	63.3	63.3	70.8	70.8
桨叶开度/%	21.98	22.1	49.3	52.3	65.79	64.7	64.27
时间	9：26：00	9：26：30	9：26：00	9：26：30	9：27：00	9：27：30	9：28：00
给定出力/MW	57	57	57	57	57	57	57
机组出力/MW	56.8	56.6	56.5	56	57.8	57.3	57.3
水头/m	18.1	18	18	17.9	17.9	17.8	17.8
导叶开度/%	70.7	70.8	70.9	70.8	73	72.2	72.2
桨叶开度/%	64.3	63.9	63.8	63.7	67	65.5	65.5

如表3所示，当机组增加给定出力，机组的导叶开度、桨叶开度随之不断增大，当9：24：00时，机组出力到达给定出力49MW时，导叶开度63.3%，桨叶开度52.3%，当9：24：30时，导叶开度依然63.3%，桨叶开度65.79%，因此机组实际出力为51.1MW，因为机组导叶开度、桨叶开度导叶、桨叶联动需要一定的时间，此段时间内，机组出力会不断波动，直至机组出力稳定。

如表3所示，当机组出力较大时，水头下降速度较快，因此再一次影响了机组实际出力，机组负荷依然出现了波动。

3.2　其他原因引起的负荷波动

（1）当机组的振摆数据较大时，负荷波动也比较明显，此时机组协联曲线也变化较大，此时的协联曲线可能并非最优，所以振动较大[3]。

（2）沙南水电站水头传感器采用压差传感器，因管道安装及传感器精度影响，实际水头与采样水头存在一定的偏差，因此机组运行中并非最优曲线，振动较大。

（3）机组一次调频、二次调频等原因引起的负荷波动。

4　机组运行水头及负荷异常波动的危害

在沙南水电站运行过程中，负荷长时间异常波动，会影响机组安全、经济、可靠运行，例如：

（1）沙南水电站负荷主要根据省调调令来执行，当负荷波动大，超出发电负荷波动范围时，会影响电网安全、经济运行，将受到省调的经济考核。

（2）当沙南水电站负荷大幅度波动时，调速系统就会频繁动作，增加调速器操作油的用量，因此调速系统的压油泵启动将会变得更频繁，这样就会加速调速系统机械、电气的设备的老化，就会增加设备事故的潜在威胁。

（3）沙南水电站负荷波动频繁，还会引起发电机定子和转子之间的电磁力矩波动，使定子绕组端部受到交变应力，加速发电机定子端部绝缘老化，对发电机的定子绕组及转子

绕组产生不良影响。

（4）沙南水电站负荷波动，过流流量会根据调速系统调整频繁发生变化，即活动导叶频繁变化，可能引起轴颈处产生摩擦而发生损坏。过流流量变化大时，也可能会引起机组振摆加剧，会引起机组各连接部件松动，严重时将会损坏机组。

5　结论

通过对机组的数据分析，得出以下几个结论：

（1）由于沙南水电站库容较小，而沙南灯泡贯流式机组的过流流量大、工作水头低，当机组负荷较大，来水量又较小时，上下游水位变化大，因此水头跟着变化，导致了负荷会出现一段波动的情况。

（2）当增加机组出力后，导叶开度变化速度较快，桨叶开度动作速度较慢，因此在负荷调整后导叶开度、桨叶开度协联需要一定的时间来调整，在这个过程中，负荷波动较为频繁。

（3）机组的水头传感器采样与实际水头偏差较大引起的振摆和负荷波动。

6　处理措施

针对以上结论，为了避免负荷频繁波动提出以下建议：

（1）根据实际运行观察，机组协联曲线并非最优，因此优化机组协联曲线。

（2）调速器水头采样时间较长，当短时间水头变化较大时，负荷波动较明显，因此增加水头采样时间。

（3）机组水头传感器精度不足，更换精度更高的传感器。

（4）导叶动作速度快，桨叶动作相对较慢，因此导叶与桨叶调节速率配合也会有一定的影响，采用最优配合速率也是能够避免负荷波动。

7　结语

沙南水电站长期受负荷波动影响，导致运行人员需要不断地调整负荷以减小负荷波动带来的危害。从机组的安全性、稳定性以及长久利益的角度出发，不断优化机组相关设备和程序以减小负荷波动是不断积累及改进的一个过程，灯泡贯流式机组负荷波动的问题依然是我们需要足够重视的。

参考文献

［1］　哈尔滨大电机研究所. 水轮机设计手册［M］. 北京：机械工业出版社，1975.

［2］　郑源，鞠小明. 水轮机［M］. 北京：中国科学文化出版社，2002.

［3］　张克危. 流体机械原理（上册）［M］. 北京：机械工业出版社，2000.

水轮发电机三次谐波报警原因分析

张　凯　何　滔

（国电大渡河沙坪水电建设有限公司，四川乐山　614300）

摘　要： 沙南电站发电机定子接地保护采用基波零序电压定子接地保护、三次谐波比率定子接地保护及三次谐波电压差动定子接地保护。发电机采用两机一变的扩大单元接线形式，同一单元内一台发电机的开机，会造成另一台运行中的发电机三次谐波电压差动保护动作。并且同一单元一台发电机的停机也会造成另一台发电机三次谐波差动保护动作复归。根据实际运行情况对三次谐波电压差动保护报警及报警自动复归进行原因分析。

关键词： 扩大单元接线；定子接地；三次谐波电压差动

1　引言

沙南电站位于四川省乐山市峨边彝族自治县和金口河区境内，是大渡河规划梯级中第20个梯级水电站，装设6台单机容量为58MW的灯泡贯流式水轮发电机组。电气主接线方式采用两机一变扩大单元接线，发电机出口设置断路器。发电机保护装置使用南瑞继保生产的PCG－985GW保护装置，发电机中性点经接地变压器接地，构成发电机定子接地三次谐波电压差动保护的关键是三次谐波电压，由于诸多因素的影响，无论是机端还是中性点侧的三次谐波电压都会发生很大的变化，这就影响发电机定子接地保护的保护可靠性，对于扩大单元接线，一台发电机并网后，对于另一台发电机三次谐波电压影响较大，从而发电机三次谐波定子接地保护误动。本文对扩大单元接线形式的发电机三次谐波定子接地报警原因进行分析，为该类型此类故障提供一定的参考。

2　三次谐波电压差动定子接地保护原理

三次谐波定子接地保护反映发电机中性点25％左右的定子接地故障，发电机组定子接地保护由基波零序电压保护和三次谐波电压保护构成，其中三次谐波电压保护由三次谐波比率定子接地保护和三次谐波电压差动定子接地保护组成。三次谐波电压差动定子接地保护是根据发电机机端和中性点的三次谐波电压变化判断是否满足动作要求[1]。在发电机正常运行时机端和中性点三次谐波电压比值、相角差变化很小，且是一个缓慢的发展过程。保护装置通过内部实时调整系数（幅值和相位），使得正常运行时差电压为0。发生定子接地时，能可靠灵敏地动作。三次谐波电压差动判据：

$$|\dot{U}_{3N}-\dot{k}\dot{U}_{3S}|>K_{re}U_{3N} \tag{1}$$

作者简介： 张凯（1992—　），男，助理工程师，学士学位；研究方向：水电站自动化、继电保护系统。

式中 $\dot{U}_{3S}$、$\dot{U}_{3N}$——机端、中性点三次谐波电压向量；

U_{3N}——中性点三次谐波电压值；

$\dot{k}$——自动跟踪调整系数向量；

K_{re}——三次谐波差动比率定值[2]。

3 三次谐波电压差动保护应用中的问题

沙南电站水轮发电机采用扩大单元接线形式，发电机定子与电容式管型母线相连，发电机出口断路器通过分相封闭母线与发电机、变压器、厂用变压器等设备相连。由于发电机电抗较小，回路分布电容也较小，GCB在开断时将面临很高的高频振荡频率及很高的暂态恢复电压陡度，为了降低或改善恢复电压陡度，降低高频振荡频率，国外一些厂家生产的发电机GCB，在其两侧都配有吸收电容器。这种断路器在端口两侧都配置了电容器，与发电机出口没有GCB的机组相比，这些电容器对三次谐波电压影响很大，直接影响定子接地保护效果。

发电机出口GCB由阿西布朗勃法瑞生产，其发电机侧电容 $C_1=130\text{nF}$，主变侧电容 $C_2=130\text{nF}$，定子绕组每相对地电容 $C_3=1.21\text{nF}$。当一台发电机单独运行时，机组在启停机时，三次谐波电压差动保护不动作，而当一台发电机并网正常运行后，同一单元内一台发电机的开机，会造成另一台运行中的发电机三次谐波电压差动保护动作。

4 三次谐波电压差动保护问题分析及动作数据

4.1 三次谐波差动原理分析

以1F、2F机组为例进行分析，当1F机组单独正常运行时，发电机对地电容、发电机引出线、中性点引出线、厂用变压器以及电压互感器等设备对地电容一定，把发电机的对地电容等效地看作集中在发电机中性点N和机端S，每段为 $C_{0G}/2$，发电机引出线、中性点引出线等设备的对地电容 C_{0S} 也等效放在机端，等效三次谐波回路如图1所示[3]，机端三次谐波电压和中性点三次谐波电压之比为

$$\frac{U_{3S}}{U_{3N}}=\frac{C_{0G}}{C_{0G}+2C_{0S}} \tag{2}$$

式中 U_{3S}、U_{3N}——机端、中性点三次谐波电压值；

C_{0G}——发电机的对地电容；

C_{0S}——发电机引出线、中性点引出线等设备的对地电容。

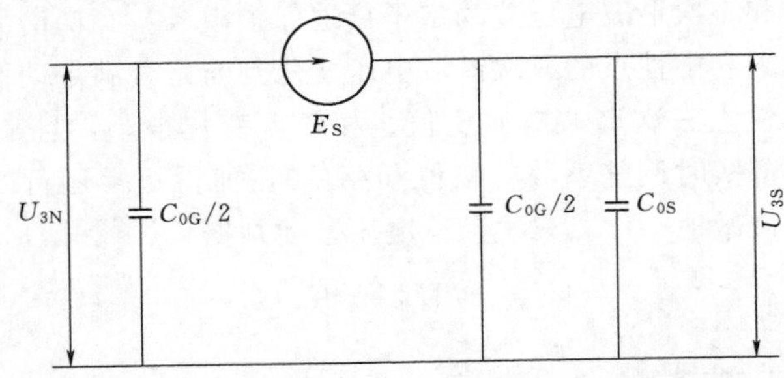

图1 1F机组单独正常运行等效三次谐波回路图

机端和中性点的阻抗比值不变，因此，机端三次谐波电压与中性点三次谐波电压比例关系不变。

当 2F 机组并网后，对于 1F 机组运行中而言，相当于在 1F 机组机端并入一个很大的电容，1F 机组等效三次谐波回路如图 3 所示。机端三次谐波电压和中性点三次谐波电压之比为

$$\frac{U_{3S}}{U_{3N}}=\frac{C_{0G}}{3C_{0G}+2C_{0S}} \tag{3}$$

发电机三次谐波电动势 E_3，且 $U_{3S}+U_{3N}=E_3$，使原运行发电机电容增大，电抗减小，U_{3S}减小，U_{3N}增大，由式（1）可知，三次谐波电压差动定子接地保护误动作。

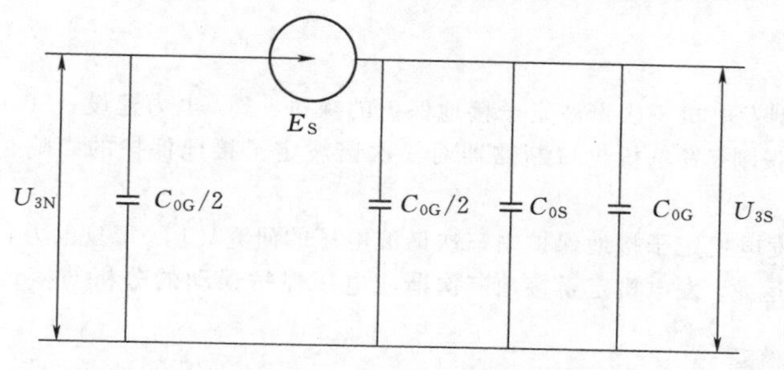

图 2　2F 机组并网后 1F 机组三次谐波回路图

4.2　同一单元内机组三次谐波电压采样

利用同一单元内 1F 机组开停机及 2F 机组开停机时 1F 机组机端及中性点三次谐波进行电压采集，数据采集主要分析 2F 机组开停机对 1F 机组机端及中性点三次谐波电压的影响。

表 1　　**机组机端及中性点三次谐波差电压记录表**

项目		2F 备用		1F 运行	
		1F 空载	1F 并网	2F 空载	2F 并网
1	1F 机端三次谐波	1.09	1.17	1.09	0.93
2	1F 中性点三次谐波	1.98	1.83	1.99	2.31
3	1F 三次谐波差电压	0.02	0.03	0.03	2.1
4	1F 三次谐波差制动电压	0.94	0.91	0.99	0.92

当突然增大或减小机端零序三次谐波电压，若突变瞬间产生的电压差高于制动电压，三次谐波电压差动经延时报警，而三次谐波电压差动保护动作后，自动跟踪调整系数不在调整；若突变瞬间产生的电压差低于制动电压，则保护装置三次谐波电压差动保护不会动作，自动跟踪调整系数会不断调整使三次谐波差电压变位零[4]。因此当一台机组运行，另一台机组并网瞬间，如果三次谐波差动保护动作，此时自动跟踪调整系数不在调整，且发电机运行时机端和中性点三次谐波电压比值、相角差变化很小，则机组三次谐波差动保护会一直动作报警，当另一台机组解列后，对本机组的机端和中性点三次谐波电压产生影响，当此时机端和中性点三次谐波电压不满足三次谐波差动保护动作条件，三次谐波差动

定子接地保护自动复归。

5 结论

当发电机主接线为两机一变扩大单元接线时，一台发电机机端三次谐波和中心点三次谐波电压受另一台发电机开停机的影响。当机组机端和中性点三次谐波突变量满足动作条件时，三次谐波电压差动保护动作，自动跟踪调整系数不再调整，因此三次谐波电压差动保护不会复归，而在另一台发电机开停机后，由于机端三次谐波和中心点三次谐波电压突变不满足动作条件，此时发电机定子接地三次谐波差动保护复归。

参考文献

[1] 焦斌，周平．大型发电机三次谐波定子接地保护的探讨［J］．电力建设，2010，31（2）．

[2] 李毅，兀鹏越，张刚．发电机出口断路器对三次谐波定子接地保护的影响［J］．电力建设，2014，35（3）．

[3] 王杰明，雍芳．发电机定子接地保护中三次谐波电压的研究［J］．宁夏电力，2008：3：11－13．

[4] 顾轩，曾宏，饶运龙．发电机定子接地三次谐波电压保护误动的分析与探讨［J］．四川水力发电，2010，29．

水头对特大型灯泡贯流式水电站经济运行影响的研究

刘轩宇　卢玉龙

（国电大渡河沙坪水电建设有限公司，四川乐山　614300）

摘　要：主要分析了低水头水电站经济运行的内容及存在的问题，提出了水电站应科学合理安排生产技术、优化设备的运行方式以及尽可能地降低耗水率等运行措施，针对低水头水电站经济运行模式做出了对应的策略和管理方法探析，从而在合理利用水资源的同时，实现了经济效益和社会效益同步提升的目标。

关键词：水头；水电站；经济；运行

1　概述

沙坪二级水电站位于四川省乐山市峨边彝族自治县和金口河区境内，是大渡河中游22个规划梯级中第20个梯级沙坪梯级的第二级，上接沙坪一级水电站（沙坪一级接枕头坝二级电站），下邻已建龚嘴水电站。多年平均流量1390m³/s，水库正常蓄水位554.00m，相应库容2084万m³，死水位550.00m，调节库容585万m³，总库容为2084万m³，属日调节水库。电站装设6台单机容量为58MW的灯泡贯流式机组，总装机容量348MW，机组额定水头为14.3m，最大水头为24.6m，最小水头为5.9m。保证出力107.9MW，多年平均发电量为16.10亿kW·h。

根据水轮机输出功率$P=9.81QH\eta$(kW)，在相等的流量下（即为式中的Q），最大限度地提高水头（即为式中的H）值，就能在一定相同的水量下增加发电量。通过发电量产生的经济效益是反映水电厂技术实力和管理水平的重要指标。在现有的电力市场环境下，灯泡贯流式水电厂通常以计划负荷曲线带负荷，同时兼顾水库实际来水量适时调整确定电站负荷，所以在对水库进行优化调度的同时应对机组运行方式进行优化，特别是在径流来水量一定的情况下，合理确定全厂运行机组台数、机组组合、机组负荷，指导水电厂实际运行，通过对优化水头对大型灯泡贯流式水电站经济运行之间的影响，实现有效降低耗水率，用有限的水产生出最大的经济效益。

2　运行优化水库

按照沙坪二级水电站设计初衷，其运行方式是：水库库容小，不考虑承担系统的负荷备用。因水库库尾距上游枕头坝水电站尾水仅16.6km，流达时间仅1h左右，两电站基

作者简介：刘轩宇（1995—　），男，助理工程师，学士；研究方向：水电站监控控制系统。

本可同步为系统调峰，故一般情况下应尽量维持在正常蓄水位 554m，与枕头坝水电站同步运行，以合理利用水量多发电。汛期，水库水位仍为 554.00m，当入库流量小于等于沙坪二级水电站满发流量时，最大出力可达 34.8MW；入库流量大于沙坪二级水电站满发流量时，最大出力可达 34.8MW；当超过满发流量时，多余水量由泄洪排沙建筑物下泄[1]。

由于沙坪二级水电站为径流式电站，发电库容较小，为日调节水库，来水过小或过大均不利于发电。由此可看出，来水量的大小和来水量的均匀程度是影响发电量的关键因素。如何使径流水发挥最高效益，这就要求对水库进行优化调度。对于一般水电站而言，常采用汛期时适当降低上游水位，确保电站的安全度汛，在枯水期则尽量抬高水位，充分利用水能，始终保持电站各时期内在高水位运行，充分地利用水能。这一常规做法在汛期以保证水库的安全度汛为第一要务，但无形中却对电站的经济运行产生负面影响，这在贯流式电站尤为明显，所以贯流式电站的水库运行策略应有所调整。

2.1 加强与上游梯级水库的来水测报与联合运行

按照原设计原则，在枕头坝水电站至沙坪二级水电站区段内流量的变化不是很大，上游梯级水库枕头坝水电站的来水到沙坪二级水电站库区的时间基本不变，总结了这个规律，通过两电站运行值班人员的有效沟通，并通过“大渡河生产指挥中心水调自动化系统”及时了解上游水库的出库水量或者发电量，大体来预测本站库区的来水流量，保持本电站高水位运行，以此安排发电计划，提高水能利用效率增加发电效益。

2.2 非汛期的水库运行

在非汛期，由于水库来水量满足不了全部机组的全天运行，但这对于贯流式水电站而言，其恰恰是挖掘电站最大能效的黄金时段，因为当出库大于入库流量时，上游水位会因此而逐渐被拉低，如果多台机组同时运行，尾水位随之相应增高，机组运行的净水头大大降低，而灯泡贯流式机组的出力会因为机组的水头减小而明显降低。因此这个阶段增加其效益的主要途径，就发电计划而言，要根据上游来水及流域水库调度计划合理安排发电计划，保持水库在最高水位运行；就当班值而言，应以来水量确定机组运行台数，保持水库高水位，这样可以尽量使尾水位维持在较低位，以提高机组有效水头利用率，从而做到使有限的来水发挥最大效益，也就是在有限的来水量里发最多的电。

2.3 汛期的水库运行

这时河流来水量在一定时期内超过电站全部机组发电水流量，这样势必造成水库泄洪。因此，利用好洪水过程，合理调度水库安排发电，将产生很大的经济效益。

因为有上游水库的联合运行，库区不可控来水或未知来水主要来自局地暴雨，但对于这一点，现在的天气预报能比较准确地做到提前预报。所以在预知有强降雨过程且水库维持 554.00m 高水位运行的情况下，利用预报时间和洪水产生至库区的时间之和，加大机组出力，尽量降低水库水位至 554.00m 以下。根据洪峰流量，等水库水位上涨至最高水位时，开启泄洪设施加大泄水流量，来适当降低水库水位；当最大洪水流量过程结束时，调整水库下泄流量使水库水位逐步提高；整个洪水流量过程结束时，水库水位控制在最高汛限水位运行。有效利用消落水库水位来增加发电效益[2]。

当然在正常时段，由于水库来水与电站所有机组额定流量总和相近，这就需要电站满发，尽量避免弃水或少弃水，保证发电机在高水头高效率区运行。同时由于贯流式机组发电水头对机组出力的敏感特性，水库仍应保持在高水位运行：首先以水库最不利状况进行考虑（即假设全厂对外停电，机组全停过机流量为0），以泄洪闸门正常开启需要2～3min/m进行分析，水库水位在554.00m时，仍有时间裕度来开启弧门泄洪，水库运行是安全的。

3 降低尾水位的影响

贯流式水电站的水头与下游水位密切相关，当上游流量增大时，下游水位随之抬高，而水头就降低，机组不能满出力运行；当流量减小时，下游水位随之降低，而水头抬高，但流量往往不能满足机组出力的要求。当电站进行日调节调峰时，其下泄流量随负荷而变化，相应地引起下游水位、流速的剧变，水位流量关系曲线呈绳套形状。而水流在稳定状态下，下游水位与流量的关系比较明确。由于尾水渠在设计和建造时是逐渐开扩的，在非稳定的流动情况下，下游水位上升得相对缓慢，形成无数个绳套关系。当尾水管出口流量增大时，下游的水被推着往下走，此时下游水位是下降的；当尾水管出口流量减小时，形成了水的反涌，这种波动引起了水头变化与出力的波动，有时可以导致发电量降低。但尾水右岸的泄洪闸门，雨季时有大量的泥沙进入河道，由于下游流速相对较小，无法及时冲走淤泥，长期积累的结果是垫高了河床，对电站机组水头造成了一定的影响。所以，及时清淤对水电站运行来讲也是一项需要高度引起重视的问题。

4 优化设备运行效率

沙坪二级水电站电气主接线为两机一变扩大单元接线方式，因此合理地分配运行负荷，对降耗增发是非常关键的。贯流式水电站的运行不是一味要求不弃水的模式，尤其对沙坪二级这种小库容电站来讲，当来水量增大时，如果单纯地加大水轮机导叶开度，会使流道和机组的过流量增加，尾水位急剧上升壅高，瞬间打破原来的尾水动平衡。此时水轮机工作水头降低，造成机组出力降低，减少了发电量[3]。这种情况下，应该充分考虑机组运行方式，也需要做一些关于机组优化运行的考量和分析，针对6台机组各自不同的特性，安排在来水量较小时选择同等运行工况下出力较好的机组运行，一定程度上还是有明显的效果。由于电站库容小，调节能力差，当单机运行时，上游电站一旦加大负荷，水库的水位上涨很快，为避免造成无谓的损失，也随即开启备用机组。观察一个时期以来得出：来水无法满足2台机组满发负荷的时候，可以将上游水位调至较高的水位，运行相对稳定，来水再增大，也相应再开启一台备用机组，直至6台机组同时运行，可以明显看到，虽然水头依然在额定值以上，但机组负荷会相应减少。所以要本着开机就多带负荷，尽可能采取停机备用，争取合理负荷分配，确保机组以较经济状态运行，避开机组振动区域运行，延长机组大修周期和使用寿命，降低生产成本。

5 结语

实行水电站经济运行是一项综合性的系统工程，从电力系统安全、优质、经济发供电的目标出发，制定并实现水电站的最优运行方式。对贯流式水电站而言，合理调度控制水位、最优工作机组台数组合、机组的合理启停、设备维护、辅助设备的合理投退等进行分析和研究，得到电站最优运行方式，用以指导电站的运行，在确保安全的同时，提高电站运行的经济水平，以获得水电站运行的最大效益。

参考文献

[1] 张仁贡. 水电站厂内经济运行智能决策支持系统的设计与应用 [J]. 水力发电学报，2012 (8)：12.

[2] 何士华. 水电站经济运行研究中电源模型的分析与计算 [J]. 云南工业大学学报，2012 (6)：55.

[3] 马光文，黄慇斌，张军良，等. 流域梯级水电站经济运行效益评价体系研究 [J]. 水电能源科学，2011 (5)：74.

特大型灯泡贯流机组轴承油系统的探讨改进

范鹞天　卢玉龙

（国电大渡河沙坪水电建设有限公司，四川乐山　614300）

摘　要： 灯泡贯流式机组轴瓦冷却主要方式为轴承油循环系统。本文就沙南电站灯泡贯流机组轴承油系统在运行中的实际应用情况以及重点关注点进行探讨分析，依据现有情况提出一些经验建议。

关键词： 油系统；供油流量；温度；冷却效果；溢油

1　概况

沙坪二级水电站位于四川省乐山市峨边彝族自治县和金口河区境内，是大渡河中游22个规划梯级中，第20个梯级水电站的第二级，上接枕头坝水电站，下邻龚嘴水电站。水库正常蓄水位554.00m，死水位550.00m，总库容为2084万m^3，调节库容585万m^3。500kV开关站为五角形接线方式，通过沙天线接入乐山南天变电站，线路长度为57.68km。公司于2007年完成筹建，2011年3月通过可行性研究报告审查，2017年7月实现首台机组投入商业运行。电站共设计6台灯泡贯流式机组，单机容量为58MW（是目前亚洲单机容量最大的灯泡贯流式机组），总装机容量348MW。

2　轴承油系统的组成

机组的轴承润滑油系统由高位油箱、低位油箱、高压油顶起系统、油冷却系统、循环油泵、滤油器及相关自动化元件等组成。机组轴承由水导轴承和组合轴承组成，组合轴承包括正反推力轴承、径向轴承；推力轴承、径向轴承、水导轴承均采用巴氏合金瓦，发电机的推力轴承和径向轴承组装在同一个轴承座内，设（安装）在转子下游侧。

2.1　主要设备配置

轴承润滑油系统安装有两台三螺杆泵，布置在轴承低位油箱上，主要作用是向机组轴承提供润滑油，保证机组轴承运行中的润滑与散热。轴承油泵控制方式有自动、手动、切除三种方式，正常运行时，两台油泵控制方式均为“自动”。当收到机组开机令时，由PLC控制屏根据油泵轮换方式自动选择启动一台油泵为机组供油；另一台油泵备用，以防止当运行油泵故障时，能迅速切至备用油泵，保证机组持续供油。

轴承低位油箱布置在厂房廊道层高程513.00m，容积为18m^3，油箱上装有液位传感器以及液位开关，用于上位机模拟量显示以及当油位下降时，发出报警，提醒运行人员关

作者简介： 范鹞天（1990—　），男，助理工程师，学士学位；研究方向：水电站运行维护、自动化系统。

注，保证机组正常运行所需用油。油箱底部装有加热器，当温度低于20℃时自动投入加热器，当温度高于30℃时自动退出加热器。

轴承高位油箱布置在厂房高程550.00m，容积为8.53m³，是由低位油箱循环油泵经滤油器以及冷却器打到高位油箱，靠自重流至组合轴承和水导轴承，然后回到低位油箱，组成一个循环系统。在高位油箱至组合轴承与水导轴承管路上，装设了两个电动阀，以此来实现油管路上的自动控制。轴承高位油箱设有油位低、油位过低报警，以此来防止供油系统故障时，润滑油中断，造成轴瓦干摩擦，烧毁轴瓦事故的发生见表1。

表1　　轴承高位油箱报警表

轴承高位油箱正常油位	2140mm	轴承高位油箱过低油位报警	1690mm
轴承高位油箱低油位报警	1860mm		

2.2　轴承油系统管理要求

与混流式、轴流转桨式等立式机组相比，灯泡贯流式机组轴承油系统相对复杂，转子、大轴、水轮机等转动部件重量全部通过轴瓦传递给管形座，机组转动时，如果轴承油系统不能对轴瓦进行稳定供油，及时散热，在其接触表面温度将急剧上升，造成烧瓦等事故的发生，为防止此类事故发生，保障轴承油系统的安全稳定运行，我站对轴承油系统的日常管理做出了以下规定：

(1) 停机状态下，手动启动循环油泵前应安排专人在轴承高位油箱处进行油位监视，并同时确保高位油箱、中控室、轴承油系统控制屏三处之间通信良好，保持实时联络。

(2) 停机状态下，手动启动循环油泵时，高位油箱油位距离磁翻板顶部油位不得小于5cm，防止高位油箱发生溢油。

(3) 停机状态下，手动启动循环油泵时，在条件允许的情况下应先开启水导轴承和组合轴承供油电动阀，形成高、低油箱油循环，防止轴承高位油箱油位过高发生溢油。

(4) 一般不允许出现两台循环油泵同时启动的情况，防止发生轴承高位油箱溢油，自动状态下两台油泵同时启动时，应立即检查控制系统信号状态和轴承高位油箱油位情况。

(5) 若出现单台油泵启动时高位油箱油位不能保持平衡，应及时汇报生产技术处专业主管，并安排人员在低位油箱处调整油泵出口干管至低位油箱回油调节阀，调整时应保持中控室和操作人员的实时通信，防止出现高位油箱供油中断，造成设备异常。

(6) 机组运行过程中，原则上不进行轴承油滤油器切换操作。轴承油管道各机械阀，不得随意调整开度，开度调整后应进行充分的试验验证。

(7) 停机状态下轴承高低位油箱加热器应自动投入，保持油箱油温不低于20℃。

(8) 厂用电倒闸操作或电源异常时应立即检查各机组循环油泵的运行情况，若出现电源切换装置动作异常时，立即进行手动切换，快速恢复循环油泵电源，防止设备异常。

(9) 轴承油控制系统PLC需重启时应采取有效措施，防止水导、组合轴承电动阀和油泵等控制设备出现运行异常，重启后应恢复开机令或停机令状态。机组运行中，若轴承油控制系统PLC运行异常将导致循环油泵控制失效，应立即采取有效措施恢复循环油泵运行，维持轴承高位油箱油位。

(10) 机组转动中若出现轴承循环油中断，将造成轴瓦烧损，机组转动时严禁出现轴承油中断的情况，各操作及作业应做好危险因素分析，若发现轴承油实际中断应立即采取有效措施将机组停机。

(11) 若出现高位油箱油位持续下降、不能维持的情况，应立即联系调度申请停机，并及时申请调整负荷指令，严禁随意退出高位油箱油位过低软压板。

3 机组运行中遇到的故障与处理探讨

3.1 关于开机过程中报“轴承润滑油流量过低”造成机组开机不成功的技改

3.1.1 技改的必要性

沙南电站属于国电大渡河开发流域有限公司，由于大渡河生产指挥中心已实现干流投产电站“远方集控、统一调度”，机组的开停机均由远方下令，现场执行自动流程开机，对开机成功率要求较高。因此，沙南电站在运行中出现过机组在开机过程中，组合轴承润滑油流量突然减小，当流量过低动作（挡板流量计）或流量中断动作（示流信号器），就会启动事故停机，大大影响了开机成功率。为保证远方开机的及时性与成功率，实现“远方集控，无人值守”的理念，如何避免轴承润滑油降低造成开机不成功显得尤为重要。

3.1.2 技改的方案

事后分析，是因为机组在开机时导叶打开后，推力轴瓦与镜板间隙产生变化，组合轴承润滑油供油流量瞬时降低然后恢复正常[4]，机组正常运行期间，组合轴承供油流量在 $31\sim40m^3/h$，组合轴承供油流量低报警值为 $32m^3/h$，组合轴承供油流量过低报警值为 $22m^3/h$，根据故障历史曲线查询得知，在机组开机过程中，供油流量最低达到 $17m^3/h$，远小于报警定值。我站根据此现象，在开机投入轴承油系统后，增加了2min延时，使轴承油系统内的冷却油得到充分循环，再进行下一步开导叶流程，躲过开机过程中的不稳定流量，经过流程优化后，已有效避免了此类事故的再次发生，取得收到了良好效果。

3.2 轴承高位油箱溢油问题的优化技改

3.2.1 技改的必要性

沙南电站在运行中，发生过多次高位油箱溢油事故，当轴承循环油泵故障，机组停机后，轴承高位油箱至水导轴承、组合轴承供油阀会自动关闭，当对油泵进行试启动试验时，因油泵启动将轴承低位油箱油打至轴承高位油箱，此时轴承高位油箱油位将快速上涨，当轴承高位油箱油位达到油箱顶部时，多余的油将会通过轴承高位油箱上部安装的溢油管，排至低位油箱。但在实际运行中发现，因轴承低位油箱—轴承高位油箱供油管管径为 $DN100$，溢油管管径为 $DN80$，通过油泵打至轴承高位油箱的油无法全排至低位油箱，导致油从油箱顶部呼吸口处喷出，造成大量溢油。

3.2.2 技改的方案

(1) 方案一：由于溢油流速小于供油流速，造成供油量大于溢油量，因此溢油管径应大于等于供油管管径，防止排油速度慢，造成溢油事故。针对在建电厂，可直接将溢油管管径改至等于或大于供油管管径即可有效解决上述问题，如图1所示。

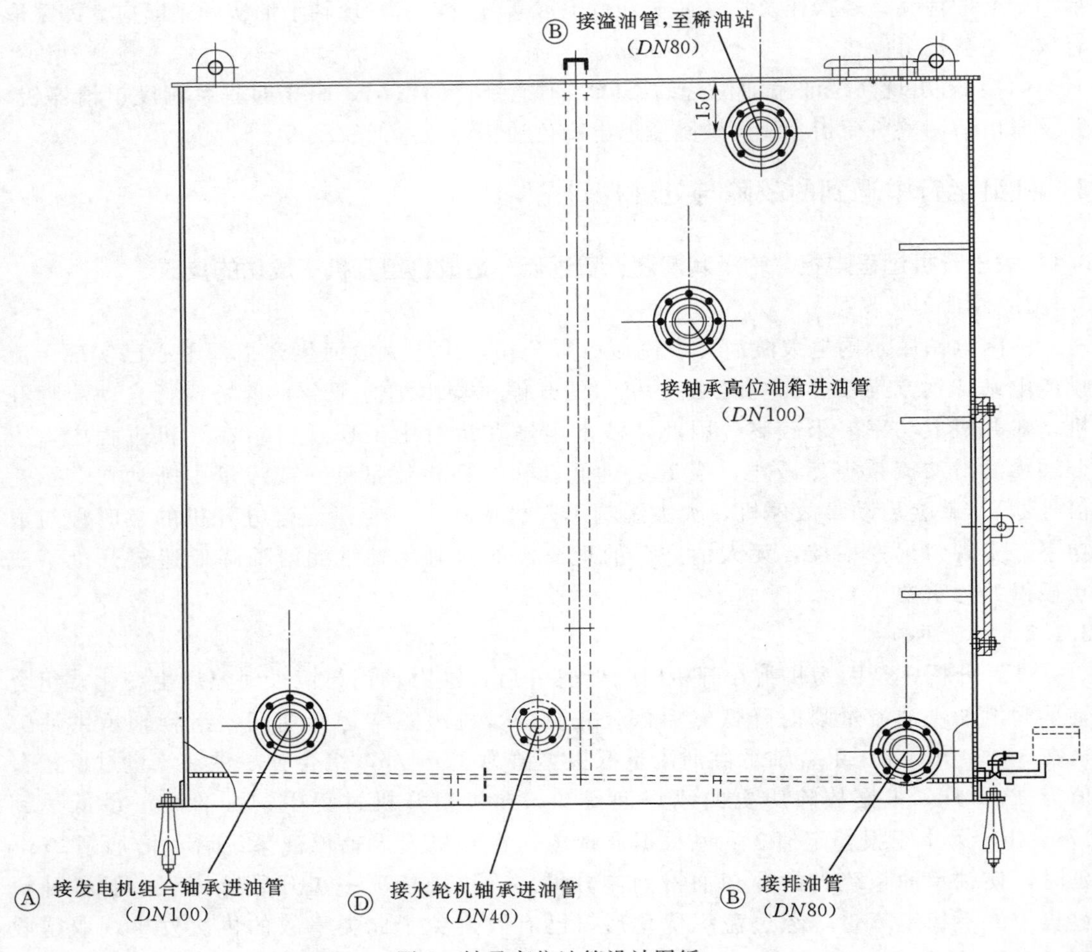

图1　轴承高位油箱设计图纸

(2) 方案二：针对已投产水电站，若要更换轴承高位油箱溢油管管路，工程复杂且造价昂贵。为此沙坪二级水电站经过研究，最后决定通过将轴承高位油箱顶部呼吸器处，增加一个 2～3m³ 的副油箱与其连接，通过增加顶部液体压强，达到增加溢油管流速的目的，使供油与出油达到平衡。

目前沙坪二级水电站已完成 1-6F 轴承高位油箱顶部副油箱加装工作，经过实际运行观察，效果良好，已完全解决油箱溢油问题。

3.3　轴承油系统供油与油中断事故探讨

本站轴承油系统配置有两台循环油泵，在机组运行期间不间断为轴承高位油箱供油。共有 3 路电源为两台油泵供油，其中 2 路通过双电源切换装置为 1 号循环油泵供电，第 3 路单独为 2 号循环油泵供电。

轴承高位油箱容积为 8.53m³，机组运行中平均供油流量为 37m³/h，当供油中断时，油箱只能持续供油约 10min，因我站设置有轴承高位油箱[2]油位过低停机保护，当高位油箱油位达到 1690mm 时启动事故停机，实际的处置时间只有约 3min。因此在发生供油中断故障[3]后，运行人员应立即判断故障原因，是否能短时恢复，以此来确定是否需要立即停机处理。

从本站实际运行经验中看出，当遭遇电源故障、备用电源无法自动切换等故障导致供油中断，运行人员从发现故障到查找故障原因，以及组织人员进行应急处置，3min 内远远不能满足要求。就可能造成人为导致事故停机等情况发生。

为避免此类事故发生，建议：

（1）对轴承高位油箱油位[1]低报警值做进一步分析，在保证正常停机安全的前提下，尽可能降低报警油位，为事故应急处置争取时间。

（2）对现有轴承高位油箱进行改造，扩大油箱容积，增加油泵供油中断后油箱对机组的持续供油时间，保证有充足的应急处置时间，提高设备可靠性，保证电网安全稳定运行。

（3）与机组轴瓦保护相关的事故停机信号有“轴承高位油箱油位过低停机”“轴瓦温度过高停机”[5]，在实际事故中，大多数情况最先达到停机条件的为“轴承高位油箱油位过低停机”，但若遇上短时就能恢复的故障，在启动事故停机前往往只差 1～2min，借鉴以上情况，可以针对特殊情况进行研究，探讨出允许短时退出“轴承高位油箱油位过低停机”保护的个别故障情况，为运行人员事故处理争取宝贵时间。

（4）加强油泵电源配置可靠性，保证多段电源供电，或增设 UPS 不间断电源，降低电源意外中断，造成机组事故停机的风险。

3.4 轴承油系统油温对供油流量的影响

沙坪二级水电站轴承油系统循环油采用 68 号汽轮机油，轴承油供油流量受温度影响明显。

经过长期运行统计与数据库中流量与温度长期运行曲线得出，在 27～30.5℃，每 1℃会影响近 $1m^3/h$ 的供油流量。对于昼夜温度变化较大地区，更应加强轴承高位油箱油温关注，防止因温度大幅变化，造成供油流量过低或过高，而影响轴瓦冷却效果或导致油箱油位过低事故停机。对于环境温度较低地区，在开机前可手动投入油箱加热器，防止因油温过低，导致供油流量过低，不满足开机流量要求而影响开机成功率。

4 结论

卧式机组与立式机组相比，润滑油系统相对复杂得多，其控制与运行关注点有一定的特殊性，而机组润滑油系统与其运行稳定性的好坏，直接影响到机组的安全稳定运行，通过本文对轴承油系统中的重要关注点进行探讨，并提出了相应预防措施，可供同行借鉴参考。

参考文献

[1] 东方电气集团东方电机有限公司. 一种带高位油箱的推力瓦供油装置：CN201420507887.9 [P]. 2015-1-14.

[2] 湖南崇德工业科技有限公司. 一种高位油箱及带高位油箱的弹性金属塑料瓦滑动轴承：

CN201320847420.4 [P]. 2014-6-04.
[3] 重庆中节能三峰能源有限公司，中节能工业节能有限公司. 一种离心机供油系统高位油箱：CN201420571288.3 [P]. 2015-3-11.
[4] 成都成发科能动力工程有限公司. 一种供油压力损失小的带压高位油箱 [P]. 2015-12-16.
[5] 申科滑动轴承股份有限公司. 一种轴承断电保护高位油箱：CN200920190250.0 [P]. 2010-6-23.

特大型灯泡贯流式机组的状态监测系统

曹　峰　何　滔

（国电大渡河沙坪水电建设有限公司，四川乐山　614300）

摘　要： 贯流式机组运行水头低、引用流量大，机组转动惯量小，水流惯性时间常数较大，造成机组在因负荷调节或非设计工况下运行中暂态过渡过程时稳定性较差，容易出现水力不稳定现象。传统水电机组状态监测系统或多或少存在监测点少、功能单一、缺乏系统性等综合性问题，随着数据处理技术、信息技术、专家知识库技术等的发展，水电机组的状态监测和故障诊断应用技术逐渐成熟。针对贯流式机组运行摆度、振动、压力脉动、发电机空气间隙、水力状况等运行参数进行在线监测，经过数据处理可对机组的状态进行显示、记录、存储，经一定时间积累可形成相关特性曲线，用基于机组运行状态监测信息熵的方法提取设备特征数据并对其健康状态进行评估，用以指导运行发电，减少机组亚健康状态，提升运行效率。

关键词： 贯流式机组；运行状态监测；信息熵；健康状态

1　概述

灯泡贯流式机组作为贯流式水轮发电机组的主要类型之一，具有运行水头低、建设周期短等特点，在开发低水头水力资源方面具有显著的优势。由于机组的特殊结构、安装工艺及所处环境外在影响等因素，运行过程中极易引发振动和摆度值超标，威胁机组安全稳定运行。机组状态在线监测系统作为监测机组实时运行工况的平台，集数据采集与分析于一体，能够及时反映出机组的振摆情况。

信息熵能够有效检测振动信号的时间序列，基于时频熵（TFE）、样本熵（SE）和排列熵（PE）的分析方法对于机械系统特征提取及故障诊断有较好的效果。贯流式机组运行过程中摆度、振动、压力脉动、发电机空气间隙、水力动力特性信息的产生，为贯流式机组运行状态监测信息熵的设备健康特征提取及评估提供了条件[1]。

在振摆、水力动力特性信号多维表达的基础上结合信息熵的基本分析方法，以大渡河沙坪二级水电站灯泡贯流式机组为例，将在线监测平台采集到的各状态数据进行信息熵分析，提取特征数据，评估健康状态，用以指导机组发电运行。

2　运行状态监测系统构成及设备配置

2.1　系统构成

沙坪二级机组运行状态监测系统由现地传感器、数据采集站、上位机等构成。现地传

作者简介： 曹峰（1993—　），男，助理工程师，学士；研究方向：水电站自动控制系统水电站辅机控制系统。

感器将采集到的数据通过电缆送往数据采集站，数据采集站对数据进行分析处理后通过光纤与上位机通信，使得运行人员既能通过上位机实时观测机组运行情况，也能通过历史数据分析等手段总结规律。

上位机设备和各数据采集站之间以光纤为介质，采用以太网通信，并满足工业通用的国际标准 IEEE 802.3 和 TCP/IP 规约，数据传输稳定，系统结构如图 1 所示。

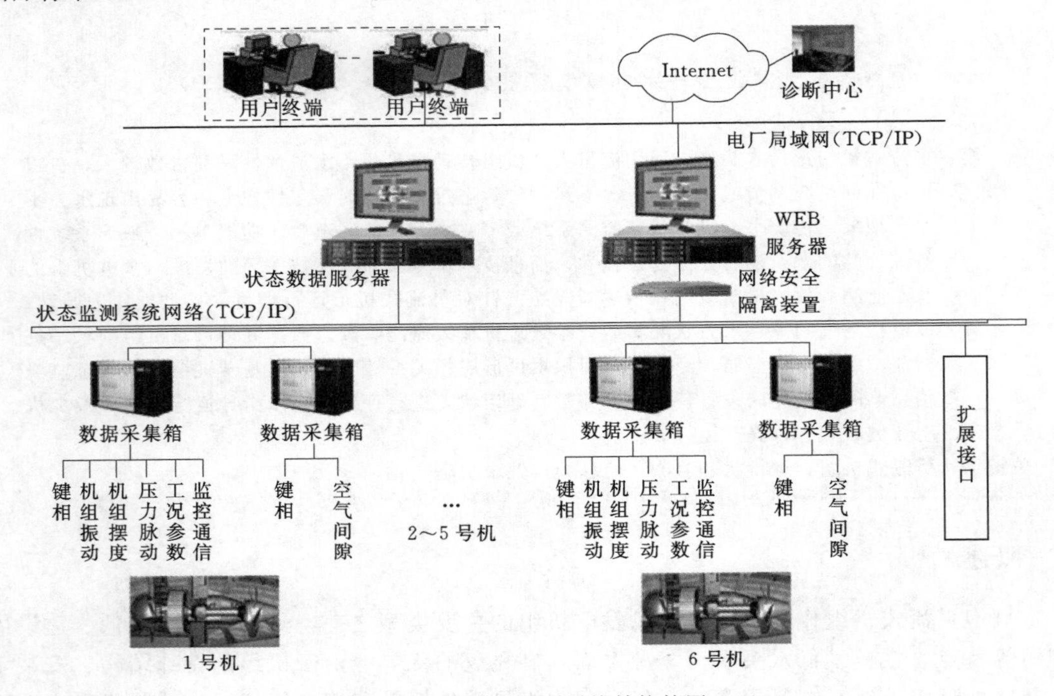

图 1 运行状态监测系统结构简图

2.2 系统设备配置

2.2.1 现地传感器

现地传感器主要由振动传感器、摆度传感器、键相传感器、空气间隙传感器、压力脉动变送器组成，负责监测机组水导轴承、组合轴承、大轴、灯泡头等部位，传感器主要分布在机组水轮机舱及发电机舱，其中振动传感器采用低频速度传感器。摆度传感器采用一体化涡流传感器，由于其安装间隙（约 2mm）比一般涡流传感器（通常为 1.25mm）要大，可以有效避免传感器与被测面之间碰磨。键相传感器监测采用非接触式接近开关进行测量，具有安装方便，不易损坏的特点[2]。用于监测发电机定转子之间空气间隙的传感器由平板电容传感器和信号调理器组成。每台机组配置 6 个气隙传感器，周向均匀布置在定子内壁。

2.2.2 数据采集站

数据采集站配置振摆数据采集箱和气隙数据采集箱，通过共享器连接到工业液晶屏，负责将传感器采集到的振动、摆度等数据进行分析、处理、储存。同时对运行数据进行特征参数提取，得到机组状态数据，完成机组故障的报警，并将数据通过网络传至状态数据服务器，供进一步的状态监测分析和诊断。数据采集站通过以太网方式与监控系统实现通信，获取相关状态数据，集成到系统中统一分析。

2.2.3 上位机

上位机由状态数据服务器、Web服务器、网络设备等组成。状态数据服务器负责将数据采集站送过来的机组实时数据、机组历史数据、各种特征参数进行管理、储存及故障诊断。同时状态数据服务器也承担着与Web服务器的数据通信。Web服务器负责状态监测系统与搭载流域局域网的MIS系统通信，便于数据云端储存和分布式查询、管理[3]。

3 运行状态在线监测系统主要功能

3.1 历史数据分析

系统提供数据库管理功能，存储所有参数的原始数据、特征数据及样本数据。数据库采用高效的数据压缩技术，长期存储机组稳态、过渡过程数据及高密度录波数据。提供黑匣子记录功能，记录机组出现异常信息前后的完整数据，确保机组发生事故时能提供完整、详尽的数据供分析诊断。

3.2 实时监测

系统实时同步地对机组振动、摆度、压力脉动等数据进行采样，然后在数据采集站、服务器显示器以及网络所联的有关用户终端上同步监视和显示机组当前的运行状态，从不同的角度、分层次地显示出机组的各种状态信息，实现实时在线监测功能。整周期采样技术，对数据进行精确的频率分图和对应的幅值分析，避免频谱分析中的混叠和泄露。实时监测画面如图2所示。

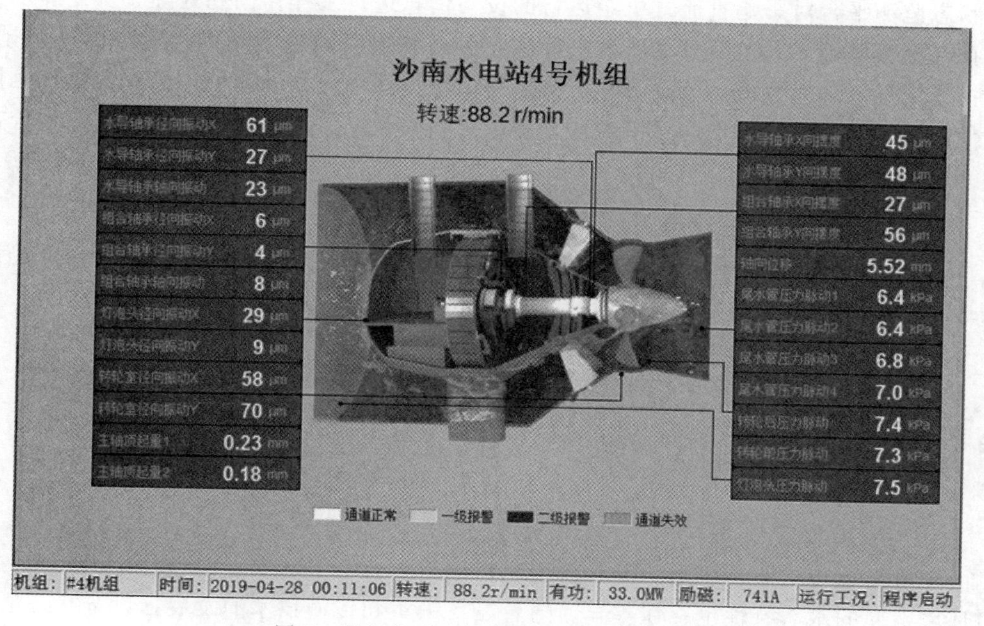

图2 机组单元运行状态实时监测主画面

3.3 预警报警

系统自动建立机组在各个稳定运行工况（不同水头和负荷）下的标准样本频谱图和矢量图，在通常的一级报警和二级报警的基础上增加了灵敏的频谱靶图报警和矢量靶图报警及时发现故障的前期征兆。配合报警规则设置功能和报警输出板件，将机组的振摆报警输出给监控系统。

3.4 机组稳定性评估及优化运行分析

系统综合机组设计参数和运行规范，通过对机组实际振动、摆度、压力脉动特性的掌握，分析机组不同工况下振动区变化规律，指导机组避振运行。通过对水力能量参数（效率、耗水率等）在不同工况下的特性曲线的掌握，指导机组在最优工况区运行，实现机组的最佳经济性能。

3.5 指导和评价机组维护检修

系统定期评价机组各部件运行状态，根据分析结果指导机组检修，对比机组检修前后的历史数据，可以直观评价检修效果，通过检修后的各种机组常规试验数据，综合评价检修后机组各部件特性。

4 运行状态监测信息熵的设备健康特征提取及评估应用实例

4.1 贯流式机组健康特征提取

准确高效的设备健康特征提取是评估指导设备运行维护的关键。在大量收集机组全时段运行数据的基础上，利用风险评估方法，建立风险信息熵评估模型，以准确评估机组状态。状态监测平台对影响贯流式机组运行的设备信息进行采样存储和处理。首先确定变量值，找寻变量属性。设定变量品质评判标准，分对象以时间轴为基准，对数据进行排序，根据排序情况，确立数值，依据各标准的概率值作为训练模型的阈值，依次计算预测值和召唤值，分别得到训练样本容量个数的预测值和召唤值[4]。基于时段进行数据集划分，提取特征数据。

4.2 设备健康信息熵评估原理

“熵”的概念最早被香农用于描述信息论中信息的不确定性，同时给出了信息熵的数学表达式，定义一个不确定的概率分布信息熵为

$$H(p)=-\sum_{k=1}^{n}p_k\log_2 p_k$$

式中 p_k——第 k 类事件出现的概率，信息熵大小可定量描述概率系统的平均不确定程度；

n——事件数量。

由于机组运行状态、机组工况、机组内在固有属性存在差异，机组外部因工程安装、水力环境引起的水力特性也存在差异。随着设备采集和传输技术的发展，设备状态量的冗余度越来越高，若在状态评价过程中采用冗余的状态量，会极大降低评估效率与评估精度。针对此情况，根据状态监测信息，对机组运行状态量分值信息进行挖掘，提取状态量

主成分，降低评价维度，并形成具备典型工况特征的贯流式机组状态量主成分体系。主成分状态量的评估体系构建主要分为以下5个步骤：

（1）根据修前、修后数据、运行数据、超标数据、非常规奇异数据及缺陷数据进行统计，建立每个机组单元状态量的多维矩阵。

（2）对各机组单元工况的多维矩阵进行标准化，得到标准化矩阵簇。

（3）计算各机组单元工况的相关系数矩阵。

（4）求相关系数矩阵的特征值及特征向量，计算各工况下设备健康综合因子。

（5）利用综合因子对各机组单元状态量进行排序，设置置信区间，评价设备健康综合指标。

4.3 贯流式机组健康状态信息熵评估应用实例

沙南电站安装有6台单机容量为58MW的灯泡贯流式水轮发电机组，额定转速为88.2r/min，额定水头为14.3m，额定流量为457.66m³/s，经过近几年来对振摆监测数据长期统计分析，发现1号、2号、6号机组经常发生水导轴承径向振动X方向振动超标的问题，特别是1号机组情况尤为严重。

通过对1～6号机组水导轴承径向振动X平均测值进行统计分析，发现1号机组水导轴承径向振动X较其他机组数值明显偏大，3～5号机组水导轴承径向振动X数值较小，在机组日常运行中，3～5号机组工况也更好，这和机组状态在线监测系统数据相符。

在机组状态在线监测系统上对1号机组水导轴承径向振动X进行历史数据分析发现，正常工况下1号机组水导轴承径向振动X平均测值80μm，异常状态下水导轴承径向振动X平均测值140μm，严重威胁机组安全稳定运行。

当机组负荷保持在20MW时，在常规运行水头区间中，水导轴承径向振动X数值增大到140μm，机组振动明显，根据机组健康状态信息熵评估分析出1号机组负荷为20MW时为机组振动区，为优化机组运行工况，应及时避开1号机组负荷为20MW的情况。如图3所示。

5 结语

灯泡贯流式机组具备运行效率高、过机流量大等优点，但是由于结构特点容易引发机组振动，威胁水电站的运行安全，因此对于灯泡贯流式机组运行工况的研究具有重要的现实意义。目前，机组状态在线监测系统在水电站的应用已经十分普遍且可靠，其监测对灯泡贯流式水轮发电机组有着重要意义，机组的振摆情况关系着电站的稳定运行，机组振摆超标必须引起足够重视，若放任机组长期处于振摆偏大的状态下运行，将可能导致重大事故的发生[5]。以多阶段、多种类、全时段的状态量数据为基础，建立机组健康状态信息熵评估模型，对机组健康状态进行评估。当机组处于异常运行状态时，提取机组特征状态量，并计算状态量评估信息熵，根据评估信息熵的值进行排序，求解机组单元的风险优先度，从而明确指导和优化机组运行方式。实际应用表明，机组运行状态监测信息熵的设备健康特征提取及评估对机组实际运行有明显的指导意义。

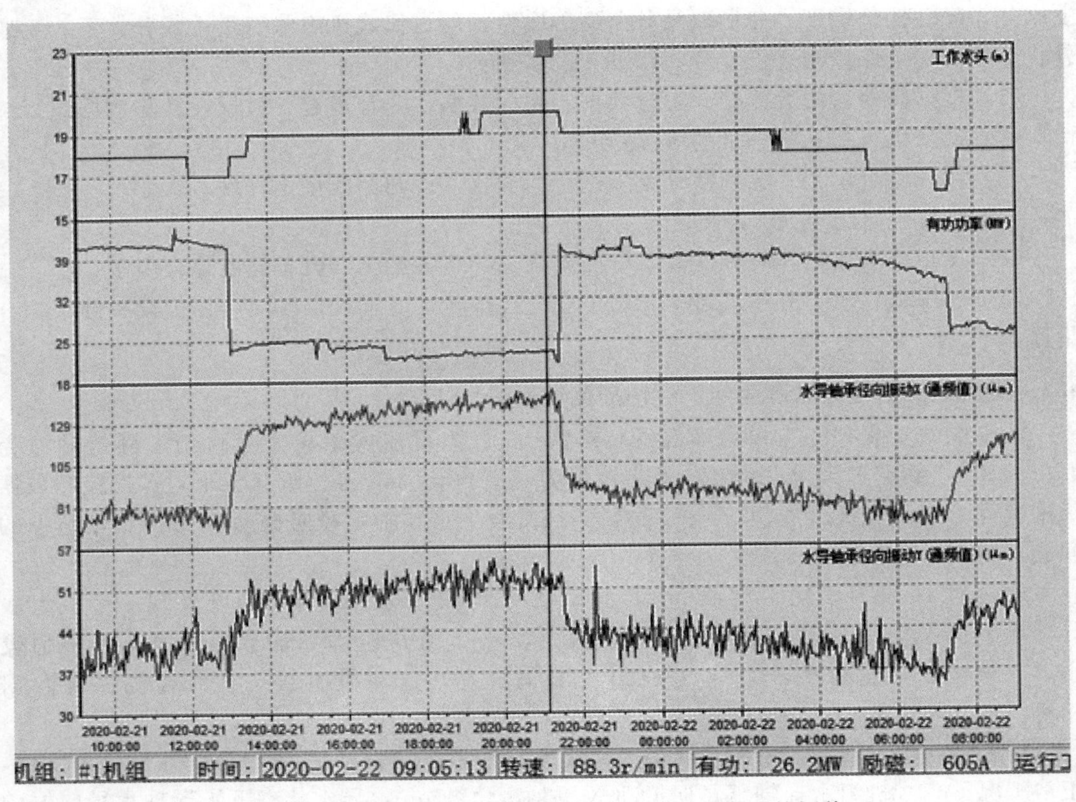

图 3　水导轴承径向振动 X 和径向振动 Y 状态信息熵评估

参考文献

[1]　丁闯，冯辅周，张兵志，等. 行星变速箱振动信号的线性量子信息熵特征 [J]. 兵工学报，2018，39 (12)：2306-2312.

[2]　齐山成，史志鸿，马临超，等. 输电线路主成分状态量风险信息熵的检修计划研究 [J]. 电力系统保护与控制，2020，48 (1)：96-101.

[3]　丁晖庆，邓益新. 贯流式水轮机导轴承径向水平振动分析及处理措施探讨 [J]. 大电机技术，2015 (3)：48-49，53.

[4]　刘金凤. 水轮发电机组振动在线监测与分析系统研究 [D]. 西安：西安理工大学，2004：3-15.

[5]　李汉臻. 灯泡贯流式机组水导轴承振动超标原因分析 [M]. 电工技术，2019：62-66.

特大型灯泡贯流式机组高压油顶起系统探索

刘建华　何　滔

（国电大渡河沙坪水电建设有限公司，四川乐山　614300）

摘　要： 作为亚洲最大灯泡式贯流机组的沙南水电站，在对水电站机组运行过程中必须进行深入研究。保证好机组安全稳定经济高效运行，尤其是电站高顶压力油系统。高顶压力油系统是保证机组大轴安全的重要系统，同时也是影响机组安全稳定运行的至关重要的组成部分。本文首先介绍了高顶压力油系统的组成及其在机组安全稳定运行中所起到的至关重要的作用；其次对高顶压力由系统的安装、运行条件、运行方式、运行逻辑进行了仔细描述，论文重点在对于与常规立式机组对比，阐述了灯泡贯流式机组高顶压力油系统的运行方式的独特性和其特有的性质以及存在的问题和解决方案。

关键词： 高压油顶起系统；卧式；组合轴承；水导轴承

1　概述

灯泡贯流式水轮发电机组推力轴承是用于卧式机组承受正反向水推力。推力轴承主要由推力头、镜板、轴瓦和支撑等组成。推力轴承由瓦间间隙内形成的油膜进行润滑。在机组开机或停机过程中，机组由静止启动至额定转速或由额定转速到静止。开机时，推力轴承的推力瓦和镜板之间的油膜厚度随机组转速增大逐渐增大，直到达到设计油膜厚度；关机时，推力轴承的推力瓦和镜板之间的油膜厚度将从额定转速时的设计厚度随机组转速减低逐渐减小，直到机组停止时降至几乎为零。在这个过程中，可能因为油膜厚度不够造成推力瓦磨损影响机组安全运行。高压油顶起装系统是为水轮发电机组启动和停止过程中给推力轴承瓦注入高压油，并使之形成足够厚度的润滑油膜而设计的动力机构。

与常规立式机组相比灯泡贯流式机组的高压油顶起系统相对复杂得多，其控制方式有其自身的特殊性，机组高压油顶起系统及其控制系统设计的好坏直接影响到机组的安全运行[1]。卧式机组大轴为顺水流方向卧于机组内部。由于为卧式其转动部件所重力及其他力量主要依靠下方的支持，异常轴瓦分布为大轴上方为两块瓦，下方为四块瓦（转子重量为：157t）。综合考虑摩擦因素、转动部件重量及其他外力、安装工艺等我站选用轴瓦材料为巴氏合金瓦，保证油膜的正常建立以及大轴的安全运行。沙南电站机组其特殊的卧式，在进行材料选择和安装方式以及工艺不得不进行多方面考虑。

作者简介： 刘建华（1991—　），男，助理工程师，学士；研究方向：水电站自动控制系统。

2　灯泡贯流式机组高压油顶起系统组成及工作原理

2.1　灯泡贯流式机组高压油顶起系统组成

沙南电站灯泡贯流式机组高压油顶起系统主要由一个轴承低位油箱、两台高压油泵、滤油器、一个总管压力开关、一个组合轴承开机压力关开、一个组合轴承停机压力关开、一个水导轴承开机压力关开、一个水导轴承停机压力关开及管路组成。

2.2　灯泡贯流式机组高压油顶起系统工作原理

沙南电站灯泡贯流式机组高压油顶起系统（高压油顶起系统如图1所示）配置有两台交流（AC380V、50Hz）电动机驱动的齿轮油泵。厂用电及交流回路正常时，由任一台交流泵向发电机推力轴承供高压油。

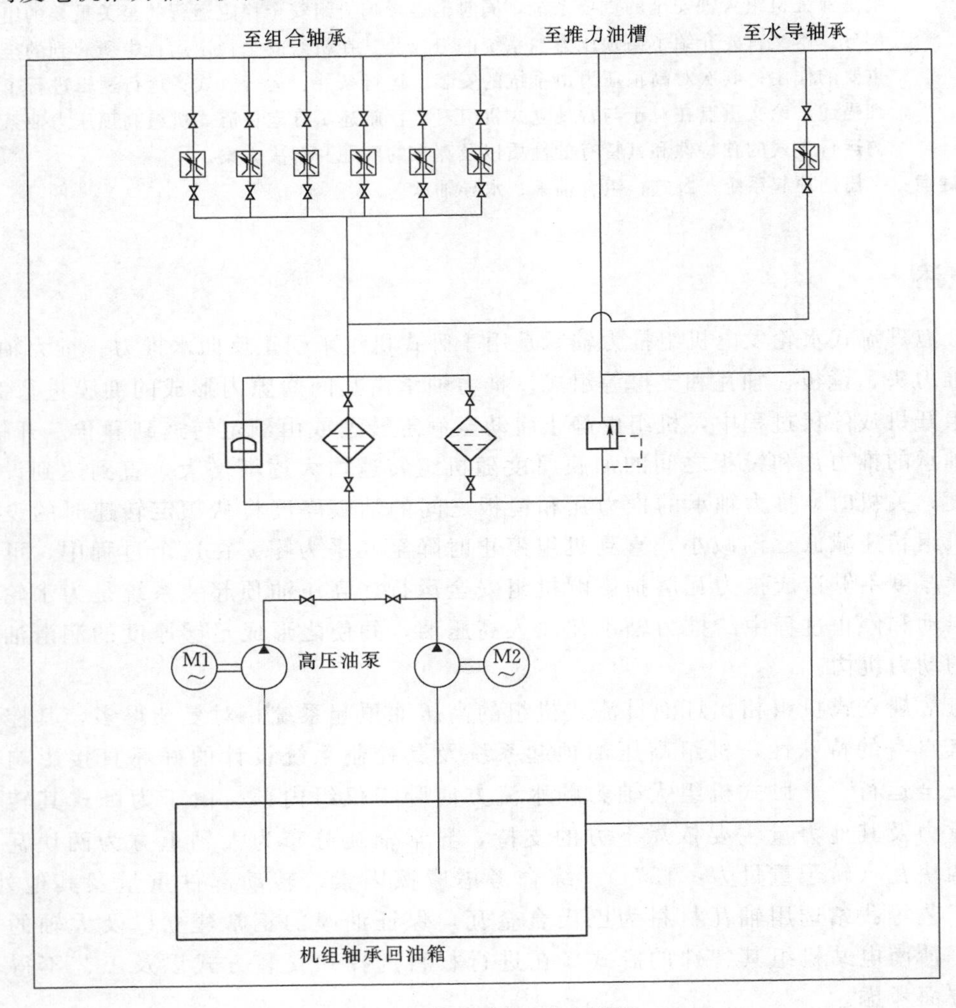

图1　高压油顶起系统原理图

交流油泵启动后，来自轴承低位油箱的油液通过进入吸油管，经过吸入油泵加压，打开单向阀，同时封闭另一回路单向阀，再经滤油器精滤后，经组合轴承进油阀进入推力轴承流量分配器，同时经水导轴承进油阀进入水导轴承，用以顶起机组并在推力瓦和水导瓦间形成润滑所需油膜。另一台油泵工作原理与此类同。

每台油泵的出油口均装有压力表，在现场即使不看控制柜的指示也可以根据该压力表指示，知道是哪一台泵在运行；安装在精密过滤器前后压力表、压开开关和压力变送器，能够现场指示该装置的输出压力，并将该压力传送至控制装置和监控系统，以便在远方也能确知装置建压是否成功；安装在吸油管道上的压力开关同时检测管道内的油液流动情况，根据事先设定的压力报警值，发出管道内压力是否达到建压要求信号给控制系统和监控系统，以确保该装置及机组安全可靠运行。

3 灯泡贯流式机组高压油顶起系统运行方式

沙南电站灯泡贯流式机组大轴为卧式，因此高顶压力油系统主要作用于开、停机过程中顶起机组大轴，在组合轴承和水导轴承建立油膜，防止轴瓦损伤。供油方式为：开机时先启动一台高压油顶起油泵，高压油压力正常后才开导叶转机，待机组转速达到95%时高压油油顶起油泵停止高顶压力油系统，退出高顶；停机时先启动一台高压油顶起油泵，使压力正常，油膜建立正常，待机组停稳转速为0后停止油泵运行退出高顶压力油系统。高顶压力油系统具体运行过程为：首先通过高压油顶起泵将轴承回油箱的透平油经过滤油器送入组合轴承以及水导轴承将大轴顶起［在组合轴承处压力约为9MPa（设计值），水导轴承压力约为5MPa（设计值）］。此时大轴中的高压油从轴承缝隙流入轴承回油箱。当机组正常开机转速升至95%或者停机正常后高压油泵停止运行。在紧急停机时，也会启动高压油顶起系统，保证机组安全停机若在运行过程中启动的油泵有故障将会自动切到另外一台油泵运行。若整个系统有问题那么机组将无法正常开停机，因此在日常的运行维护工作中必须对该系统进行全面的检查维护，保证好系统的运行正常，才能保证机组安全稳定运行[2]。

沙南电站高压油顶起系统不受开停机组次数、开停机时间和热启动的限制。开停机时，轴承总在流体的润滑下运行，因而无磨损。若在全厂失电、高顶压力油系统紧急关闭等特殊情况下，没有压力油润滑的情况下也可以进行惰性停机。

4 灯泡贯流式机组高压油顶起系统问题

4.1 高压油顶起系统压力下降原因及分析处理

沙南电站机组运行期间，停机过程中高压油顶起条件不满足（停机条件为水导轴承高压油停机压力开关压力定值达到5MPa），最终导致机组无法正常停机。其主要原因为：停机开关量定值漂移以及停机过程中高压油顶起压力定值也不能到达5MPa。经咨询国外其他大型灯泡贯流式机组电厂技术人员与多次试验开停机。得出结论高压油顶起系统在停机过程中压力约为2.9MPa时，就可以安全的将大轴顶起。最后将所有机组停机压力开关的定值调整至2.9MPa，机组即可安全稳定的进行开停机。

但是调整压力开关定值未能从根本上解决问题，压力开关定值漂移原因是：灯泡贯流式机组其特有的循环油泵安装在轴承低位油箱上，且循环油泵在其运行过程中振动特别大，因此带动了压力开关的振动，使其压力开关定值漂移，最终导致机组无法正常开停机。因此对压力开关进行了整改，增加了一个表计箱，将所有有关于轴承油的所有压力开关、压力表全部转移至该表计箱中，有效地防止了压力开关的振动，从而从根本上解决了压力开关定值漂移无法停机的难题。

4.2 高压油顶起系统在全厂失电等紧急情况下无法启动

在全厂失电等紧急情况时，高顶油系统无法正常启动。油泵无法正常运行，但允许在该情况下惰性停机。因此仍然保持该方式运行，现正建议对其进行技改。因为该情况下，对轴瓦和大轴的磨损较大，不利于机组安全运行。现有解决方案为将其中一台油泵更换为直流（DC 220V）电动机驱动的齿轮油泵。可以完全保证机组在某些特殊的紧急情况下可以启动高压油顶起系统正常运行，保证机组大轴和轴瓦的安全运行。

4.3 由于轴承低位油箱上元件管路辅助高顶油泵无法正常安装

由于灯泡贯流式机组的特殊性，在其低位油箱需要安装许多较为复杂的元器件，例如：两台循环油泵、一台滤油器、两台循环油冷却器、端子箱和各种压力开关、压力表、压差传感器、压力传感器、磁翻板以及复杂的油管路等，导致两台高压油泵无安装空间。考虑管路走向、高压泵的安全稳定运行、成本控制，最终将两台高压油泵倒立式安装于低位油箱侧面。这样既能保证油泵安全运行、同时减少油管路距离、又能减少长距离运输高压油压力的损耗。由于两台高压油泵为倒立安装，且位于导水机构下部。导水机构经常有漏水情况，因此在两台油泵上方增加了防雨装置，保证两台泵不受漏水影响。

5 结语

沙南水电站机组单机容量作为全国最大灯泡贯流式机组，在高压油顶起统经过近两年的运行和不断探索、改进。对出现的问题积极进行解决完善，对其运行的方式方法不断进行优化。该艰苦的过程不仅仅保证了沙南水电站机组安全稳定地运行，创造更大的经济效益。且将会未来其他灯泡贯流式机组带来诸多经验和解决问题的方法，使国内灯泡贯流机组有更大更好的发展。展望未来灯泡贯流式机组的发展将是不断地创新、改进；对于相当于人的血液的油系统，更应积极努力攻克其难点，保证灯泡式贯流机组安全、经济、稳定的运行，创造出最大的效益。

参考文献

[1] 马恩军. 新论灯泡贯流机组油系统 [J]. 大电机技术，2007 (1)：57-61.
[2] 张宏，武中德. 三峡机组推力轴承高压油顶起系统 [J]. 水电站机电技术，2007 (5)：17-18.

特大型灯泡贯流式机组加装电气制动装置的必要性

龙天豪　岳月艳

（国电大渡河沙坪水电建设有限公司，四川乐山　614300）

摘　要：在水头低、流量大的电站当中，多装设灯泡贯流式机组，发电机和水轮机共用一根主轴，水平布置，机组的转轴大，水头低，所以机组的额定转速较低，这使得机组在停机过程中对轴承造成的伤害很大。因此，一般水电站的灯泡贯流式机组都采取高压油顶起系统，保护轴瓦在低速状态下不被烧毁，同时采用机械制动加闸装置，缩短机组停机时间，对机组进行制动，即纯机械制动。在较先进的水电站都采用的是电气制动和机械制动相结合的方式。本文就特大型灯泡贯流式机组加装电气制动装置的必要性进行探讨。

关键词：灯泡贯流式机组；机械制动；电气制动；必要性；探讨

1　引言

沙坪二级水电站位于四川省乐山市峨边彝族自治县和金口河交界处，装设 6 台单机容量 58MW 全国最大的灯泡贯流式水轮发电机组，电站总装机容量 348MW。采用的是机械制动加闸系统，由制动电磁阀、反充电磁阀、切换阀、手动切换阀、制动闸块和相关阀门及管路组成。每台机组 10 块制动闸，机组停机令下发后，当转速下降至 $25\% N_e$，投入制动电磁阀，通过低压气系统作用于制动风闸的上下腔，制动闸块顶起，使转速降为 0，闸块落下。制动耗气量为 8L/s，正常机械制动的供气压力 0.6～0.8MPa，气源来自低压气系统通过机组制动用气干管供气，制动时间为 2min。图 1 为机械制动系统的低压管路。图 2 为加闸系统图。

这种机械制动加闸装置存在以下问题：

（1）制动闸磨损制动环产生的粉尘会对发电机线圈造成污染，粉尘与推力轴承甩油造成的油泥会附着在定子线圈上以及铁芯通风处，影响了机组的绝缘和散热，严重影响发电机的正常运行。

（2）制动闸块磨损过快，检修人员需经常的更换制动闸块；当机组频繁开、停机时，摩擦产生的热量使制动环表面温升变高，容易导致变形龟裂。

（3）制动气系统压力过低时，将无法对机组进行制动，只能维持机组空转，易引发不安全事故。

（4）当电磁阀出现故障时，会出现拒动情况，安全性不可靠。

在这样的情况下，传统的机械制动加闸方式不能满足于当前机组安全稳定运行的需

作者简介：岳月艳（1993—　），女，助理工程师，学士；研究方向：水电站监控控制系统。

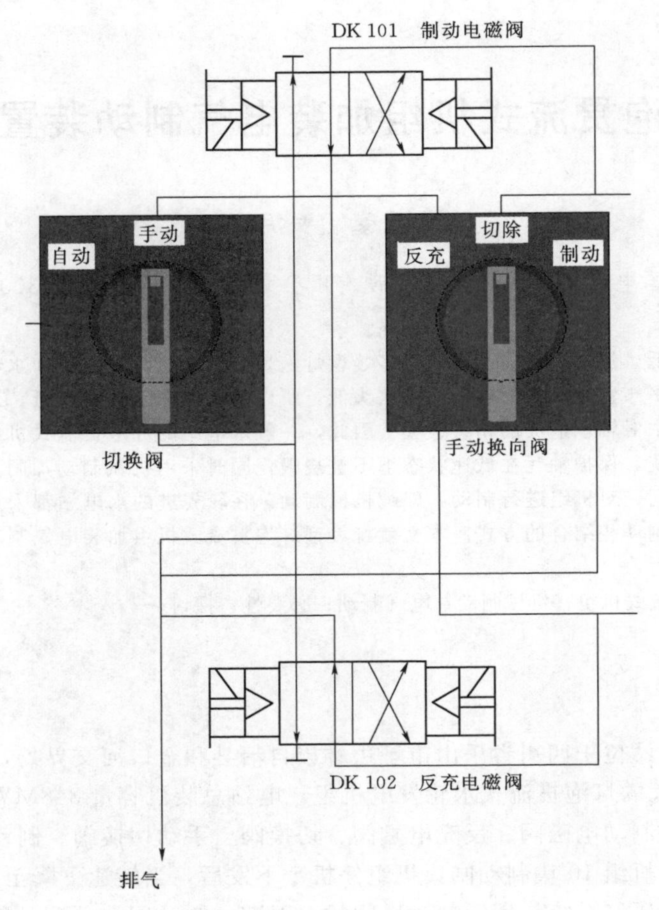

图 1　机械制动低压管路图

要，因此加装机组电气制动系统，采用机械制动与电气制动相结合的方式就显得尤为必要了。

2　制动的工作原理

水电站机组一般有两种制动方式[1]：机械制动加闸和电气制动。

机械制动通过由低压气源控制的制动闸块与磁轭下面的制动环直接接触产生摩擦阻力，从而起到制动作用，结构简单，制动方便，适用于对各类机组及各种情况下包括事故状态制动[1]。在停机过程中出现导叶故障漏水时，制动力矩能保证两个导叶故障漏水的情况下实现停机。机械制动加闸装置的作用有如下几点：

2.1　防止油膜损失导致轴瓦烧损

在停机过程中，由于机组的惰性以及导水机构漏水等因素，机组将在较长时间内以很低的转速运行，这对于机组的各部轴承，尤其是推力轴承的润滑和散热油膜产生不利影响，甚至影响到机组轴承的安全。因此，当机组转速降到某一范围时，采用强迫制动的方式来缩短机组的惰性停机时间，防止因镜板与推力瓦，导轴承轴领与轴瓦间油膜失去而形

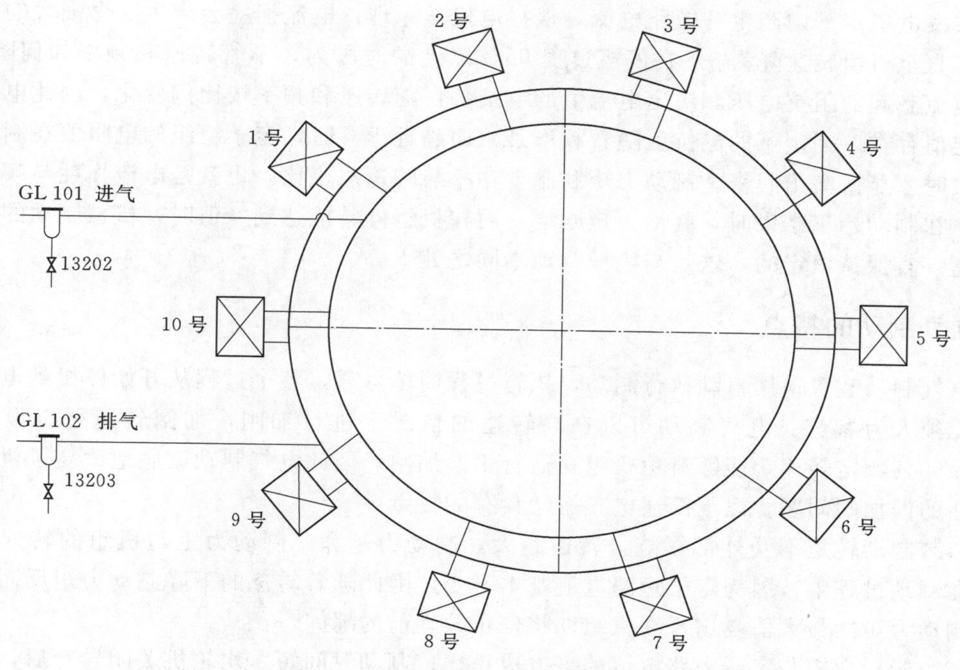

图 2 机械制动加闸系统图

成干摩擦导致烧瓦事故，通过强迫制动以达到快速停机的目的[2]。

2.2 高压油顶起装置建立轴瓦油膜

由于机组在较长时间停机，推力瓦与镜板之间的静态油膜逐渐变薄，不利于机组启动时的轴承安全，因而采用制动装置与高压油顶起装置结合，高压油顶起装置在机组开机前自动投入，机组转速上升至 95%U_e 自动退出，机组停机前自动启动，停机完成后自动退出。开停机过程中向发电机组合轴承和水导轴承提供高压油源，以便顶起整个旋转轴系，利于轴瓦油膜的生成，保护轴瓦在低速状态下不被烧毁。

2.3 方便推力瓦检修维护

轴承检修时利用制动装置与高压油泵相结合的方式，将转动部分重量落在制动器上以便于抽出推力瓦进行检查维护，因此制动装置的安全与可靠性将直接影响到机组的可靠性。

电气制动是发电机解列、灭磁以后，待机组转速下降到额定转速的 50%～60%，由监控系统向励磁系统发出电制动投入令。由励磁系统配置的专用可编程控制器（PLC）完成具体的电制动流程控制。将发电机定子在机端出口三相短路，通过一系列逻辑操作，提供制动电源，励磁调节器转到电制动模式运行，给发电机转子绕组加励磁电流。因为发电机正在转动，定子在转子磁场的作用下，感应产生短路电流，由此产生的电磁力矩正好与转子的惯性转向相反，起到制动的作用。这种制动方式只有定子绕组的温度升高，不会产生其他污染。当机组从电网中解列，即发电机出口断路器 GCB 跳闸、灭磁开关跳开，磁场灭磁后机组进入停机状态，这时如果短接定子绕组出线，同时给发电机转子提供励磁，就会在发电机定子内产生一短路电流，根据电机学原理，电流损耗会产生一个强大的制动作用，直至机组转速降为0。在停机过程95%以上的时段内，不管转速和频率如何降低，由于电流激起的阻抗电压和决定电流值的电抗各自随转速和频率按比例变化，因此电流值以恒定值存在。当定子的电抗值随着频率衰减而趋近于0时，定子绕组的电阻值在制动趋于结束时才显得突出起来。制动力矩和制动功率与转速成正比，也就是电流损耗与频率成正比。在制动趋于结束时，制动力矩剧增，而在机组停转前达到峰值时，机械制动的制动力矩是一直保持恒定的，这是与机械制动不同之处[3]。

3 电气制动的特点

电气制动装置采用自动执行制动，执行过程简单可靠，整个过程从开始停机到电机启动，无须人为参与。电气制动可以在高转速的情况下进行加闸，加闸转速可以设置在50%～60%额定转速，能够避免机组在运行中误加闸，因此电气制动彻底地改变了机械制动存在的误加闸问题。以下简述电气制动具有的特点：

（1）制动转矩不受外部影响，转速越大，制动力越大。制动力矩与机组的转速成反比，在制动过程中，因为定子短路电流基本不变，因此随着转速的下降制动力矩反而会加大，制动力矩的最大值是出现在机组即将停止转动前的瞬间[4]。

（2）制动力矩与定子短路电流的平方成正比；制动时间短，水轮机关闭导叶后，机组转速降至60%额定转速，就可以将电制动投入，从其他电厂的运行经验来看，比机械制动大为缩短了停机时间。

（3）电气制动时不产生粉尘、无污染，减少机组轴承、制动闸、制动环的磨损和机舱内的粉尘污染。

（4）电气制动采用1.1～1.3倍额定电流，制动电流损耗会导致绕组温升，但由于绕组设计时有热储存容量，且制动时间短，所以引起的定子绕组温升一般在2～4℃，不会影响发电机的使用寿命。

（5）由于正常情况下的停机制动由电气制动完成，机械制动在事故时作为后备制动，故不会发生误操作。

（6）便于实现全厂计算机监控，大幅提高灯泡贯流式机组的自动化水平。

（7）工作可靠，方便了机组的维护、检修。

（8）电气制动系统造价较高，对外围设备环境要求高。

4 电气制动条件及步骤

正常停机时，当发电机与电网解列后，监控系统向励磁调节器下发停机令，由励磁调节器进行逆变灭磁。一般在具备以下条件时，监控系统向励磁系统发出电制动投入命令：

（1）发电机出口断路器分闸，磁场灭磁，机端电压降至残压。

（2）机组停机令。

（3）导叶全关或进水口闸门全关，无原动力矩。

（4）机组无电气事故。

（5）机组转速下降到60%额定值以下。

在实现电制动的过程中，需要由外部提供制动电源，而这与励磁系统的主回路结构是密切相关的。若励磁装置采用自并励接线方式，当机端短路时，励磁变没有电源。制动电源来自专用制动变压器，制动变接至厂用电。也就是，在发电工况和电制动工况下，整流电源需经由操作回路控制整流桥交流侧断路器 QL1 和 QL2 进行切换。在发电机自并励励磁方式下，励磁变一般都直接取自于发电机机端。电制动过程中，励磁系统向发电机转子绕组提供的励磁电流一般不超过空载额定励磁电流值，所以，制动变的容量可以选得较小。图 3 为电气制动主回路接线。

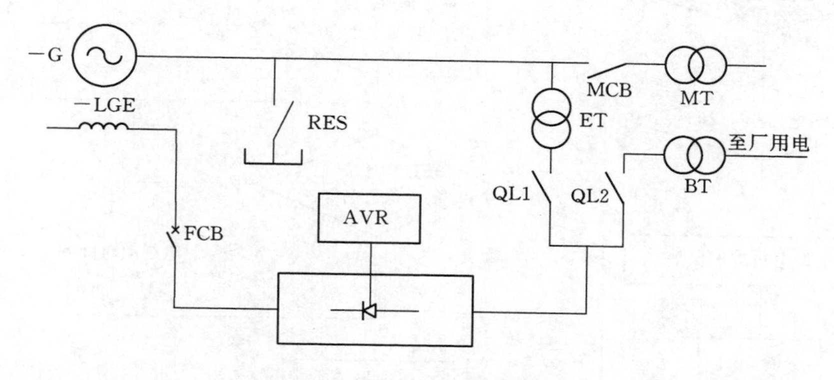

图 3　电气制动主回路接线

电气短路制动步骤如下：

(1) 当励磁系统的电制动 PLC 检测到电制动投入命令并判断条件满足后，依次闭锁继电保护、分励磁变副边开关 QL1，合短路开关 RES、合电制动电源交流开关 QL2。

(2) 控制励磁调节器转入电制动模式，使得励磁系统向转子绕组输出设定的励磁电流值，形成制动力矩，完成电制动。

(3) 在电制动过程中，任何一步不满足电制动条件，PLC 都将发信号转机械制动，并向计算机监控系统发送报警信号，电制动退出；同时进入第 (6) 步。

(4) 当机组的转速小于 5%时，电制动完成，PLC 向励磁调节器发出逆变灭磁信号，灭磁成功后进入第 (6) 步。

(5) 逆变灭磁失败，PLC 将跳灭磁开关，然后进入第 (6) 步。

(6) 当完成第 (2) ～第 (4) 步或第 (5) 步后，PLC 同时发信号分电制动电源交流开关 QL2、短路开关 RES、合整流变副边开关 QL1，解除发电机继电保护，使励磁装置恢复到正常开机前的状态。

在电制动过程中，PLC 始终监测整个制动过程是否正常，当遇到以下异常情况时，PLC 将向监控系统发出电制动失败报警信号，并退出电制动过程。此时需要由监控系统投入机械制动装置完成机组的制动：

(1) QL1 不能分断，或 RES、QL2 开关不能合上。

(2) 电制动时间过长。

电气制动过程中，制动电流在主轴停止转动前瞬间，它的值在制动作用下将会减到最小，要想使发电机完全停转还须借助于机械风闸制动，再加上灯泡贯流式水轮机组的导水机构一般会有漏水，加入机械制动是必不可少的。所以，机械制动仍需保留，机械制动与电气制动结合是一种理想的制动方式。电气制动流程如图4所示。

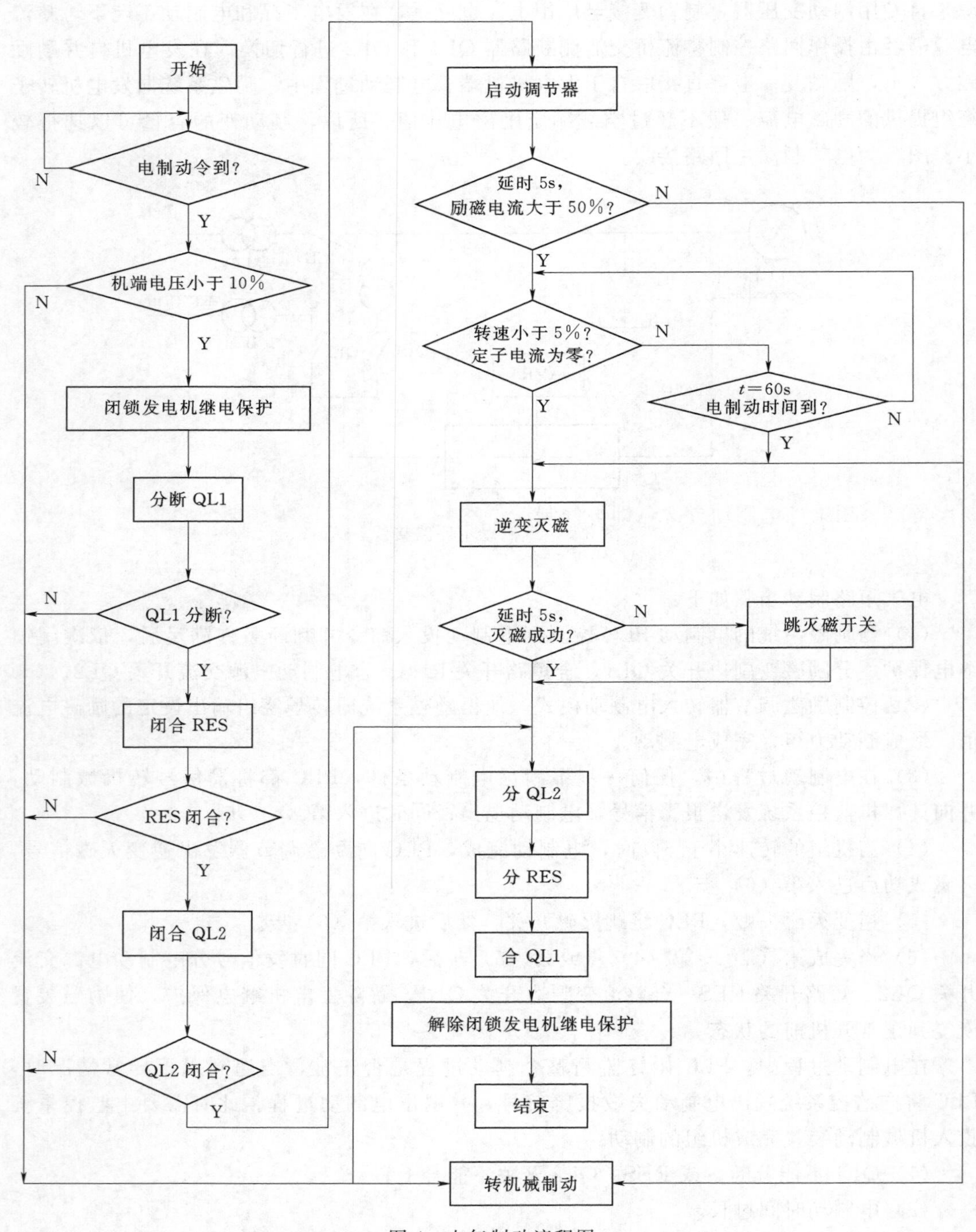

图4 电气制动流程图

5 电气制动与电气保护的关系

在发电机的保护配置中，根据规范要求，对发电机定子绕组及其引出线的相间短路故障的保护采用的是纵联差动保护，其保护动作的结果是停机、跳发电机出口断路器、跳灭磁开关。在进行电气制动时，灭磁开关是闭合的，电制动工况下机组的差动保护回路会形成差电流，当差电流大于保护整定值时，保护可能会误动作，所以这类保护会对制动短路产生直接影响。故必须对某些保护装置进行闭锁，才能顺利进行电气短路制动。以下两个方面的闭锁可以避免此类影响：

（1）在制动起动条件中加入机组无电气事故判据，无电气事故时才可以投入电气制动，否则无法投入电气制动。

（2）投入电气制动前，起动接触器对相应的电流互感器回路短接，确保制动过程中继电器不能动作。闭锁发电机保护动作出口，以使电气制动顺利进行。

6 加装电气制动系统需增加的装置

电气制动设备包括发电机出口短路开关 RES、专用制动变压器 BT、励磁变副边开关 QL1、电制动交流电源开关 QL2、灭磁开关 FCB、励磁可控硅全控整流桥以及相应的控制设备。采用柔性电制动方案，即电气制动与励磁系统共用可控硅整流桥，不需要增加独立的制动整流桥。对电气制动流程的控制可由监控系统完成，也可由励磁调节器来完成。本文电气制动流程采用励磁调节器来完成。

加装电气制动系统，除本站 EXC9100 励磁系统本身具有电气制动的功能外，额外需增加的装置有发电机出口短路开关 RES、专用制动变压器 BT、励磁变副边开关 QL1、电制动交流电源开关 QL2。电制动过程中，励磁系统向发电机转子绕组提供的励磁电流一般不超过空载额定励磁电流值，所以制动变的容量可以选得较小。

7 结语

随着时间推移，电气制动技术运行成熟，通过其他电站电气制动停机试验与运行实践证明，大型灯泡贯流式水轮发电机组采用电气制动停机是成功的。越来越多的电站将采用电气制动与励磁系统结合、电气制动与机械风闸制动混合制动的方式，最优最快的实现机组停机，为机组稳定运行、安全控制创造有利条件。电气制动技术还可以有效地防止绝缘污染，减少检修维护人员的工作量等。大型灯泡贯流式水轮发电机组采用电气制动停机后，可以减少因风闸磨损被迫停运的小时数，提高发电效率，带来可观的效益。

对于本站 58MW 的大型灯泡贯流式水轮发电机组来讲，转动部分直径大、动能大、停机时间长，采用机械制动产生的热量大，制动闸块磨损大，若在停机时采用电气制动与机械风闸制动、高压油顶起系统相结合的方式，能使机组快速度过低转速区，减少风闸及推力瓦磨损。不论从短期还是长期来讲，都有明显的经济效益，符合“无人值班，少人值守”的目标理念，也是将来智能化电站研究的重点发展方向。

参考文献

[1] 刘余斌. 电气制动方式的改进 [J]. 科技资讯，2016，(32)：46-48.
[2] 贾永林. 水轮发电常见问题与解决方法 [J]. 科技学术，2010，(7)：25-24.
[3] 刘树清. 灯泡贯流式机组的电气制动 [J]. 水利水电技术，2001，(3)：67-69.
[4] 孙喆. 柔性电气制动在水电厂的应用 [J]. 水电厂自动化，2010，31 (2)：34-36.

特大型灯泡贯流式机组开机中轴承油中断故障分析及处理

谈宇宁　何　滔

（国电大渡河沙坪水电建设有限公司，四川乐山　614300）

摘　要：随着低水头径流式水电站的开发，灯泡贯流式机组凭借其投资低、安装工期短、检修方便等优势逐渐被广泛运用。沙坪二级水电站灯泡贯流式机组投入运行后，在机组开机过程中出现组合轴承流量过低启动事故停机，频繁造成自动开机失败。根据设备结构特点及流程设计思路，找到了开机过程中组合轴承润滑油流量突变的原因，并结合流量突变规律特性对开机流程作了相应优化改进，解决了机组开机轴承油供油突变引起的事故停机问题，提高了机组自动开机成功率，保障机组安全稳定运行。

关键词：灯泡贯流式；组合轴承；供油突变；开机流程

1　引言

随着大渡河流域水电开发步入“中后期”，低水头径流式水电站开发迎来新的一轮高潮，沙坪二级水电站位于四川省乐山市峨边彝族自治县和金口河区境内，是大渡河干流上“首座”采用灯泡贯流式机组电站，站内共装有6台灯泡贯流式水轮发电机组，均由东方电气集团东方电机有限公司生产，最低水头5.9m，设计水头14.3m，最高水头24.6m，单机容量58MW，在已建成的同类型机组中目前居国内第一。首台机组1号机于2017年7月正式并网发电，2017年12月，随着大渡河枯水期到来，电站上游蓄水位逐步提升至正常蓄水位554.00m，机组运行水头由投产初期不足10m逐步提升至18m左右。后续投产的2F、3F机组陆续出现自动开机过程中轴承润滑油中断，开机失败的现象。投产运行期间经过对相同故障的统计发现“开机过程中轴承油流量突变”是机组开机失败的主要原因。

机组的轴承润滑油系统由高位油箱、回油箱、高压油顶起系统、油冷却系统、循环油泵、滤油器及相关自动化元件等组成[1]。轴承分为水导轴承和组合轴承两大部分，组合轴承包括正反推力轴承、径向轴承；推力轴承、径向轴承、水导轴承均采用巴氏合金瓦，发电机的推力轴承和径向轴承组装在同一个轴承座内，设在转子下游侧。轴承润滑油主要作用是机组转动时为轴瓦提供“润滑”及“冷却”[2]，为确保机组运行中机组轴承润滑油供应可靠，设有“轴承油润滑油中断”保护，当轴承润滑油出现中断信号立即启动事故停机流程，而正常开机过程中频繁出现“轴承油中断报警”，导致电站投产初期机组自动开机

作者简介：谈宇宁（1992—　），男，助理工程师，学士；研究方向：水电站监控控制系统。

成功率极低（不足75%），给日常运行维护带来极大不便。如图1所示为轴承油系统循环示意图。

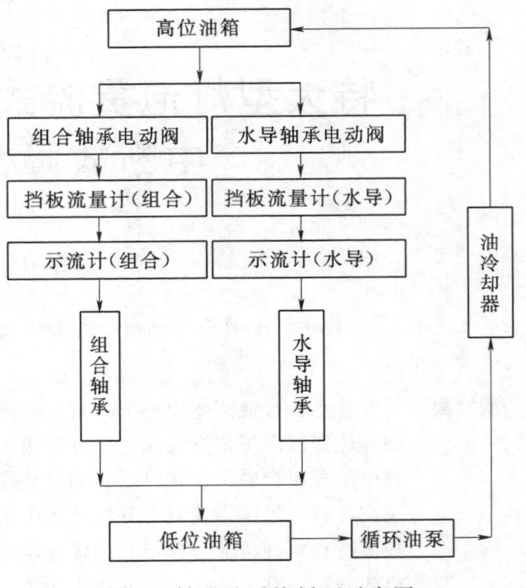

图1 轴承油系统循环示意图

2 开机失败原因分析

2017年12月，随着大渡河枯水期到来，电站上游蓄水位逐步提升至正常蓄水位554m，机组运行水头由投产初期不足10m逐步提升至18m左右。在运机组（1F、2F、3F）陆续出现自动开机过程中组合轴承供油中断报警，开机失败现象。

通过对2017年12月1～3F机组120余次开停机记录进行统计分析，见表1，机组水头在15m以上时，1～3F机组开机过程中均出现了“轴承油中断报警”，且随着水头增加，机组开机成功率呈现下降趋势。

表1 不同水头下机组开机中轴承油中断报警次数统计（2017年12月） 单位：次

水头机组	＜15m	15～17m	17～19m	19～21m	＞21m
1F	0	2	4	3	2
2F	0	3	5	4	2
3F	0	4	6	3	2

2.1 开机过程轴承油供油量突变分析

通过对异常开机过程的历史记录数据分析发现：机组开机时，在导叶开启后，组合轴承供油流量存在明显降低的现象，部分机组在高水头工况下可能降至“组合轴承供油流量过低”动作定值，触发机组事故停机流程。具体下降数值与各机组轴向位移量、润滑油油温及当前运行水头等参数相关。开机过程中组合轴承油流量变化过程如图2所示。

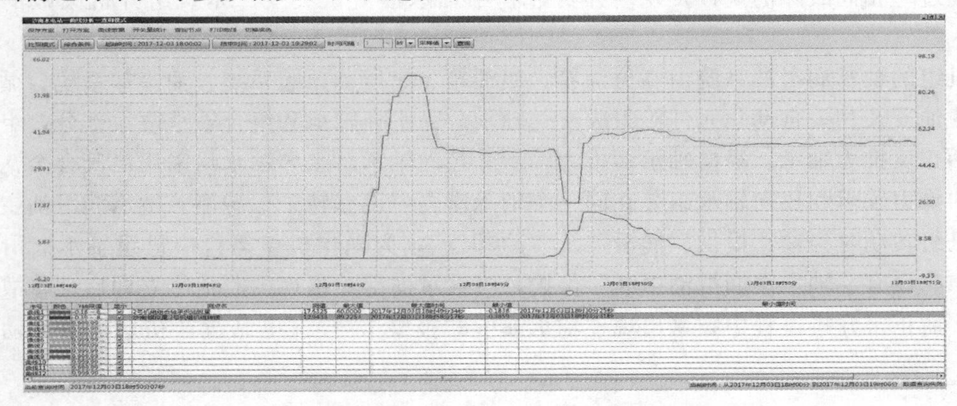

图2 开机中机组转速与组合轴承供油流量关系曲线图

通过对机组在线监测装置采集的“主轴顶起量”“轴向位移”等数据分析发现：机组开导叶后，在水流压力作用下，机组主轴产生向下游侧一个轴向位移，轴向位移大小与当前机组运行水头具有一定关系，通过对机组开机过程历史数据查询可知，导叶开启前后轴向位移高达 2mm，此时推力轴瓦与镜板间隙变化是造成组合轴承润滑油流量突然减小的主要原因[3]。从投运机组正常运行时的参数来看，机组并网状态组合轴承供油流量一般 35～40m^3/h，水导供油流量 2.5m^3/h，导叶开启后组合轴承供油流量最低降至 17m^3/h（组合轴承供油流量过低定值按 20m^3/h 整定），但随着机组转速上升（导叶开启后约 7s），组合轴承供油流量逐步恢复正常水平；水导轴承供油流量在开停机过程中未见明显变化。

2.2 开机及事故停机流程逻辑分析

沙坪二级水电站机组轴承由水导轴承和组合轴承组成，组合轴承包括正反推力轴承、径向轴承。在开机过程中，上位机下发“开机令”后，流程会自动退出爬行监测装置，启动轴流风机、碳粉吸尘泵、吸排油雾泵、技术供水系统、高压油泵、轴承油系统等，待以上辅助设备投入正常后，机组各部润滑油流量正常，机组开启导叶，开始转动。如图 3 所示为机组开机流程示意图。

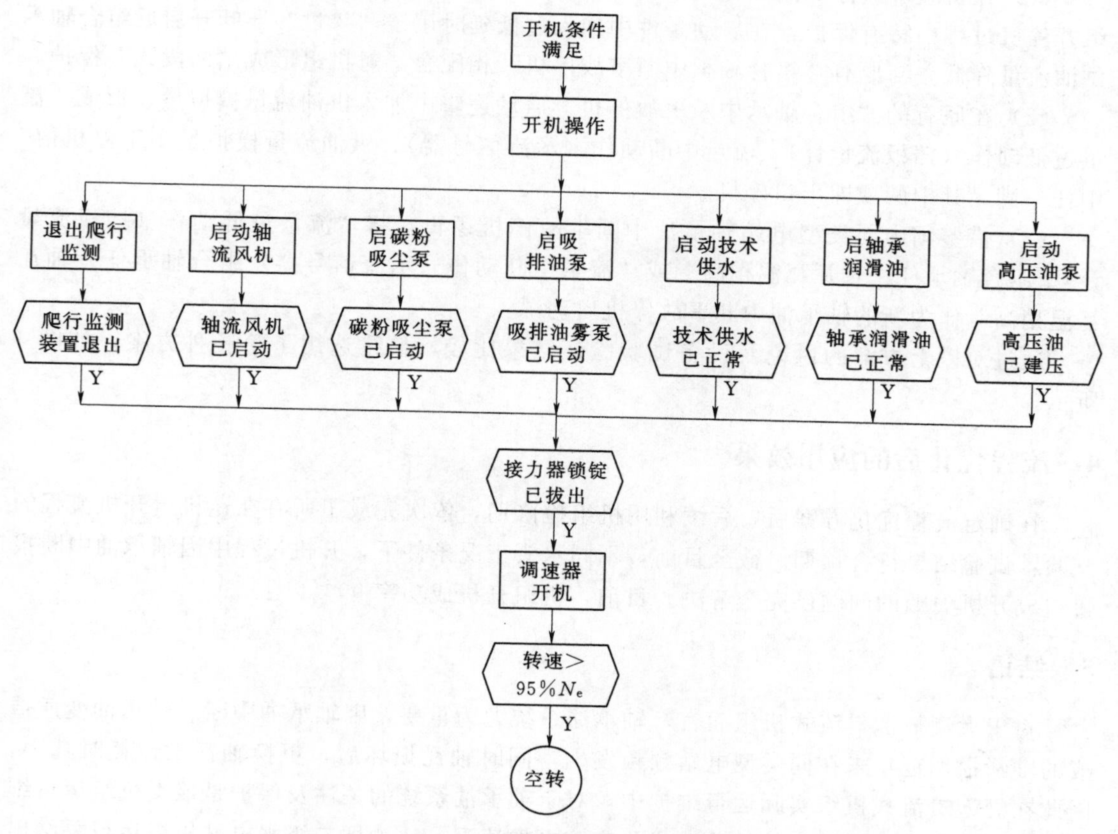

图 3　机组开机流程示意图

而为了保证机组运行时主要部件的安全，LCU 屏及水机事故保护屏设置了各类事故停机流程用以保护运行中的机组，其中轴瓦相关保护有“轴承高位油箱油位过低停机”“组合（水导）轴承润滑油供油中断停机”“轴瓦温度过高停机”。此次造成频繁开机失败的即是“组合轴承润滑油供油中断停机”。其启动逻辑为流量过低动作（挡板流量计）或流量中断动作（示流信号器）。在开机流程执行中，流程启动轴承润滑油系统后，轴承油系统控制柜将自动开启“组合轴承供油阀、水导轴承供油阀”，启动循环油泵，此时轴承油系统开始循环，若此时组合轴承供油、水导供油流量正常（无流量低、流量过低信号），流程即判断轴承油系统已正常投入，将执行下一步流程：给调速器指令开启导叶，此时机组转速上升，机组停机态随即复归（事故停机受停机态闭锁），此时事故停机入口开放，若此时组合轴承供油流量因导叶开启突然降低，将触发机组事故停机，从而造成开机失败。

3 事故停机流程优化

针对机组在开机过程中组合轴承润滑油系统供油流量变化现象及规律，在机组“组合轴承润滑油供油中断停机”启动逻辑提出以下几点技改方案。

（1）在机组事故停机流程中增设“开停机过程中组合轴承供油中断事故停机”作为机组开停机过程中特有保护，在启动条件中加入过低延时用于“躲过”导叶开启后组合轴承供油流量降低，与原有“组合轴承中断事故停机”相配合，对机组形成“两段式”保护。

（2）在原有的“组合轴承中断事故停机”启动逻辑中加入供油流量模拟量，形成“流量过低动作（挡板流量计）、流量中断动作（示流信号器）、供油流量模拟量小于停机值”中任一满足其中两项即出口停机。

（3）借鉴国内同类型电站轴承油中断事故停机逻辑，将“流量过低动作（挡板流量计）+组合轴承任一轴瓦瓦温稍高”或“流量中断动作（示流信号器）组合轴承任一轴瓦瓦温稍高”作为新的轴承油中断事故停机启动源。

通过对以上方案的讨论及设备试验验证结果比较，最终选用了第一种方案，如图4所示。

4 流程优化后的应用效果

在确定流程优化方案后，后续利用机组检修期，依次完成了所有在运机组开机流程的试验，试验结果符合预期。截至目前，不同水头工况条件下，开机过程中因轴承油中断报警造成开机失败的问题已完全解决。目前，机组开机成功率99%以上。

5 结语

对于大型灯泡贯流式机组而言，轴承油系统尤为重要，因轴承油中断、轴承油变质造成的轴瓦损伤近年来在同类型电站频频发生，同时轴瓦损坏后，更换轴瓦工作耗时耗力，因此在灯泡贯流式机组实际运行维护中，对于轴承油系统的关注及保护是该类机组运行维护的重点，轴承油系统相关的改造优化应该更加慎重。从沙坪二级水电站机组运行总结出的轴承油系统相关运行规律及现象，对后续同类型机组运行维护积累了一定经验。

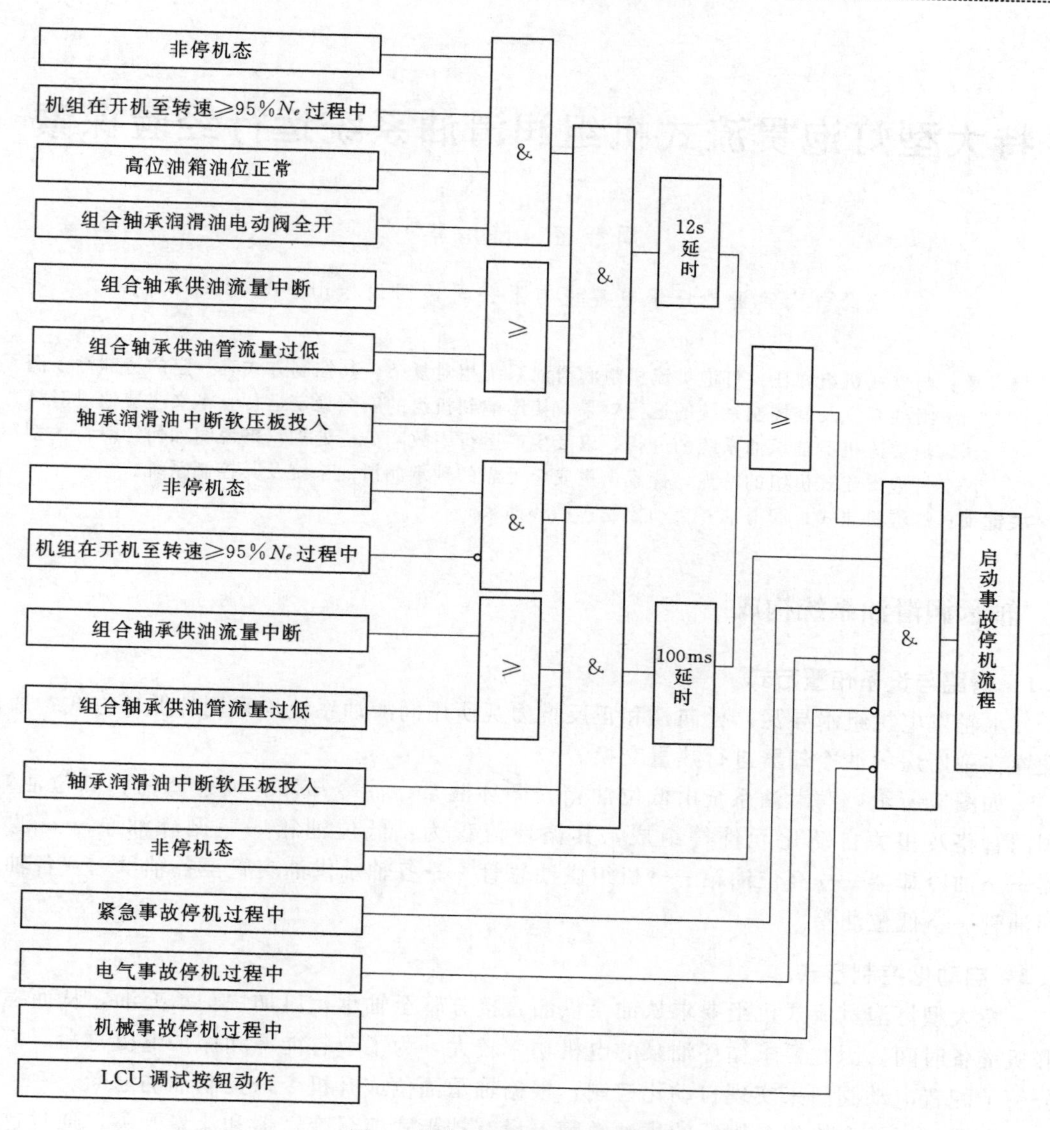

图4　优化后的事故停机逻辑图

参考文献

[1]　户满堂，王国锋．基于故障树分析的多位置多尺寸混合故障的智能诊断系统［J］．组合机床与自动化加工技术，2019（9）：117－119．

[2]　刘瑞华，郝建．灯泡贯流式机组的润滑油系统研究［J］．科技与生活，2012（23）：182－183．

[3]　朱一民．滑动轴承承受轴向推力新结构［J］．机械制造，1989，27（7）：15．

特大型灯泡贯流式机组润滑油系统运行经验探索

周智密　陈洁华

（国电大渡河沙坪水电建设有限公司，四川乐山　614300）

摘　要： 与立式机组相比，灯泡贯流机组润滑油系统相对复杂，其控制方式有一定的特殊性，润滑油系统及其控制系统的运行效果直接影响到机组的安全稳定运行。本文主要通过对灯泡贯流机组轴承油系统的分析，以及生产运行中故障分析处理，来说明如何针对特大型灯泡贯流式机组的特点，探索出更安全可靠的轴承润滑油系统及其控制系统。

关键词： 灯泡贯流式；润滑油；自动控制；循环油泵

1　轴承润滑油系统构成

1.1　管路与设备布置方式

水轮发电机组水导瓦、径向瓦和正反推力瓦所用润滑油系统均采用外循环方式，通过设置在副厂房的油冷却器进行热量交换。

如图1所示，润滑油系统由低位油箱、循环油泵、油冷却器、油过滤器、高位油箱、阀门管路及相关自动化元件等组成，其循环流程为：低位油箱⟶循环油泵⟶滤油器⟶油冷却器⟶高位油箱⟶机组供油总管⟶各轴承供油支管至各轴承⟶各轴承回油管⟶低位油箱。

1.2　自动化控制方式

特大型灯泡贯流式机组要求从油泵供油管接分管至轴承，以加快轴承充油，从而缩短开机准备时间。因此要求循环油泵的电机功率较大，为了节省能源和保护电机寿命，需在分管上配置电动阀门来实现自动化控制，根据轴承油位或开机令来控制油的通断。

润滑油系统在机组各轴承的供油总管上设有挡板式流量变送器和流量开关，通过这些自动化元件输出的开关量使润滑油系统参与机组开机回路、机组事故停机回路以及事故报警回路，起到保护机组安全运行的目的。油箱最低液位必须能保证机组在两台循环油泵同时失电时能安全停机，通常要求能供轴承5～10min用油[1]。另外对循环油泵启动停止自动控制的优化，能避免循环油泵的频繁启停，延长循环油泵寿命，减少机组事故的机率。

高位油箱设置3个液位开关，分别是油位正常、油位低和油位过低。在油位正常位置以上停备用循环油泵，在油位低以下且机组运行时投入备用循环油泵，在油位过低位置机组事故停机。其控制方式根据机组运行状态分两种：①机组开机时，润滑油系统根据开机令，开启轴承进油总管电动阀同时启动一台循环油泵保证高位油箱油位；此时循环油泵为

作者简介： 周智密（1992—　），男，助理工程师，学士学位；研究方向：水电站运行系统、自动化系统。

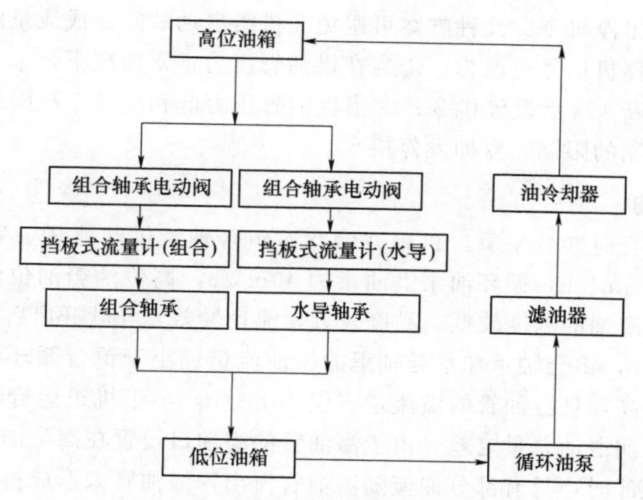

图1　轴承油系统循环示意图

一主一备（正常运行时72h进行一次轮换），当高位油箱油位低时，备用泵启动并至正常油位备用泵方停止；②机组停机备用时，关闭供油电动阀，循环油泵将自动启停补充因渗漏而损失的润滑油，保证高位油箱油位正常，满足机组开机的要求，减小开机等待时间，提高机组开机成功率。

2　运行中遇到的故障及分析处理

2.1　润滑油循环油泵备用泵频繁启动

机组运行时，发现高位油箱油位缓慢下降，备用泵启动次数较为频繁，经全面检查未发现有渗漏现象。后经反复观察发现此现象只在机组刚开机运行时出现，并且在机组运行时进油管压力明显下降。分析认为润滑油在机组停机状态下油温低，导致润滑油的黏度较高，大轴在旋转时带动油的流动形成“水泵效应”。造成润滑油流量增加，循环油泵供油量小于机组所需供油流量。机组停机后，手动开启轴承高位油箱和低位油箱的加热器，维持润滑油的温度与运行时一致。机组开机后将轴承高位油箱和低位油箱的加热器切至自动。建议通过修改轴承高位油箱和低位油箱的加热器的启停逻辑及定值来维持该温度。

2.2　流量开关误动作造成停机

机组润滑油所用流量开关为热扩散流量开关，其优点是测量精度不会随油温变化而变化，但由于其灵敏度高，在润滑油波动时容易造成测量精度不准确。由于机组轴承润滑油中断停机压板在投入，机组执行停机—空转流程时，发出水导轴承供油流量中断停机令造成事故停机，停机后检查机组润滑油系统无异常情况，重新开机又发生事故停机。根据上位机轴承油流量曲线发现，在机组转动初期流量开关显示流量明显低于开机前的流量，存在瞬时波动，流量突然变小，流量开关发出轴承润滑油中断信号。经分析认为，机组转动初期轴承用油瞬间增大，轴承高位油箱供油未及时跟上，导致瞬间流量小于流量开关动作值，发出轴承润滑油中断停机信号。建议修改厂家PLC控制程序，对润滑油流量中断立即发出停机令进行修改，即在进油管压力正常的情况下，当润滑油回油管流量中断信号出现一定时间后方发出停机令。此种方案可避免在机组启动瞬间造成流量波动而停机。并确定将流量中断事故停机信号更改为：①当在供油管压力正常情况下，某一润滑油管路供油管流量信号连续中断 12s 后发停机令；②当供油管压力低和流量中断同时发出信号时，不受流量中断延时控制的限制，立即发停机令。

2.3 高位油箱溢油

从机组正常运行时参数来看，机组并网状态组合轴承供油流量一般在 35～40m^3/h，水导供油流量为 2.5m^3/h，循环油泵供油量为 40m^3/h，高位油箱油位保持平衡[2]。机组刚开机时，由于润滑油的温度较低，黏度较大，流动性差，导叶开启后组合轴承供油流量最低可降至 17m^3/h，组合轴承和水导轴承的供油流量远小于单台循环油泵的供油量，引起高位油箱油位升高，且溢油管的溢流量（仅 10m^3/h）小于机组运行时单台循环油泵供油量与此时各轴承润滑油总量之差（由于溢油管的溢油口设置在高位油箱靠顶部位置，当油位上升至油箱顶部时，只有部分油流随溢油管流出，溢油管未形成持续的虹吸效应，因此溢油能力有限），导致高位油箱油流溢出。

为解决此弊端，我站采用的改进方案为：在高位油箱顶部增加一个副油箱。一方面，通过增加高位油箱体积扩大盛油量（副油箱体积约为 1m^3）；另一方面，通过加高油箱顶部到溢油口的距离，当油位超过溢油口时，可形成溢油管持续的虹吸效应，大幅提升了溢油管的溢油能力，最大溢流量可达 25m^3/h，始终大于机组运行时各种状态下单台循环油泵供油量与各处轴承润滑油总量之差，从而彻底解决高位油箱溢油的问题。

3 结语

以沙坪二级水电站灯泡贯流式机组为例，阐述了特大型灯泡贯流式机组轴承润滑油系统的布置情况和自动控制特点，并就运行中遇到的故障进行分析，简要介绍处理及改进方法。

参考文献

[1] SL 573—2012 灯泡贯流式水轮发电机组运行检修规范 [S].

[2] 田树棠. 贯流式水轮发电机组实用技术：设计、施工安装、运行检修 [M]. 北京：中国水利水电出版社，2010.

特大型灯泡贯流式机组停机过程中转速下降原因分析

李成航　陈洁华

（国电大渡河沙坪水电建设有限公司，四川乐山　614300）

摘　要： 2020年1月24日，沙南水电站4F机组在正常执行停机过程中上位机首次出现“转速未降至25%，流程退出”的现象，流程加闸后退出。当前流程相关逻辑：流程判“导叶全关”信号动作后，限时30s内判：“齿盘≤25%动作”且“残压≥25%复归”，若超30s后，相关信号不满足要求，则退出停机流程，报“转速未降至25%，流程退出”。

关键词： 沙南水电站；4F机组；流程退出

1　工程概况

沙南水电站位于四川省乐山市峨边彝族自治县和金口河区境内大渡河中游河段，距峨边县城上游约7km，是大渡河中游22个规划梯级中第20个梯级沙坪梯级的第二级，上接枕头坝水电站，下邻龚嘴水电站。电站位置靠近四川腹地，距成都和乐山直线距离分别约176km和60km，交通里程分别约220km和133km。现有S306省道可达坝址区右岸，对外交通便利。电站坝址位于官料河河口上游约230m，采用河床式开发，开发任务主要为发电。水库正常蓄水位554.00m，总库容为2084万m^3，挡水建筑物最大坝高63.0m，装机容量348MW，水库与瀑布沟联合运行，保证出力124.5MW，年平均发电量为16.10亿kW·h。

电站主要以发电为主，供电范围在满足乐山地区负荷的基础上，供电四川电网。电站采用计算机监控，按“无人值班（少人值守）”设计。电站出线两回，一回接入沙坪一级电站，另一回接入乐山500kV南天变电站，为四川电网提供稳定的电能，发电效益良好。

沙南水电站1号水轮机组已于2017年7月正式并网发电，截至2018年12月，电站1～6号机组已正常投运。

沙南水电站4F机组在2020年2月多次出现正常执行停机流程时“转速未降至25%，流程退出”故障，沙坪公司维护人员经过反复试验和分析，最终发现问题的原因是“桨叶主配压阀连接杆松动产生较大位移”导致机组停机时间过长，使得机组停机流程退出。针对此次故障，本文将对整个原因的查找过程进行详细的讲述，给此类问题提供一个详尽的解决思路和处理步骤。

作者简介： 李成航（1994—　），男，助理工程师，学士；研究方向：水电站自动控制系统。

2 电气部分检查分析

2.1 异常疑点 1：机组转速信号动作延时

与其他机组停机进行对比，检查“齿盘≤25%动作”且“残压≥25%复归”信号存在明显滞后现象。流程中“齿盘≤25%”“残压≥25%”两组开关量均来自机组“测速制动柜”，转速信号动作滞后，首要考虑以下两点原因：

（1）机组实际转速下降慢。

（2）机组测速制动柜中相关转速信号存在滞后动作或复归现象。

针对以上两点可能原因，现进行具体分析。

针对机组可能存在实际转速下降慢的现象具体排查思路：

通过曲线查询 1～6F 机组多次停机过程中“导叶关闭时间”（“调速器停机令”至“导叶全关”耗时）；机组停机转速下降时间（转速 100%～25%耗时）。通过以上数据（将 4F 机组）与其他机组进行比较，看是否存在导叶关闭时间及转速下降时间过长现象。

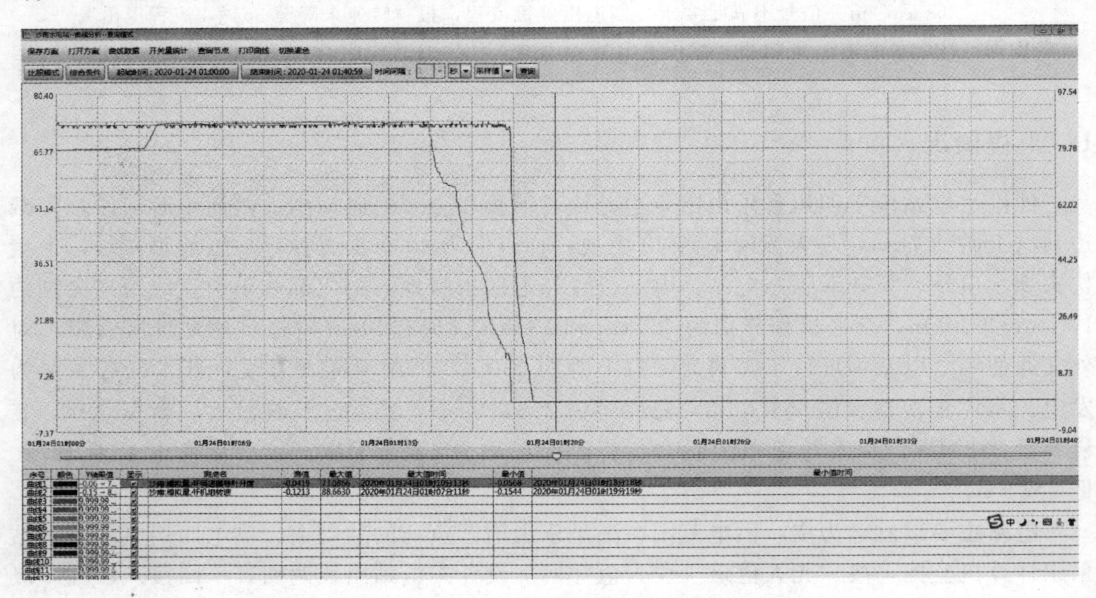

图 1　4F 机组停机导叶开度与转速关系图

根据图 1～图 6 提供的数据，提炼出表一所示数据，比较 1～6F 机组导叶关闭及转速下降时间。

表 1　　机组导叶关闭及转速下降时间表（主要参考数据：机组转速）

项　目	4F 异常停机（1 月 24 日）	1F 机组停机（3 月 14 日）	2F 机组停机（3 月 14 日）	3F 机组停机（3 月 14 日）	5F 机组停机（2 月 22 日）	6F 机组停机（3 月 6 日）
导叶关闭时间/s	3	3	3	3	3	2
转速降至 25%时间/s	31	24	26	26	27	25

根据表 1 数据结果分析：从导叶关闭时间来看，1～6F 机组基本保持在 3s，无明显异

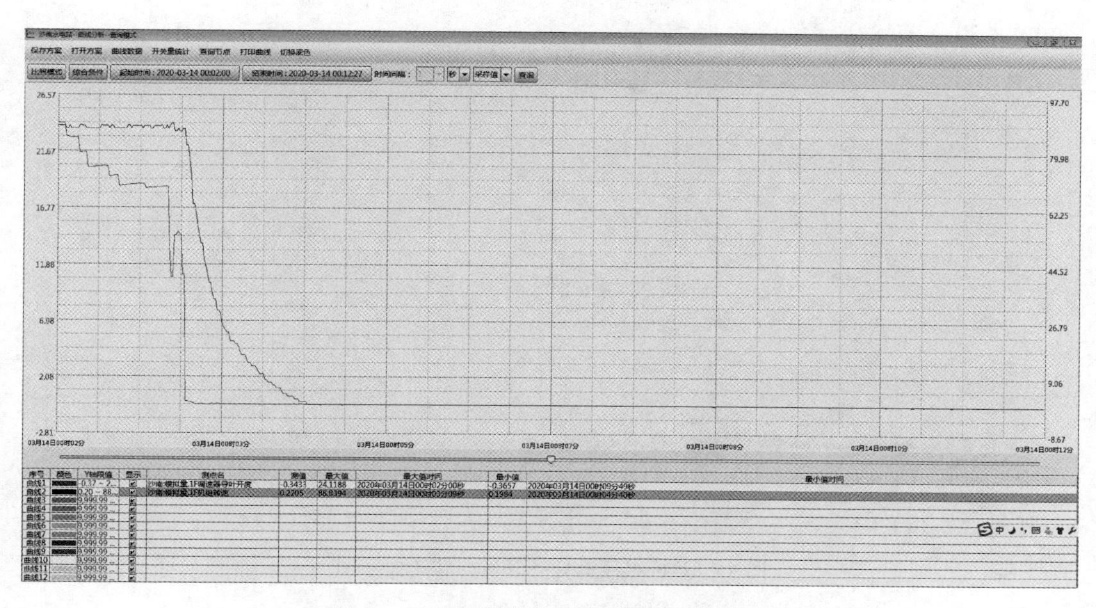

图 2　1F 机组停机导叶开度与转速关系图

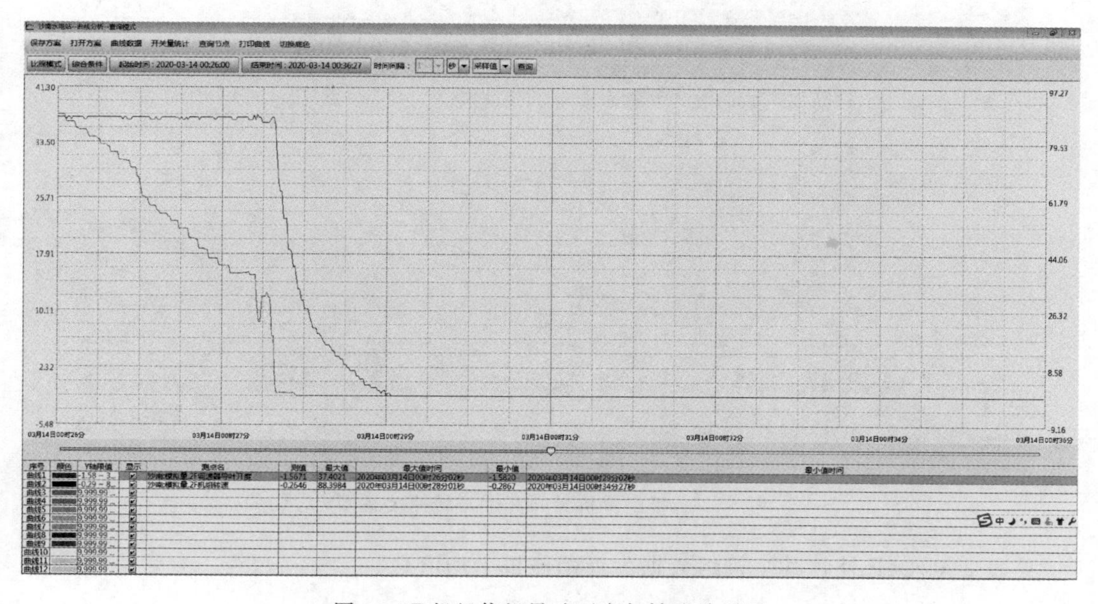

图 3　2F 机组停机导叶开度与转速关系图

常；从机组转速下降速率来看，导叶全关后 4 号机转速从 100% N_e 降至 25% N_e 耗时在 30s 左右，其他机组耗时在 26s。从机组转速曲线分析：4F 机组转速在 100%降至 25%确实存在转速下降偏慢的现象。

针对测速制动柜开出至 LCU 屏相关开关量信号进行分析，具体排查思路：通过上位机光字一览表查询 4F 机组及其他机组停机过程中“导叶全关”后“齿盘≤25%动作”及“残压≥25%复归”的时间如图 7～图 12 所示。

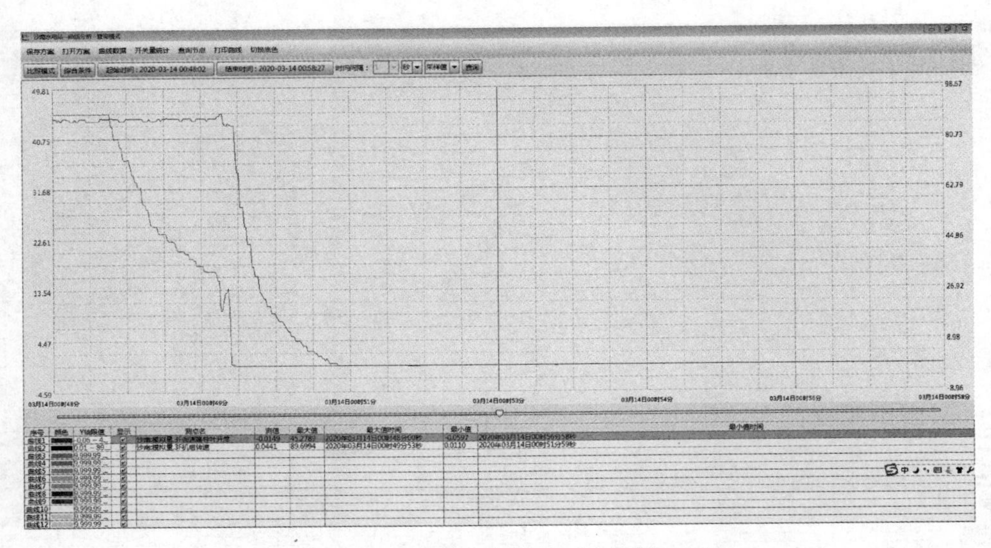

图 4　3F 机组停机导叶开度与转速关系图

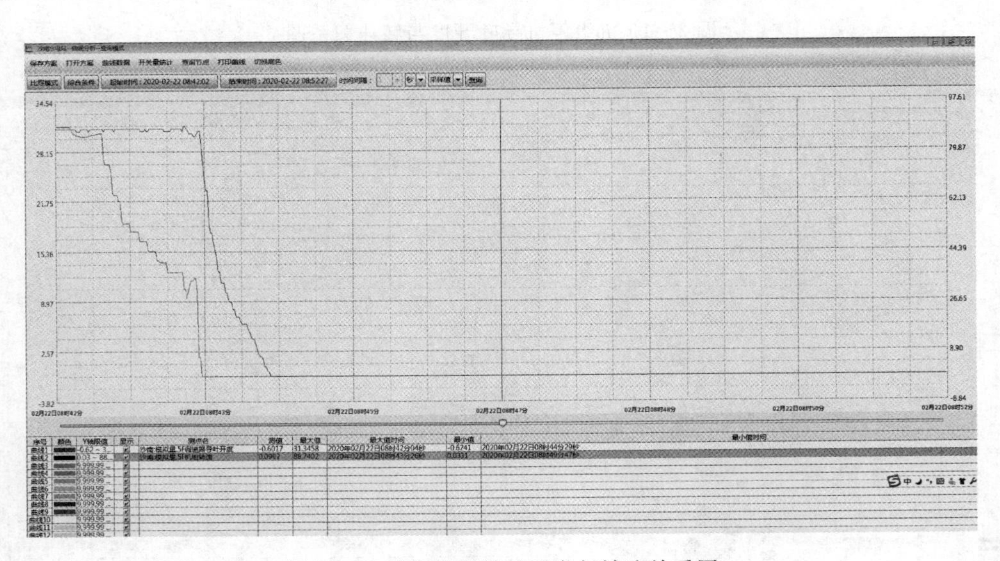

图 5　5F 机组停机导叶开度与转速关系图

见表 2（除 4F 外，其余机组数据为近期停机平均值）。

表 2　　机组相关转速信号动作时间对比表（以导叶全关信号动作为“零时刻”）

项　目	4F 异常停机（1 月 24 日）	1F 机组停机（3 月 14 日）	2F 机组停机（3 月 14 日）	3F 机组停机（3 月 14 日）	5F 机组停机（2 月 22 日）	6F 机组停机（3 月 6 日）
齿盘测速装置 $\leqslant 25\% N_e$ 时间/s	28	27	22	23	24	24
残压测速装置 $\geqslant 25\% N_e$ 复归/s	30	29	27	27	28	27

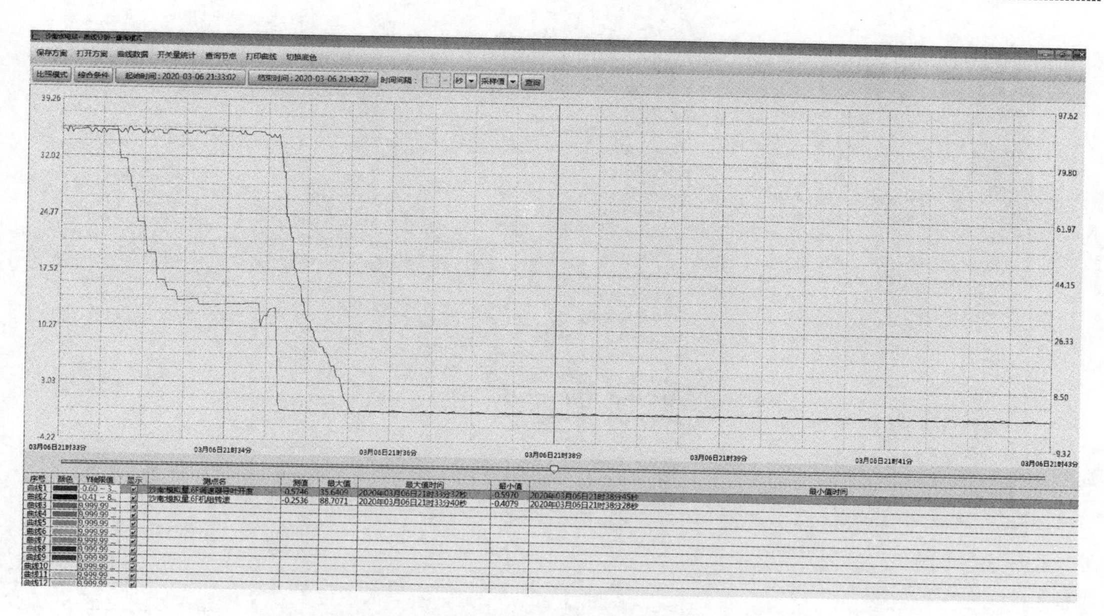

图 6　6F 机组停机导叶开度与转速关系图

动作时间/越复限时间	动作描述
2020-01-24 01:18:40.000	4F5号制动闸投入
2020-01-24 01:18:40.000	4F4号制动闸投入
2020-01-24 01:18:40.000	4F3号制动闸投入
2020-01-24 01:18:40.000	4F2号制动闸投入
2020-01-24 01:18:40.000	4F1号制动闸投入
2020-01-24 01:18:40.000	4F制动闸落下(开出第35点)复归
2020-01-24 01:18:40.000	4F开机条件满足复归
2020-01-24 01:18:39.000	4F开机条件满足
2020-01-24 01:18:39.000	4F齿盘测速装置≥25%Ne复归
2020-01-24 01:18:39.000	4F测速制动屏气源压力正常
2020-01-24 01:18:38.000	4F制动电磁阀投入(开出第31点)
2020-01-24 01:18:38.000	4F启制动吸尘泵(开出第29点)
2020-01-24 01:18:38.000	4F开机条件满足复归
2020-01-24 01:18:38.000	4F残压测速装置≥25%Ne复归
2020-01-24 01:18:38.000	4F测速制动屏气源压力正常复归
2020-01-24 01:18:38.000	4F制动吸尘泵运行
2020-01-24 01:18:36.000	4F齿盘测速装置≤25%Ne
2020-01-24 01:18:15.000	4F水导轴承高压油压力正常（开机）复归
2020-01-24 01:18:13.000	4F技术供水控制系统综合故障
2020-01-24 01:18:12.000	4F组合轴承高压油压力正常（开机）复归
2020-01-24 01:18:10.000	4F齿盘测速装置≥90%Ne复归
2020-01-24 01:18:10.000	4F停机继电器动作关闭主轴密封压力水电磁阀3DK(开出第55点)复归
2020-01-24 01:18:10.000	4F机组停机令(开出第38点)复归
2020-01-24 01:18:09.000	4F齿盘测速装置≥95%Ne复归
2020-01-24 01:18:09.000	4F齿盘测速装置≤95%Ne
2020-01-24 01:18:09.000	4F机组空转态复归
2020-01-24 01:18:09.000	4F机组过渡态
2020-01-24 01:18:09.000	4F残压测速装置≥95%Ne复归
2020-01-24 01:18:08.000	4F导叶全关位置至水机保护屏(开出第118点)
2020-01-24 01:18:08.000	4F开机条件满足
2020-01-24 01:18:08.000	4F导叶全关
2020-01-24 01:18:07.330	4F水机屏导叶全关位置

图 7　4F 机组异常停机部分光字一览表

结果分析：在 4F 流程延时定值修改前后（1 月 27 日将流程判延时定值由“30s”改到“32s”）停机记录中，“齿盘≤25%动作”用时在 28～30s（与模拟量转速下降时间基

动作时间/越复限时间	动作描述
2020-03-14 00:03:47.000	1F2号制动闸退出复归
2020-03-14 00:03:47.000	1F1号制动闸退出复归
2020-03-14 00:03:47.000	1F9号制动闸投入
2020-03-14 00:03:47.000	1F7号制动闸投入
2020-03-14 00:03:47.000	1F6号制动闸投入
2020-03-14 00:03:47.000	1F3号制动闸投入
2020-03-14 00:03:47.000	1F2号制动闸投入
2020-03-14 00:03:47.000	1F1号制动闸投入
2020-03-14 00:03:47.000	1F制动闸落下(开出第35点)复归
2020-03-14 00:03:47.000	1F制动闸块全部落下复归
2020-03-14 00:03:47.000	1F开机条件满足复归
2020-03-14 00:03:47.000	1F齿盘测速装置≥25%Ne复归
2020-03-14 00:03:46.000	1F制动闸制动腔有压
2020-03-14 00:03:45.000	1F制动电磁阀投入(开出第31点)
2020-03-14 00:03:45.000	1F启制动吸尘泵(开出第29点)
2020-03-14 00:03:45.000	1F残压测速装置≥25%Ne复归
2020-03-14 00:03:43.000	1F齿盘测速装置≤25%Ne
2020-03-14 00:03:19.000	1F停机继电器动作关闭主轴密封压力水电磁阀3DK(开出第55点)复归
2020-03-14 00:03:19.000	1F机组停机令(开出第38点)复归
2020-03-14 00:03:18.000	1F齿盘测速装置≥90%Ne复归
2020-03-14 00:03:18.000	1F齿盘测速装置≥95%Ne复归
2020-03-14 00:03:17.000	1F开机条件满足
2020-03-14 00:03:17.000	1F机组空转态复归
2020-03-14 00:03:17.000	1F机组过渡态
2020-03-14 00:03:17.000	1F残压测速装置≥95%Ne复归
2020-03-14 00:03:17.000	1F齿盘测速装置≤95%Ne
2020-03-14 00:03:16.000	1F导叶全关位置至水机保护屏(开出第118点)
2020-03-14 00:03:16.000	1F导叶全关
2020-03-14 00:03:14.000	1F轴承高压油滤油器差压报警复归
2020-03-14 00:03:13.327	1F主配关向位置
2020-03-14 00:03:13.000	1F停机继电器动作关闭主轴密封压力水电磁阀3DK(开出第55点)
2020-03-14 00:03:13.000	1F机组停机令(开出第38点)

图 8　1F 机组正常停机部分光字一览表

动作时间/越复限时间	动作描述
2020-03-14 00:28:39.000	2F2号制动闸投入
2020-03-14 00:28:39.000	2F1号制动闸投入
2020-03-14 00:28:39.000	2F制动闸落下(开出第35点)复归
2020-03-14 00:28:39.000	2F开机条件满足复归
2020-03-14 00:28:38.000	2F齿盘测速装置≥25%Ne复归
2020-03-14 00:28:38.000	2F制动闸制动腔有压
2020-03-14 00:28:37.000	2F制动电磁阀投入(开出第31点)
2020-03-14 00:28:37.000	2F启制动吸尘泵(开出第29点)
2020-03-14 00:28:37.000	2F残压测速装置≥25%Ne复归
2020-03-14 00:28:32.000	2F齿盘测速装置≤25%Ne
2020-03-14 00:28:23.000	2F振摆一级报警复归
2020-03-14 00:28:16.000	2F振摆一级报警
2020-03-14 00:28:12.000	2F停机继电器动作关闭主轴密封压力水电磁阀3DK(开出第55点)复归
2020-03-14 00:28:12.000	2F机组停机令(开出第38点)复归
2020-03-14 00:28:11.000	2F机组不定态复归
2020-03-14 00:28:11.000	2F机组过渡态
2020-03-14 00:28:11.000	2F开机条件满足
2020-03-14 00:28:11.000	2F机组空转态复归
2020-03-14 00:28:11.000	2F机组不定态
2020-03-14 00:28:10.000	2F导叶全关位置至水机保护屏(开出第118点)
2020-03-14 00:28:10.000	2F残压测速装置≥95%Ne复归
2020-03-14 00:28:10.000	2F齿盘测速装置≥95%Ne复归
2020-03-14 00:28:10.000	2F齿盘测速装置≥90%Ne复归
2020-03-14 00:28:10.000	2F齿盘测速装置≤95%Ne
2020-03-14 00:28:10.000	2F导叶全关
2020-03-14 00:28:07.286	2F主配关向位置
2020-03-14 00:28:07.000	2F停机继电器动作关闭主轴密封压力水电磁阀3DK(开出第55点)
2020-03-14 00:28:07.000	2F机组停机令(开出第38点)
2020-03-14 00:28:04.000	2F高压油泵投入(开出第23点)复归
2020-03-14 00:28:04.000	2F 故障录波启动复归

图 9　2F 机组正常停机部分光字一览表

动作时间/越复限时间	动作描述
2020-03-14 03:22:03.000	3F开机条件满足复归
2020-03-14 03:22:02.000	3F残压测速装置≥25%Ne复归
2020-03-14 03:22:02.000	3F齿盘测速装置≥25%Ne复归
2020-03-14 03:22:02.000	3F制动闸制动腔有压
2020-03-14 03:22:01.000	3F制动电磁阀投入(开出第31点)
2020-03-14 03:22:01.000	3F启制动吸尘泵(开出第29点)
2020-03-14 03:21:58.000	3F齿盘测速装置≤25%Ne
2020-03-14 03:21:57.910	3F水机残压测速装置≤30%Ne
2020-03-14 03:21:41.000	3F技术供水控制系统综合故障
2020-03-14 03:21:38.000	3F齿盘测速装置≥90%Ne复归
2020-03-14 03:21:37.000	3F停机继电器动作关闭主轴密封压力水电磁阀3DK(开出第55点)复归
2020-03-14 03:21:37.000	3F机组停机令(开出第38点)复归
2020-03-14 03:21:36.000	3F齿盘测速装置≥95%Ne复归
2020-03-14 03:21:35.000	3F开机条件满足
2020-03-14 03:21:35.000	3F机组空转态复归
2020-03-14 03:21:35.000	3F机组过渡态
2020-03-14 03:21:35.000	3F导叶全关位置至水机保护屏(开出第118点)
2020-03-14 03:21:35.000	3F残压测速装置≥95%Ne复归
2020-03-14 03:21:35.000	3F齿盘测速装置≤95%Ne
2020-03-14 03:21:35.000	3F导叶全关
2020-03-14 03:21:34.719	3F水机屏导叶全关位置
2020-03-14 03:21:34.000	3F技术供水控制系统综合故障复归
2020-03-14 03:21:32.000	3F停机继电器动作关闭主轴密封压力水电磁阀3DK(开出第55点)
2020-03-14 03:21:32.000	3F机组停机令(开出第38点)
2020-03-14 03:21:29.000	3F高压油泵投入(开出第23点)复归
2020-03-14 03:21:27.000	3F组合轴承高压油压力正常（停机）
2020-03-14 03:21:27.000	3F高压油总管压力正常
2020-03-14 03:21:27.000	3F水导轴承高压油压力正常（开机）
2020-03-14 03:21:27.000	3F组合轴承高压油压力正常（开机）
2020-03-14 03:21:27.000	3F水导轴承高压油压力正常（停机）
2020-03-14 03:21:27.000	3F高压油泵投入(开出第23点)
2020-03-14 03:21:27.000	3F逆变灭磁令(开出第58点)复归

图 10　3F 机组正常停机部分光字一览表

动作时间/越复限时间	动作描述
2020-02-22 08:44:04.000	5F开机条件满足复归
2020-02-22 08:44:03.000	5F残压测速装置≥25%Ne复归
2020-02-22 08:44:03.000	5F齿盘测速装置≥25%Ne复归
2020-02-22 08:44:03.000	5F制动闸制动腔有压
2020-02-22 08:44:03.000	5F制动电磁阀投入(开出第31点)
2020-02-22 08:44:03.000	5F启制动吸尘泵(开出第29点)
2020-02-22 08:43:59.000	5F齿盘测速装置≤25%Ne
2020-02-22 08:43:42.000	5F技术供水控制系统综合故障
2020-02-22 08:43:38.000	5F停机继电器动作关闭主轴密封压力水电磁阀3DK(开出第55点)复归
2020-02-22 08:43:38.000	5F机组停机令(开出第38点)复归
2020-02-22 08:43:37.000	5F齿盘测速装置≥95%Ne复归
2020-02-22 08:43:37.000	5F齿盘测速装置≥90%Ne复归
2020-02-22 08:43:37.000	5F制动吸尘泵运行
2020-02-22 08:43:36.000	5F机组空转态复归
2020-02-22 08:43:36.000	5F机组过渡态
2020-02-22 08:43:35.000	5F残压测速装置≥95%Ne复归
2020-02-22 08:43:35.000	5F齿盘测速装置≤95%Ne
2020-02-22 08:43:35.000	5F导叶全关位置至水机保护屏(开出第118点)
2020-02-22 08:43:35.000	5F开机条件满足
2020-02-22 08:43:35.000	5F导叶全关
2020-02-22 08:43:33.000	5F导叶空载以下位置
2020-02-22 08:43:33.000	5F导叶空载以上位置复归
2020-02-22 08:43:33.000	5F停机继电器动作关闭主轴密封压力水电磁阀3DK(开出第55点)
2020-02-22 08:43:33.000	5F机组停机令(开出第38点)
2020-02-22 08:43:32.214	5F主配关向位置
2020-02-22 08:43:30.000	5F高压油泵投入(开出第23点)复归
2020-02-22 08:43:29.000	5F水导轴承高压油压力正常（停机）
2020-02-22 08:43:29.000	5F组合轴承高压油压力正常（停机）
2020-02-22 08:43:29.000	5F高压油总管压力正常
2020-02-22 08:43:29.000	5F逆变灭磁令(开出第58点)复归
2020-02-22 08:43:29.000	5F 故障录波启动复归

图 11　5F 机组正常停机部分光字一览表

动作时间/越复限时间	动作描述
2020-03-06 21:35:38.000	6F4号制动闸投入
2020-03-06 21:35:38.000	6F3号制动闸投入
2020-03-06 21:35:38.000	6F2号制动闸投入
2020-03-06 21:35:38.000	6F1号制动闸投入
2020-03-06 21:35:38.000	6F制动闸制动腔有压
2020-03-06 21:35:37.000	6F制动电磁阀投入(开出第31点)
2020-03-06 21:35:37.000	6F启制动吸尘泵(开出第29点)
2020-03-06 21:35:37.000	6F残压测速装置≥25%Ne复归
2020-03-06 21:35:37.000	6F齿盘测速装置≥25%Ne复归
2020-03-06 21:35:37.000	6F制动吸尘泵运行
2020-03-06 21:35:34.000	6F齿盘测速装置≤25%Ne
2020-03-06 21:35:12.000	6F停机继电器动作关闭主轴密封压力水电磁阀3DK(开出第55点)复归
2020-03-06 21:35:12.000	6F机组停机令(开出第38点)复归
2020-03-06 21:35:11.000	6F齿盘测速装置≥95%Ne复归
2020-03-06 21:35:11.000	6F齿盘测速装置≥90%Ne复归
2020-03-06 21:35:11.000	6F机组空转态复归
2020-03-06 21:35:11.000	6F机组过渡态
2020-03-06 21:35:10.000	6F残压测速装置≥95%Ne复归
2020-03-06 21:35:10.000	6F齿盘测速装置≤95%Ne
2020-03-06 21:35:10.000	6F导叶全关位置至水机保护屏(开出第118点)
2020-03-06 21:35:10.000	6F开机条件满足
2020-03-06 21:35:10.000	6F导叶全关
2020-03-06 21:35:08.000	6F导叶滤芯堵塞复归
2020-03-06 21:35:07.287	6F主配关向位置
2020-03-06 21:35:07.000	6F停机继电器动作关闭主轴密封压力水电磁阀3DK(开出第55点)
2020-03-06 21:35:07.000	6F机组停机令(开出第38点)
2020-03-06 21:35:07.000	6F导叶滤芯堵塞
2020-03-06 21:35:05.000	6F高压油泵投入(开出第23点)复归
2020-03-06 21:35:03.000	6F水导轴承高压油压力正常（停机）
2020-03-06 21:35:03.000	6F组合轴承高压油压力正常（停机）
2020-03-06 21:35:03.000	6F2号高压油泵运行

图 12　6F 机组正常停机部分光字一览表

本吻合)，“残压≥25%复归”用时在 30～34s，信号都较其他机组更长。

针对以上分析所述，对机组残压测速装置各转速开关量进行了校验，尤其是“残压≥25%复归”进行了多次校验，此开关量均动作正常，不存在滞后动作现象，故排除机组测速制动柜中相关转速信号存在滞后动作或复归现象此疑点。

综上所述：从停机光字一览表记录、曲线进行分析，4 号机转速从 100% N_e 降至 25%Ne 速度确实较慢，转速下降慢是导致流程退出的主要原因。

2.2　异常疑点 2：机组 LCU 程序正常运行时存在异常

4F 停机流程出现异常后，对在运机组 LCU 程序进行了检查，排除了程序逻辑错误的可能性。流程报“转速未降至 25%，流程退出”，但实际流程执行了下一步（机组自动进行了加闸操作，后续流程自动退出），程序运行可能存在异常。1 月 27 日将延时定值由“30s”改到“32s”，2 月 4 日、2 月 5 日再次出现相同故障（两次“残压≥25%”信号复归用时依次为 32s、34s，超出限时定值）。

针对残压≥25%复归时间刚好与流程等待最大限时吻合，结合以往同类型故障，若为机组 LCU 程序正常运行时存在异常，则怀疑为程序中“转速未降至 25%，流程退出”KON 功能块运行异常（正常时 Q_1 脚与 Q_2 脚有且仅有一个能输出，Q_1 脚输出：超时报警，流程退出；Q_2 脚输出：满足条件，继续执行）。电站投产初期，曾出现过其他板块 KON 功能块运行异常。通过 2 月 5 日 4F 机组停机流程相关光字一览表查询发现：机组导叶全关后“残压≥25%”在34s复归，已超出当前延时定值32s，流程依然继续执行下一步后自动退出。通过此现象判断程序中KON功能块运行异常可能性较大。

针对以上分析及采用以前对此问题的处理办法，对4F机组LCU程序进行了“重新生成，消除程序碎片”。对程序重新生成后，对4F机组进行了停机试验，流程依然报“转速未降至25%，流程退出”。故排除机组LCU程序正常运行时存在异常此疑点。

2.3 结论

经过以上分析及检查处理，排除了电气部分存在问题可能性，那么问题原因可能出现在调速器系统的机械部分，下面将对调速器机械部分检查过程进行讲述。

3 调速器系统机械部分检查分析

针对调速器机械部分，主要对4F导叶主配和桨叶主配进行了检查，其中根据“表一机组导叶关闭及转速下降时间”比较和现场检查，可排除导叶主配存在问题。故下面将着重讲述桨叶主配存在的问题。

沙南水电站为双调转桨式机组，桨叶有个启动角（开度为39.5°左右）。它的作用是在导叶、桨叶在自动状态、机组在停机态时，导叶由于关机电压偏关，桨叶由于启动角，会保持一个开度。调速器得到开机令，导叶开启、桨叶回关，桨叶回关的目的是把转速快速拉升，待机组进入空转时，桨叶开度关到0。这时机组由空转进入发电态时，随着导叶的开度渐渐增加，当导叶增加到需要桨叶协联的开度时，桨叶开始从0开度渐渐根据协联曲线的关系开启。所以空转时，桨叶开度要是在0，也是为了协联考虑的。[1]

当机组在空转时，得到停机令，导叶关闭，桨叶就要开启，并且开启到启动角，其目的是桨叶开启的过程，也是把流向尾水流道的水迅速泄掉，降低转速；而且桨叶开启的过程中，也能减弱机组的冲击力。[1]

根据以上知识点作为背景，猜想“转速未降至25%，流程退出”是因为桨叶在“空转至停机”执行过程中开启速度变慢导致机组转速下降变慢的主要原因。

根据图13～图18提炼出机组停机后桨叶开启最大开度及桨叶由0开启至36%耗时相关数据，见表3。

表3　机组在停机过程中桨叶开度变化表

项　目	4F异常停机（1月24日）	1F机组停机（3月14日）	2F机组停机（3月14日）	3F机组停机（3月14日）	5F机组停机（2月22日）	6F机组停机（3月6日）
停机后桨叶开度/%	36.6	39.2	39.6	39.2	39.7	39.4
桨叶由0开启至36%耗时/s	30	17	13	13	14	15

机组正常停机后桨叶开度在39%～40%，4号机组停机失败时桨叶开度仅能开至36%～37%。查询1～6F的停机流程，从光字一览表和曲线看，4号机组转速下降较慢（慢3～4s），停机失败情况下桨叶开启由0～36%耗时对比其他机组慢10s左右。根据以上数据分析，4F机组停机过程中转速变慢原因为桨叶在停机后桨叶开启速度明显变慢，且桨叶不能开启至默认开度（39.5%左右）。

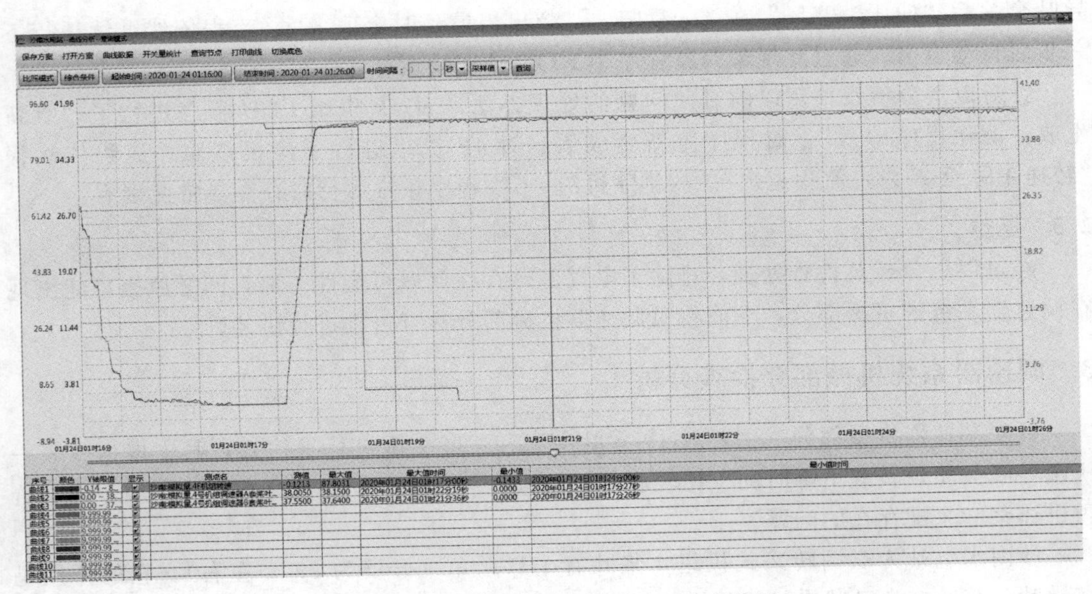

图 13　4F 机组停机过程中桨叶开度变化图

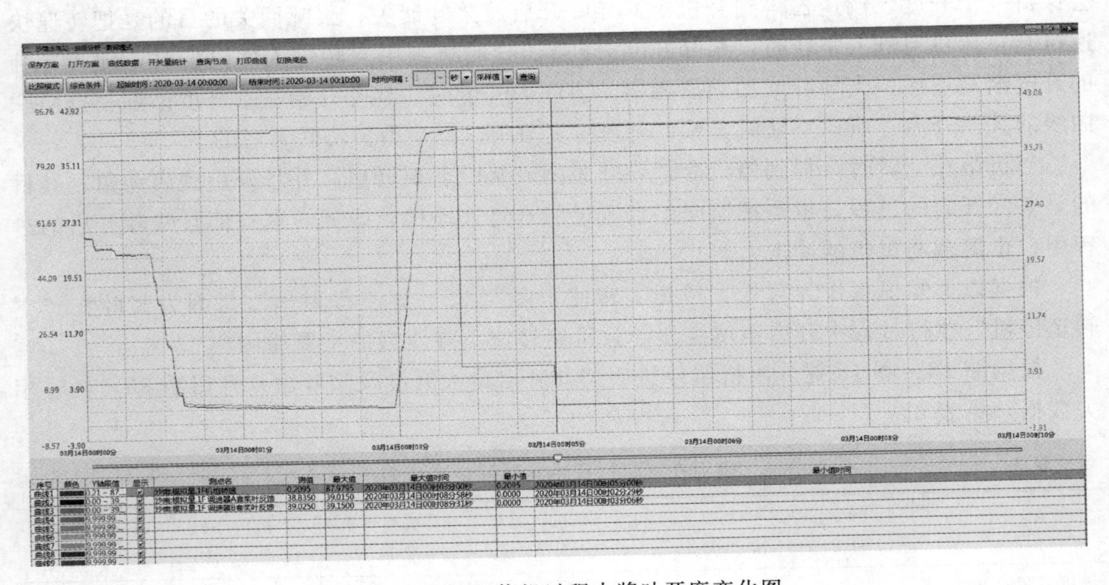

图 14　1F 机组停机过程中桨叶开度变化图

维护人员针对以上现象，猜想原因为 4F 桨叶主配零点漂移，即刻对 4F 机组做桨叶副环扰动试验，试验数据桨叶给定值和反馈值均正常，未出现超调现象，测量零点和控制输出，均在 0V 左右[2]。故 4F 桨叶主配零点并未出现漂移现象。

维护人员即刻对 4F 桨叶主配本体进行详细的检查，发现桨叶主配压阀连接杆松动并产生较大的位移变化，直接影响桨叶的开启、关闭速度。在关机过程中，因桨叶不能迅速开启到位，造成机组停机阻力变小，导致转速下降较慢。

桨叶主配连杆松动后，将直接影响桨叶控制，若持续发展可造成连杆脱落，造成桨叶

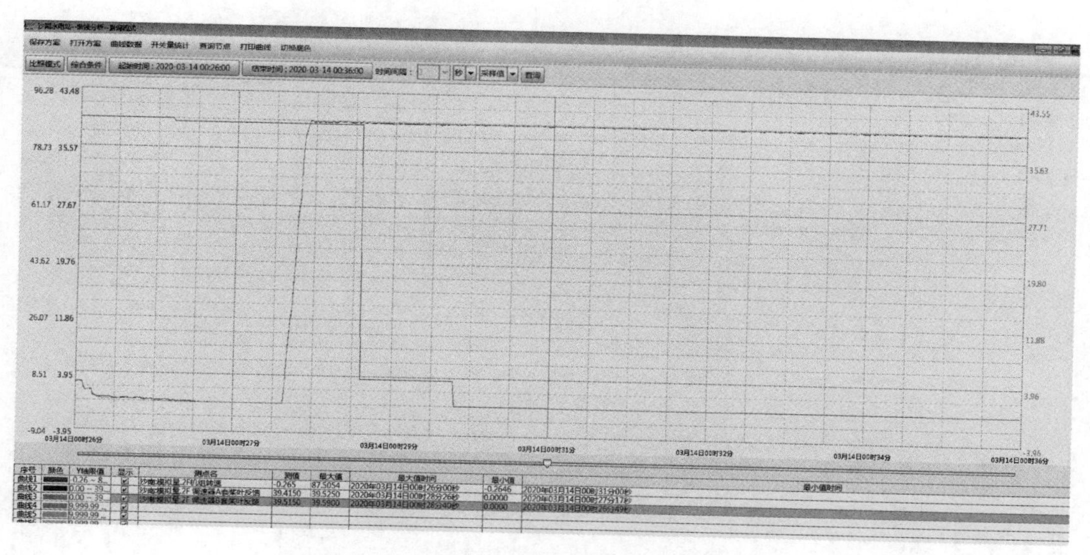

图 15　2F 机组停机过程中桨叶开度变化图

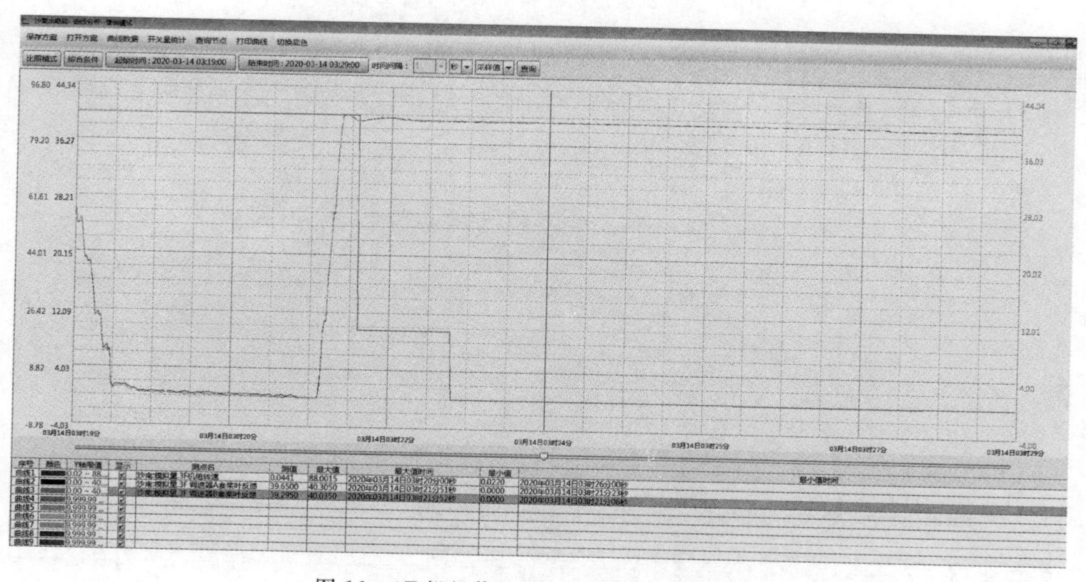

图 16　3F 机组停机过程中桨叶开度变化图

控制失效，导致水轮机调速器协联关系破坏，导致机组振摆异常和事故停机的严重后果，对设备安全稳定运行造成严重影响。重新调整连杆和控制传感器，经试验桨叶开启、关闭速度正常，机组开停机正常。

4　建议

（1）建议维护人员定期对 1～6F 机组导叶、桨叶主配连杆进行检查。若出现连杆松动或者其他异常，及时通知检修公司进行处理。

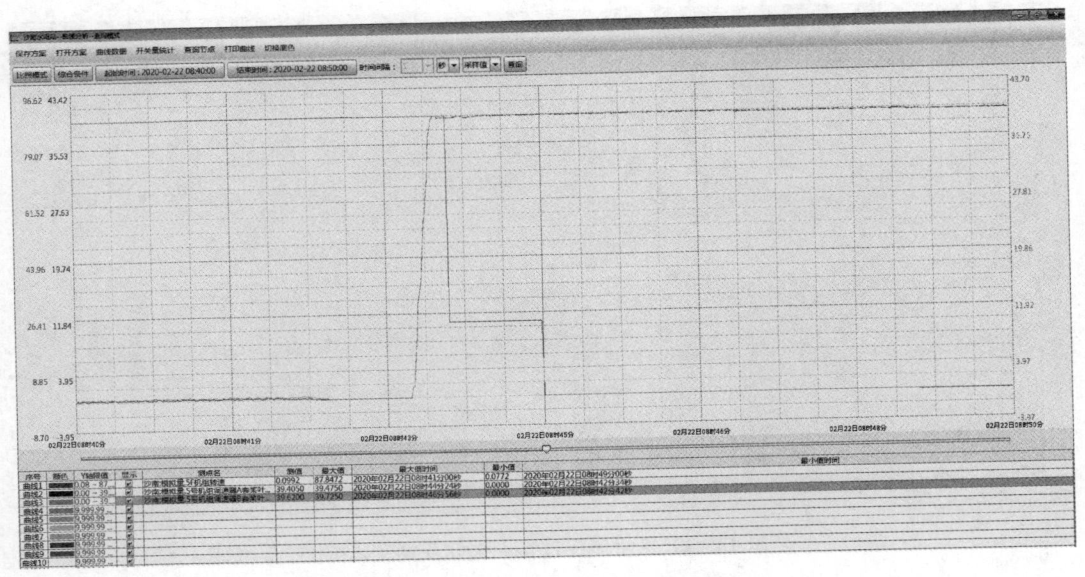

图 17　5F 机组停机过程中桨叶开度变化图

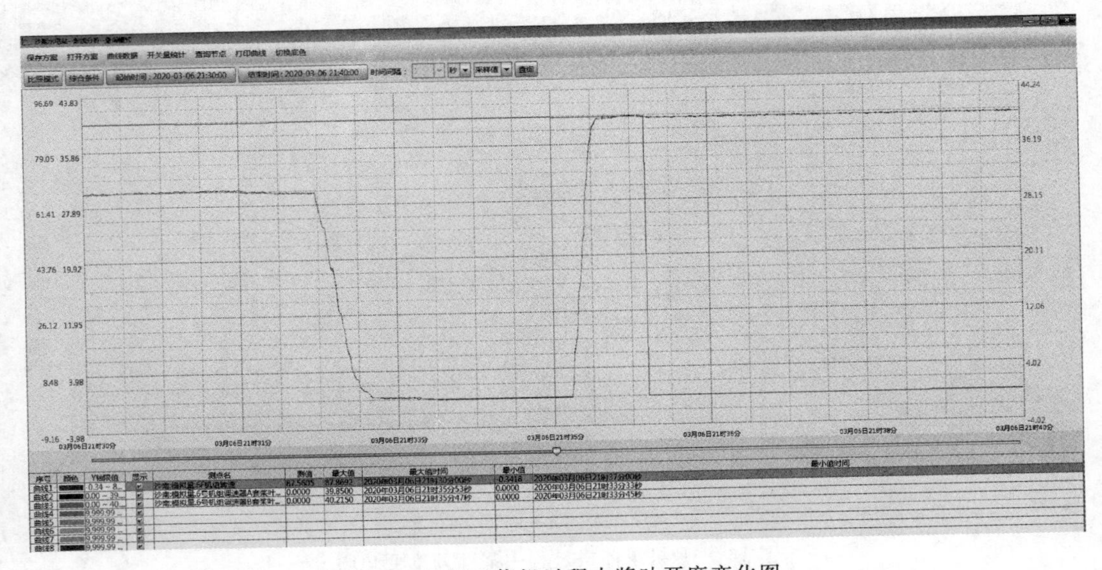

图 18　6F 机组停机过程中桨叶开度变化图

（2）建议取消流程中“残压≥25%复归”判据。机组停机流程中“加闸”前转速判断采用了“残压≥25%”复归信号（停机过程为转速下行区间，不宜采用“≥25%”）。

（3）建议采用改判“残压≤25%动作”信号（测速制动柜共输出两路“残压≤25%”信号，一路送至水机屏使用；另一路根据我站生技处〔2018〕12 号通知单（如图 1 所示）已取消接线改为备用，可考虑使用“残压≤25%”替换现有 LCU 屏“残压≥25%”信号）。

5 结论

针对此次4F机组停机过程中转速下降变慢的整个分析、检查及处理过程，提升了运维人员对特大型灯泡贯流式机组LCU程序、残压测速装置、调速器系统熟悉程度，增强了运维人员对特大型灯泡贯流式机组调速器故障的处置能力。本次故障解决过程，认识到了特大型灯泡贯流式机组调速器桨叶主配的重要性，同时在日常的运行、维护工作中，需要特别重视调速器导叶、桨叶机械部分检查和维护。由于在中国同类型机组中，沙南水电站单机容量最大、运行工况复杂，希望本文介绍能为该类机型此类故障提供一定的参考，如图19所示。

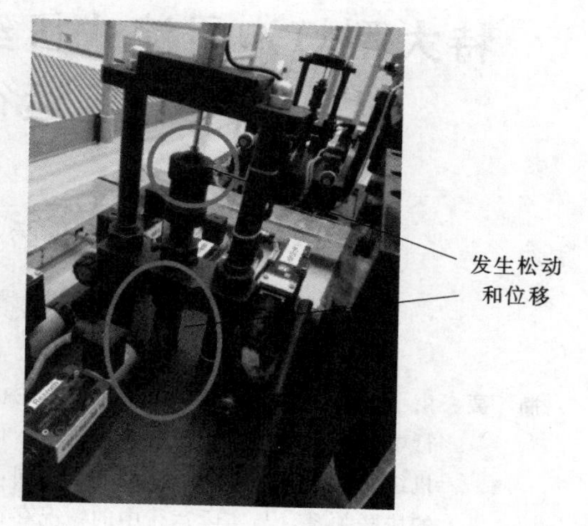

图19 6F桨叶主配现场实际图

特大型灯泡贯流式机组协联曲线修改对机组稳定运行的影响

胡　扬　李　彬

（国电大渡河沙坪水电建设有限公司，四川乐山　614300）

摘　要： 由于沙南水电站属于灯泡贯流式水轮机组，其具有低水头、大流量的特点，使得机组运行中导叶与桨叶的协联关系对机组运行工况与效率比较敏感。在机组运行过程中，由于机组安装工艺的不同，施工环境不同，以及水头变化快等特性，采用厂家最初设计给出的协联关系，与实际运行中的情况存在偏差。采用厂家新给定的协联关系后，机组在运行中一定程度上解决了由于水流流态不稳定等原因而导致的振动、摆度异常、声音过大的问题，同时也提高了机组的出力。

关键词： 沙南水电站；协联关系；机组出力；振动

1　工程概况

沙南水电站位于四川省乐山市峨边彝族自治县和金口河区境内大渡河中游河段，距峨边县城上游约 7km，是大渡河中游 22 个规划梯级中第 20 个梯级沙坪梯级的第二级，上接枕头坝水电站，下邻龚嘴水电站。电站位置靠近四川腹地，距成都和乐山直线距离分别约 176km 和 60km，交通里程分别约 220km 和 133km。现有 S306 省道可达坝址区右岸，对外交通便利。电站坝址位于官料河河口上游约 230m，采用河床式开发，开发任务主要为发电。水库正常蓄水位 554.00m，总库容为 2084 万 m^3，挡水建筑物最大坝高 63.00m，装机容量 348MW，水库与瀑布沟联合运行，保证出力 124.5MW，年平均发电量为 16.10 亿 kW·h。

电站主要以发电为主，供电范围在满足乐山地区负荷的基础上，供电四川电网。电站采用计算机监控，按“无人值班（少人值守）”设计。电站出线两回，一回接入沙坪一级电站，另一回接入乐山 500kV 南天变电站，为四川电网提供稳定的电能，发电效益良好。

沙南水电站 1 号水轮机组已于 2017 年 7 月正式并网发电，截至 2018 年 12 月，电站 1～6 号机组已正常投运。

随着沙南电站各台机组的逐步投入运行，机组的振摆、出力、声音出现了不同程度的问题，为此组织了一批技术人员与厂家、设计院着手进行分析和研究，并确定通过修改调速器协联关系的方式为切入点来研究特大型灯泡贯流式机组的运行工况问题。

作者简介： 胡扬（1990—　），男，本科，助理工程师；主要研究方向：自动化及保护专业。

2 更改机组调速器协联关系原因分析

2.1 设计协联曲线与实际协联曲线存在误差

灯泡贯流式机组导叶与轮叶关系具有协联特性：当导叶角度一定时，水轮机效率曲线的高效率较窄，贯流式水轮机轮叶可调，每种轮叶都有与之相配合角度，每种轮叶角度的高效率区都有对应的导叶开度，即导叶与轮叶有一定的协联关系，在不同水头下，导叶开度与轮叶开度之间会存在不同的协联，反映不同水头下导叶开度与轮叶角度之间的协联的组合，称为导叶与轮叶协联关系。水轮机在出厂前，厂家根据模型绘制了相应的各水头模式下的协联关系曲线，作为水轮机调速器协联调节的依据[1]。但在实际运行中，由于制造、加工、安装等诸多因素的影响，使得这一理想关系曲线与实际工况有一定的差别。沙南电站协联关系曲线由制造厂家进行提供，在运行中是否最优，需要在现场实际中探索、总结。沙南电站6号水轮发电机组更改前协联曲线见表1。

表1 6号机组更改前的协联关系表

轮叶位置	水头 5.9m 导叶位置	水头 8.7m 导叶位置	水头 11.5m 导叶位置	水头 14.3m 导叶位置	水头 17.7m 导叶位置	水头 21.1m 导叶位置	水头 24.6m 导叶位置
0	65.17	51.7	44.5	39.64	36.3	34.2	33.3
5	69.38	55.6	48.1	44.45	40.5	38.1	36.3
10	71	57.7	51.4	45.65	42.6	39.9	38.8
15	73.53	61.3	55.3	50.46	45.1	42	40.5
20	75.99	64.3	57.7	52	47.8	45.7	42.1
25	80.49	67.9	62.5	56.46	50.1	47.8	44.5
30	81.7	69.7	64.6	58.59	52.9	50.2	46.3
35	83.2	72.3	67.3	61.27	55.9	53	49.3
40	85.9	74.2	68.8	63	58.3	55.3	52.3
45	88	76.9	71.8	66	60.9	58	55.3
50	90.7	81.7	73.9	68.2	62.8	60.1	56.8
55	94.9	83.5	77.8	71.48	65.8	63.1	58.9
60	97	86.5	80.2	74.25	68.5	65.1	60.7
65	99	89.5	84.1	77.8	72.1	68.2	62.5
70	100	91.6	85.6	79.77	73.6	70.8	64
75	100	93.4	88	82.48	76.6	73.3	66.1
80	100	94.9	90.1	84	79	74.8	67.6
85	100	97	92.5	86.5	82	78.7	69.7
90	100	97.9	94.3	87.7	84.1	81.1	71.2
95	100	99	96.1	88.9	86.2	82.9	72.3
100	100	100	99.4	90.4	88.9	85.6	74.2

在沙南水电站6号机组的实际运行中，由于上流流量不确定性的变化、坝前机组进口处杂物的堆积，使得在实际运行中存在着一定的水头损失，而水轮机的调节系统在原设计协联关系下运行，由于水头线运行，水轮机在不同水头下的导叶与损失在不同江河、不同电站各有不同，在设计阶段往往容易忽略。使得机组实际运行下的协联曲线与设计的协联曲线存在偏差。沙南6号水轮发电机组实际运行中测得协联曲线如图1所示。

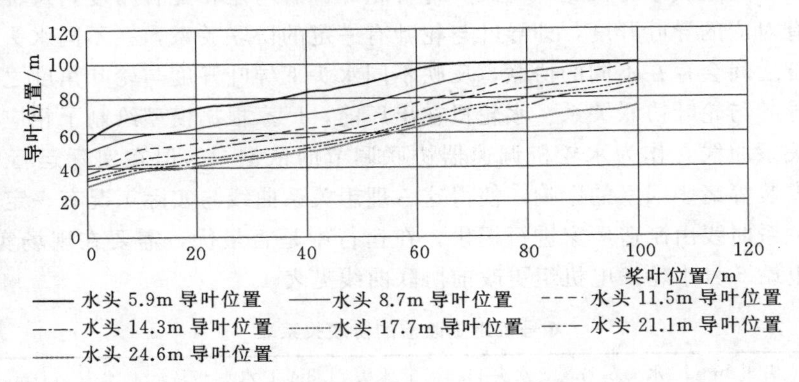

图1　6号机组实际运行过程中的协联曲线图

根据比较，可以看出机组实际为一种非协联工况运行状态，故会出现机组振动、摆度增大、运行声音异常、出力降低等问题，这些问题也是灯泡贯流式机组普遍存在的问题。

2.2　机组实际运行中振摆偏大

灯泡贯流式水轮机的整个灯泡是一个大型薄壳外压容器，除承受机组本身的自重外，还要承受水压力、浮力、正向水推力、反向水推力、振动力矩、电磁力矩等荷载，因此对灯泡机组的支撑体起着举足轻重的作用[2]。主支撑由管型座（俗称座环）承担。上下支柱为管型座的主要组成部分，各种荷载主要通过管型座传递给基础，支柱中为空心，作为运行检修人员的上下通道。机组转动部分为二支点双悬臂结构，设有发电机组合轴承和水导轴承，2套轴承共用1套轴承润滑油装置。组合轴承位于发电机的下游侧，由正向推力轴承、反向推力轴承和发导轴承组成；水导轴承在水轮机大轴密封的上游侧。

灯泡贯流式机组由于其结构的特殊性，它靠管型座、灯泡头底部的主支撑以及2根斜支撑和固定整个机组，机组稳定性先天不足，故相对其他形式的机组而言，振动对其质量的影响更为严重。在沙南电站曾多次出现滑环碳刷被磨损，造成其更换频繁，备品消耗严重；由于机组振动，水轮机舱的噪声也特别大对运行人员身心健康不利。由于其支撑结构的特殊性，对于机组协联关系要求更为精确，工作在非协联关系下，机组稳定性受到很大影响，在实际运行中，相比工作与良好的协联关系下，机组振摆数据偏大。

2.3　水头测量不精确使协联关系存在偏差

由于一年中每个季节上流来水水质不同，其中可能夹带过多的泥沙以及漂浮物。对于采用压差传感器测量水头的沙南电站而言，时常因为拦污栅前后压差存在差异，而使得水头数据不够精确，在设计协联关系之初，这些因素并未被纳入考虑范围，随着机组运行时间的积累，使得水头误差范围被更精确的估算出，在重新计算调速器协联曲线时，能够被充分考虑进去。从而让计算后得出的新协联关系更贴近机组实际运行情况，提高精确度，从而减少机组振摆，提升水轮机出力效率。

3　重新给定后的机组协联曲线

根据实际运行中协联关系存在的误差以及对于水头测量偏差等因素综合考虑后，重新给定的协联曲线如下，以6号水轮发电机组为例进行阐述（见表2)。

表2　6号机组更改后的协联关系表

桨叶	5.9m	8m	12m	14m	18m	20m	24.6m
0	54	46	38	33.5	32	31	27
5	60	50	40.5	36.5	33.5	32.5	29
10	65	54	43.5	40	35.5	34.5	31
15	69	58.5	47	43	38.5	36.5	33.5
20	72	62	50	46.5	41	38.5	35.5
25	75	65	53.5	49.5	43.5	41	37
30	77.5	68	56	52	46	44	39
35	80	70.5	59	54.5	49	47	42
40	81.5	73	61.5	57	52	49.5	45.5
45	85	75.5	64	60	54	52	48.5
50	88.5	78	66	62.5	56.5	55	50.5
55	92	83	69	66	59	57.5	52.5
60	96	86.5	73	69	62.5	60	54.5
65	97.5	89.5	76.5	73	65.5	63	56
70	99	92.5	80	76	69	66.5	58
75	100	94.5	83	78	71.5	68	80
80	100	96	85	80	73	70	62
85	100	98	87	82.5	75.5	73	64
90	100	100	89	84	77	75	66
95	100	100	91	86	78.5	76.5	68
100	100	100	92.5	88	80	78	70

通过对比6号水轮发电机组原协联曲线，发现新协联曲线更为接近机组运行中实际的协联曲线。

4　6号机组全水头振动区试验

为了验证新协联曲线对于机组出力效率以及机组稳定性等方面的提高，特邀请国电科学技术研究院有限公司成都分公司的技术专家对6号机组进行稳定性试验，即全水头振动区试验。试验根据当时上流来水流量与机组工况选取17.6m水头进行稳定性试验，机组负荷从0MW递加至额定值58MW，每5MW进行一次机组协联关系和机组振摆的测量[3]。试验数据如下（如图2所示)。

沙坪二级水 6 号 机组稳定性试验数据记录表

（毛水头：17.6　上游水位：553.14　下游水位：534.89）

有功功率（MW）	0	5	10	15	20	25	30	35	40	45	50	55	58
导叶开度（%）	14.21	18.81	25.93	37.05	42.51	45.52	50.71	52.2	59.09	62.6	67.1	71.02	72.18
桨叶开度（%）	0	0	0.28	1.27	10.34	16.25	26.39	40.2	41.9	50.2	57.34	63.54	67.1
水导轴承摆度 X 向（μm）	83	82	84	78	78	83	76	80	76	95	92	90	89
水导轴承摆度 Y 向（μm）	78	80	85	83	80	81	74	86	82	93	92	94	102
组合轴承摆度 X 向（μm）	51	50	50	48	50	44	49	45	49	44	45	47	46
组合轴承摆度 Y 向（μm）	53	53	55	54	59	49	54	50	56	51	52	52	52
机组轴向位移（mm）	-0.64	-1.2	-1.76	-2.2	-2.15	-1.11	-2.09	-2.09	-2.1	-2.09	-2.11	-2.14	-2.15
水导轴承径向振动 X 向（μm）	58	58	54	44	43	47	38	62	62	79	76	85	91
水导轴承径向振动 Y 向（μm）	44	32	24	24	18	28	19	35	29	46	48	51	49
水导轴承轴向振动（μm）	34	24	17	15	12	15	12	22	16	32	25	32	30
组合轴承径向振动 X 向（μm）	9	4	9	8	8	8	7	7	8	8	8	8	8
组合轴承径向振动 Y 向（μm）	6	7	4	6	7	7	13	6	5	7	5	7	8
组合轴承轴向振动（μm）	19	12	10	7	7	9	7	8	11	10	11	14	13
转轮室径向振动 X 向（μm）	42	55	50	68	64	62	81	67	69	70	70	75	82
转轮室径向振动 Y 向（μm）	46	46	56	81	78	74	73	71	24	72	76	81	82
灯泡头压力脉动（KPa）	4	4	4	4	4	4	4	5	4	4	4	8	4
转轮前压力脉动（KPa）	96	89	75	84	71	77	74	74	74	83	99	75	119
转轮后压力脉动（KPa）	4	5	5	5	4	5	4	4	3	5	5	5	5
尾水压力脉动 1（KPa）	16	12	8	4	4	4	4	4	4	4	4	4	4
尾水压力脉动 2（KPa）	4	3	3	3	3	3	3	4	3	3	3	3	3
尾水压力脉动 3（KPa）	5	5	5	5	5	5	5	5	5	5	5	5	5
尾水压力脉动 4（KPa）	13	16	8	6	6	6	6	6	6	6	6	6	6

备注：

1. 机组调整负荷保持稳定工况运行 5 分钟后，实时记录振摆监测数据。
2. 试验期间，保持同一水头。

图 2　6 号机组更改协联曲线后稳定性试验数据

通过对比 6 号机组原协联关系下稳定性试验的数据（如图 3 所示）发现，在相同的水头以及负荷下，更改协联关系后的 6 号机组，在同样的负荷下，机组振摆明显减小，出力效率更高，证明更改后的协联曲线更加贴近机组实际运行情况，更加有效。通过现场试验，测量数据的实际分析，重新整定后的协联曲线带来了更为优质的机组工况，提升了机组经济运行的可靠性。

沙坪二级水电站6号机组全水头振动区试验数据（18.62m）

有功功率	2.4	3.4	5.5	7.6	9.6	11.4	13.5	15.4	17.5	19.6	22.0	24.0	26.5	28.4
导叶开度	14.5	15.8	18.3	21.4	24.4	28.2	33.8	40.7	43.2	44.5	47.0	48.8	50.8	52.0
桨叶开度	1.0	2.0	2.0	2.0	2.0	2.0	2.0	4.0	8.0	11.0	15.0	17.0	21.0	24.0
水导轴承+45°摆度	99	95	95	101	120	125	86	91	99	97	85	80	94	94
水导轴承-45°摆度	93	87	77	74	125	136	80	74	74	73	75	74	74	77
组合轴承+45°摆度	56	55	55	55	59	57	58	60	61	56	60	60	60	61
组合轴承-45°摆度	54	52	52	50	61	52	50	53	53	50	53	52	53	53
水导轴承径向水平振动	71	58	46	34	44	46	31	38	41	37	40	44	43	45
水导轴承轴向振动	41	35	29	21	28	23	17	13	15	18	16	20	19	20
组合轴承径向水平振动	32	34	30	25	18	42	164	159	120	146	106	97	78	59
组合轴承径向垂直振动	14	12	12	10	10	10	9	9	9	10	9	9	9	9
组合轴承轴向振动	21	18	15	11	10	9	8	8	9	8	9	9	9	9
灯泡头径向垂直振动	3	3	3	3	3	3	3	3	3	3	3	3	3	3
灯泡头轴向振动	14	12	9	7	7	6	6	6	6	6	6	6	6	6
受油器径向垂直振动	14	13	16	12	12	12	12	12	12	12	12	12	12	12
受油器轴向振动	45	40	37	30	29	29	29	30	30	30	31	29	30	31
流道进口压力	1.9	1.8	1.6	1.5	1.6	1.5	1.5	1.4	1.5	1.5	1.7	1.5	1.5	1.5
尾水出口压力	3.2	3.3	2.8	2.5	2.5	2.4	2.1	2.0	2.0	2.0	2.6	2.3	2.1	2.2

有功功率	29.6	32.0	33.9	35.9	37.7	39.7	41.7	44.8	48.2	49.8	51.9	55.0	58.0
导叶开度	53.3	55.8	57.1	58.3	59.5	60.8	62.1	64.6	67.1	68.3	70.2	72.7	75.2
桨叶开度	26.0	29.0	31.0	34.0	36.0	40.0	43.0	47.0	52.0	54.0	57.0	62.0	66.0
水导轴承+45°摆度	90	85	86	88	106	97	85	96	89	108	105	106	113
水导轴承-45°摆度	77	78	80	83	82	75	82	85	87	90	93	98	106
组合轴承+45°摆度	59	60	60	60	61	56	60	60	59	58	61	62	64
组合轴承-45°摆度	53	54	54	54	54	51	54	55	55	55	56	55	55
水导轴承径向水平振动	46	48	51	55	58	49	62	69	77	81	87	95	106
水导轴承轴向振动	19	21	21	22	21	22	21	23	24	26	28	33	39
组合轴承径向水平振动	59	38	30	33	31	29	26	27	21	21	20	21	23
组合轴承径向垂直振动	9	10	10	10	11	11	11	11	11	12	12	12	12
组合轴承轴向振动	9	10	10	11	11	10	11	12	13	14	14	15	17
灯泡头径向垂直振动	3	3	3	3	3	3	3	3	3	3	3	3	3
灯泡头轴向振动	6	6	6	6	6	6	6	7	7	8	9	10	11
受油器径向垂直振动	12	12	12	12	12	13	12	12	12	13	13	13	13
受油器轴向振动	31	32	31	31	30	31	30	31	32	32	35	35	37
流道进口压力	1.5	1.5	1.5	1.5	1.5	1.4	1.5	1.5	1.5	1.5	1.5	1.4	1.4
尾水出口压力	2.0	2.1	2.1	2.2	2.1	2.1	2.1	2.0	2.0	2.1	2.0	2.0	2.1

备注：1. 有功单位为 MW；摆度和振动单位为μm；压力脉动单位为 kPa；导叶开度、桨叶开度单位为%。

图 3　6 号机组更改协联曲线前稳定性试验数据

5 结论

灯泡贯流式水轮机水力振动主要由以下原因引起，即涡带振动、卡门涡列、狭缝射流、协联关系不正确等因素。本文只针对协联关系更换前后引起的水力振动进行试验和对比数据、分析。沙南水电站在大渡河公司首次投入使用该类型机组，该类型的水轮机组的设计、制造、安装、运行还处于摸索、完善阶段。这种机组低水头、大流量的特点易于在大多江河、河段上建设运行，但也使机组对流态变化、水头损失比较敏感，会使机组运行振动增大、声音异常、出力下降，这也是同类机组的一个难题，故关于这方面的研究存在一定空间并具有一定的意义。自沙南水电站首台机组成功启动后，各机组在运行中也暴露出此类问题，故电站的技术人员协同制造厂家也同时着手这方面的研究工作，通过观察分析并确定以通过重新整定机组协联曲线为切入点，进行现场试验、摸索及整定修改，使机组的运行工况进一步改善，振摆在相同工况下有所减小，机组的效率有了一定程度的提高，效果比较明显。为此类型机组在大渡河干流上稳定运行提供了宝贵经验，取得了良好的社会与经济效益。由于在中国同类型机组中，沙南水电站单机容量最大、运行工况复杂，希望本文介绍能为该类机型此类问题提供一定的参考。

提高特大型灯泡贯流式机组机舱进人孔升降平台安全性能的研究

王谊佳　黄少祥

（国电大渡河沙坪水电建设有限公司，四川乐山　614300）

摘　要： 灯泡贯流式机组机舱进人孔存在特殊、危险系数大的特点，本文介绍两类提高特大型灯泡贯流式机组机舱进人孔作业人员进入采取的改进优化的方法：升降平台、竖井防护盖板及防护罩的使用，针对此两类方法提升的安全性能进行分析研究。

关键词： 机舱进人孔；安全；改进

1　引言

近几十年，我国的贯流水轮机技术得到了蓬勃发展，尤其是大中型灯泡贯流式水轮机。而大中型灯泡贯流式机组的运行检修，势必需要运行检修人员进入发电机舱、水轮机舱[1]。由于灯泡贯流式机组独特的机组结构形式，使得保证人员进出安全也成为灯泡贯流式机组运行维护需要重点关注的内容。

本文结合沙坪二级水电站针对灯泡贯流式机组机舱进人孔采用两种的安全优化方法，讨论研究其合理性与安全性。

2　机舱进人孔升降平台

2.1　升降平台的使用

特大型灯泡贯流式机组由于结构的特殊性，机舱进人孔位于机组管道层，而在发电机舱、水轮机舱日常巡回及检修时，均需运维人员通过进人孔进入灯泡体内作业[1]。沙坪二级水电站水轮机舱进人孔至作业平台垂直高度为 14m，发电机舱进人孔至作业平台垂直高度为 8m，作业人员进入发电机、水轮机舱时需攀爬直梯进入作业。徒手攀爬进入的方式，除需佩戴安全带以外也需配合防坠器使用，在此情况下虽已有较大安全保障，有效避免安全事故发生，但在多台机组需要巡回检修的情况下，对运行维护人员体能有较大消耗，从而增加徒手攀爬风险和事故发生概率。

此外，水轮机舱、发电机舱内作业空间狭小。水轮机舱进人孔包括机组水导轴承进、出油管路，主轴密封及检修密封水管路，而水轮机舱内涉及机组主轴密封检修、振摆传感器检修、接地碳刷检查等。发电机舱进人孔包括机组出口电容式管型母线、桨叶开启、桨

作者简介： 王谊佳（1994—　），女，助理工程师，学士；研究方向：水电站继电保护控制系统。

叶关闭、受油器漏油、受油器低压腔进油管路，发电机舱涉及定子检查、碳刷检查、空冷管路及轴流风机检修等作业，进入机舱作业必要且频繁。当作业人员进入机舱作业且需携带作业工具时，徒手攀爬增加人员进入机舱危险性，如图1所示。

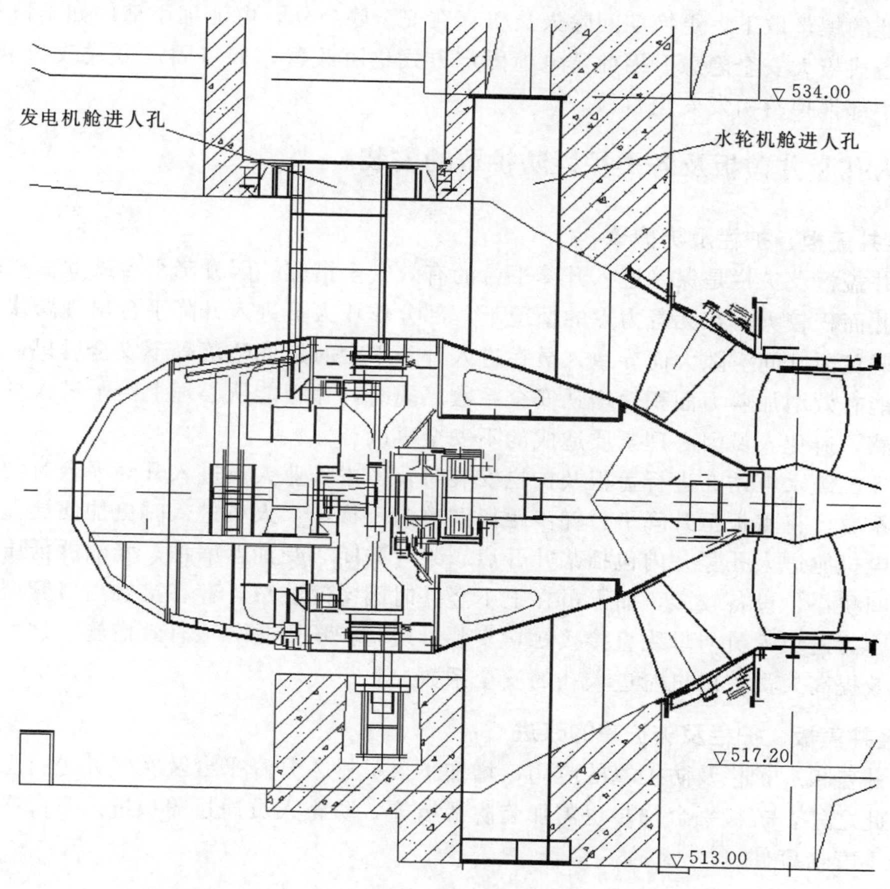

图1　水轮机剖面图

升降平台的应用使人员避免直接通过竖井爬梯徒手攀爬进入发电机、水轮机舱，使得进入机舱更加方便、快捷，同时也增加人员进入的安全性。通过配备防坠器及安全带，双重保障进入作业人员安全，降低高处坠落的概率，既有效减小了运行人员体力的消耗，也增加了进入机舱的安全性。

此外，为防止升降平台下部有人员站立而升降平台正处于下降过程中而造成安全事故，平台底部设置红外线传感器，当有人员位于平台下方时，将闭锁升降平台运行。此方法也提高了在使用过程中的安全系数。

如何保障升降平台使用中的安全性能及出现问题时的应急处理也成为需要重点关注的内容。

2.2　升降平台的改进

升降平台在满足安全需求的同时，日常中的维护也需关注。如为避免升降平台出现骤降情况，增加其使用期间的安全性，在人员站立平台设置防坠挂钩并悬挂防坠器，能够有效增加升降平台使用安全性。

另外，遥控信号蓄电池的安装位置位于站立平台护栏处，更换蓄电池时需使用工具将固定电池的螺丝取下，更换期间除人员仍存在安全隐患外，电池细小部件如不慎落入机舱中也会造成极大安全隐患。因此蓄电池固定方式仍可改善，如将固定方式改为卡扣固定，避免细小部件掉落引发安全事故。

3 进人孔竖井盖板及各类护栏防护罩的安装

3.1 竖井盖板、护栏及防护罩

竖井盖板及护栏是保障进入升降平台的有效安全措施。因升降平台站立面积较小而进人孔竖井面积较大，在无着力点的情况下，部分作业人员进入升降平台出现跨步不够的情况，为避免因其间空隙大而导致人员在进入升降平台时造成坠落等不安全后果，加装盖板及护栏能有效增加着力面积，增强安全系数。同时，盖板能从心理上给予进入平台作业人员安全感，避免人员因心理素质造成的不安全事故。

沙坪二级水电站在进行盖板及护栏安装时，考虑作业人员进入升降平台时的跨越距离及安全系数，将盖板至升降平台梯步距离调整为一梯步，人员进入时更加便捷。

发电机舱进人孔竖井内包括桨叶开启、桨叶关闭、受油器漏油、受油器低压腔进油管路，空间狭小，设备较多，而人员在上下竖井时因空间狭窄，存在接触出口管型母线的安全隐患，为避免人员与母线直接接触，安装母线防护罩则是一项有效措施。这种改进方法亦能有效提高人员进出机舱进人孔的安全系数。

3.2 竖井盖板、护栏及防护罩的改进

竖井盖板、护栏及防护罩的应用，增加了人员进入升降平台及在竖井进行上下的安全性。除此之外，盖板平台梯步也需加装防滑措施，防止人员通过盖板进入升降平台时发生滑倒等不安全事件。

4 结语

随着灯泡贯流式机组的应用越来越多，其安全设计等技术也在实践中不断提高和改进，越来越方便检修和维护，同时也将更加便于人员维护检修的角度进一步完善其安全性。根据以上两种优化安全方法讨论其可行性与改良性，总体来讲，都直接为运行维护人员进出机舱提供了有力的安全保障。

参考文献

[1] 陶红，姜剑锋. 大中型灯泡贯流式水轮机结构简介 [J]. 电站系统工程，2003，19 (6)：39－40.

泄洪闸自动调节在径流式水电站中应用的探索

王显彬　李　彬

（国电大渡河沙坪水电建设有限公司，四川乐山　614300）

摘　要： 灯泡贯流式水轮发电机组最明显的特征在于其水头低，这样的水电站具有移民投入小、对生态影响小等优点，然而这种形式电站普遍存在库容小的特点，再加上灯泡贯流式机组耗水率较大，导致了电站上游水位受入库和出库流量影响很大，需要频繁的调节泄洪闸来保持上游水位的稳定。本文主要介绍了通过探索计算机自动调节泄洪闸开度，来解决保持上游水位稳定的问题。

关键词： 灯泡贯流式；低水头；小库容；自动调节

1　基本理论

具有调节水量的水电站称有调节水库水电站，没有水库调节能力的水电站称径流式水电站。对有水库调节能力的水电站，按照水库的调节性能可以分为：日调节、周调节、月调节、季调节、年调节和多年调节等几种类型。日调节、周调节和月调节三种类型水电站的水库库容小，相应的蓄水能力和适应用电负荷要求的调节能力也较弱，水电站只能根据上游的来水情况，通过夜间蓄水少发、白天多发，或上旬蓄水少发、下旬多发来满足电力系统对电量调节的要求。季调节和年调节类型的水电站具有相对较大的水库库容，它们可以根据当年河流的来水情况确定在某一季节，如汛期少发电多蓄水所蓄的水量留在另一季节，如枯期多发电以达到对电力系统电量的调节目的。多年调节型的水电站具有巨大的水库库容，它可以根据历年来的水文资料和当年的水文资料确定当年的发电量和蓄水量，还可以将丰水年所蓄水量留到平水年或枯水年来发电。多年型调节水电站对于天然洪水也具有较强的调节能力，可以在洪水期把多余的洪水蓄存在水库里等到枯水期发电，这样不仅满足了电力系统对电量调节的要求，而且在洪水期通过合理的水库调度，可以实现削减洪峰和错开洪峰的目的，对于大江、大河的防汛工作具有十分重要的作用。

对于径流式水电站，它没有水库调节能力，只能根据来水量来确定机组出力[1]，而机组出力受多方面因素影响，如电网需求、机组检修等。当来水量大，电网需求少时，只能通过泄洪闸弃水的方式来保持水库水位稳定。若上游来水不稳定，则需要频繁调节泄洪闸，保证大坝和机电设备安全。

作者简介： 王显彬（1990—　），男，助理工程师，学士；研究方向：水电站继电保护控制系统。

2　电站概况

沙南水电站位于四川省乐山市峨边彝族自治县和金口河区境内，是大渡河中游22个规划梯级中，第20个梯级水电站的第二级，上接枕头坝一级水电站，下邻龚嘴水电站。水库正常蓄水位554.00m，死水位550.00m，总库容2084万m^3。装设6台单机容量为58MW的灯泡贯流式水轮发电机组，额定流量457.66m^3/s，属典型小库容径流式水电站，机组耗水量较大。

3　泄洪闸系统综合介绍

3.1　系统介绍

沙南水电站泄洪闸坝布置于右岸主河床，闸段长99.0m，最大闸高63.0m，共设5孔泄洪闸，孔口尺寸13m×16m（宽×高）。孔顶设2.0m厚胸墙至闸顶，闸顶高程557.00m。溢流堰采用平底宽顶堰型式，闸底高程528.00m，支铰高程546.00m。闸室长49.0m，底板厚4.0m。闸室下游设80m长的混凝土护坦，护坦厚度4m，闸室设一道弧形工作闸门，上游设置一道事故闸门、下游设一道平板检修闸门[1]。右岸挡水坝段长31.0m，采用混凝土重力坝，在右岸挡水坝段内布置有泄洪闸闸门存放槽，门槽尺寸为15.0m×3.0m×21.0m，如图1所示。

图1　沙南泄洪闸

3.2　进口事故闸门及启闭设备

在弧形工作闸门前设置进口事故闸门槽，5孔共设1扇事故闸门，孔口尺寸为13.0m×17.9m，底槛高程528.00m，闸门动水关闭，静水开启（打开冲水阀平压），采用2×2000kN/400kN/150kN坝顶双向门机通过液压自动抓梁进行启闭操作。闸门平时分两节存放在右岸挡水坝段的两个储门槽内，闸门的检修维护在557.00m高程的坝顶进行，进口事故闸门技术参数见表1。

3.3　泄洪闸弧形工作闸门

泄洪闸设5扇主横梁、斜支臂潜孔式弧形工作闸门，闸门动水启闭，可局部开启，由

表1 泄洪闸进口事故闸门参数表

序号	名称	特征及参数
1	闸门型式	潜孔平面定轮
2	孔口尺寸(宽×高)/(m×m)	13×17.9
3	支承跨度/m	14
4	设计水头/m	26
5	吊点型式	双吊点
6	吊点间距/m	8.7
7	支承型式	滚动支承
8	操作条件	动闭静启，充水阀充水平压

2×4000kN液压启闭机操作。液压启闭机由常州成套设备厂有限公司生产。每台启闭机的组成包括：油缸总成、缸旁保压安全阀块、支铰座埋件、液压泵站、站外液压管路、现地电气控制柜等。液压启闭机装设于泄洪闸弧形工作闸门两侧的闸墩上，泵站布置在位于闸墩顶557.00m高程的泵房。每扇弧形工作闸门设两台油泵电动机组、油箱及其附件、集中控制功能块、油缸旁保压安全阀块阀组、管道及其附件等。正常启动时，两台油泵电机组同时投入工作，速度为额定值（0.58m/min）；一台油泵电机组出现故障时；另一台仍然可投入工作，提门速度为额定值的一半；关闭时，任意一台油泵电机启动即可，两台电机轮换使用[2]，泄洪闸弧形工作闸门技术参数见表2。

表2 泄洪闸弧形工作闸门参数表

序号	名称	特征及参数
1	闸门型式	主横梁、斜支臂潜孔弧形闸门
2	孔口尺寸（宽×高）/(m×m)	13×16
3	支铰高度/m（距底坎）	16
4	弧面半径/m	26
5	设计水头/m	26
6	支铰型式	自润滑球面滑动轴承
7	吊点型式	双吊点
8	吊点间距/m	11.7
9	操作条件	动水启闭，局部开启

液压启闭机技术参数见表3。

表3 液压启闭机主要参数表

序号	名称	参数	备注
1	最大启门力	2×4000kN	
2	最大闭门力	闸门自重	（上腔可适当加压）

续表

序号	名　称	参　数	备　注
3	工作行程/mm	10840	
4	设计行程/mm	11050	
5	油缸内径/mm	ϕ610	
6	活塞杆直径/mm	ϕ300	
7	油泵	A10VSO100DR/31R－VPA12N00	
8	电动机	1LE0002－2DB03－3JA4－Z	75kW；1480rpm
9	有杆腔启闭工作压力/MPa	18.1	
10	启闭速度/(m/min)	～0.58	
11	系统压力等级/MPa	28	

3.4　液压控制系统

液压启闭机控制系统由成都锐达自动控制有限公司设计，包括压力控制回路、方向控制回路、速度控制回路、安全锁定回路，具体功能如下：

（1）压力控制回路：具有卸载和调压功能。用于油泵电机组空载启动，提供弧形工作闸门开启时液压缸有杆腔工作油压，提供弧形工作闸门关闭时无杆腔工作油压和打开安全锁定阀块中液控单向阀的控制油压。

（2）方向控制回路：通过主回路上三位四通电磁换向阀电磁铁的得、失电，切换换向阀油口的工作位置，改变液压油流向，从而实现液压缸活塞杆的伸缩动作即弧形工作闸门的关闭与开启动作控制。

速度控制回路：在液压缸的有杆腔回路中设置了调节阀，控制液压缸活塞杆的伸缩速度即闸门的关闭与开启速度；也能满足双速工况下因系统流量的改变对闸门平稳运行造成的影响。

（3）安全锁定回路：在液压缸有杆腔回路中设置了安全锁定阀组。内置液控单向阀，用于闸门开启至任意高度时闸门的锁定。同时该阀组内置溢流阀为安全阀，用于对下腔的超压保护。

（4）闸门控制分为远方、自动、手动控制方式，油泵运行方式分为自动、手动、切除控制方式，自动方式具备自动纠偏功能，手动方式可手动纠偏，并具备偏差报警与偏差保护功能。

3.5　泄洪闸出口检修闸门及启闭设备

泄洪闸出口检修闸门为潜孔平面滑动叠梁门，5 孔共用 1 扇闸门，孔口尺寸为 13.0m×11.0m，设计水头为 11m。闸门静水启闭（小开度动水提顶节检修门，节间充水平压），分成可互换的 5 节门叶，由坝后 2×500kN 单向门机通过液压自动抓梁操作，闸门平时储放在储门槽内[3]。泄洪闸出口检修闸门技术参数见表 4。

表 4　　**泄洪闸出口检修闸门参数表**

序号	名　称	特征及参数
1	闸门型式	潜孔平面滑动叠梁门
2	孔口尺寸（宽×高）/(m×m)	13×10.6
3	支承跨度/m	13.6
4	设计水头/m	10.6
5	吊点型式	双吊点
6	吊点间距/m	9.08
7	支承型式	滑道支承
8	操作条件	静水启闭（考虑1m水头差），节间充水平压

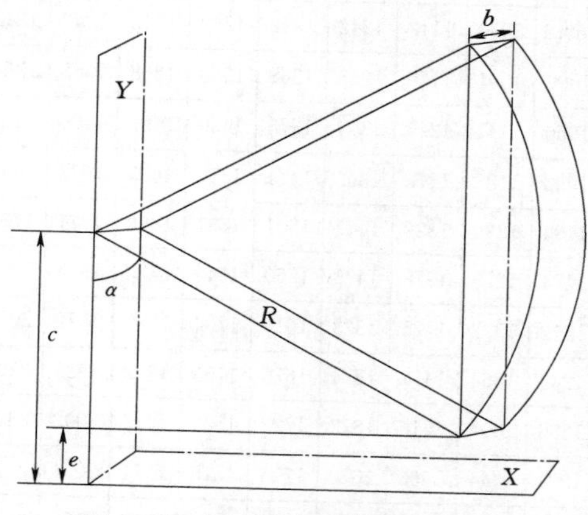

图 2　沙南弧形泄洪闸 CAD 简图

为对沙南单孔泄洪闸泄洪能力做模型分析，画出 CAD 简易尺寸如图 2 所示。

因此，弧形闸门宽度 $b=13\text{m}$，闸门半径 $R=26.0\text{m}$，泄洪闸支铰安装高程与闸底的高程差 $c=546.0-528.0=18.0\text{m}$，$e$ 为泄洪闸开度，单位为 m，α 为闸门下边缘与支铰形成的连线与竖直方向的夹角，h 为闸前全水头，泄洪流量 $Q=\mu be\sqrt{2gh}$，其中流量系数 $\mu=(0.97-0.81\times\alpha/180°)-(0.56-0.81\times\alpha/180°)\times e/h$。结合弧形闸门流量计算方法，列出三个等式如下：

$$Q=\mu be\sqrt{2gh}$$

$$\mu=(0.97-0.81\times\alpha/180°)-(0.56-0.81\times\alpha/180°)\times e/h$$

$$\cos\alpha=(c-e)/R$$

通过解以上方程，得到不同水位，不同闸门开度对应的“水位—闸门开度—泄洪流量”，见表 5。

表 5　　**水位—闸门开度—泄洪流量表**

水位/m	库容/万 m³	泄洪闸单孔开启泄流能力																
		0.0	1.0	2.0	3.0	4.0	5.0	6.0	7.0	8.0	9.0	10.0	11.0	12.0	13.0	14.0	15.0	16.0
528.0	63.1	0.0	0.0	0.0	0.0	0.0	0.0	0.0	0.0	0.0	0.0	0.0	0.0	0.0	0.0	0.0	0.0	0.0
529.0	85.2	0.0	24.4	24.4	24.4	24.4	24.4	24.4	24.4	24.4	24.4	24.4	24.4	24.4	24.4	24.4	24.4	24.4
530.0	93.6	0.0	48.0	60.2	60.2	60.2	60.2	60.2	60.2	60.2	60.2	60.2	60.2	60.2	60.2	60.2	60.2	60.2
531.0	110.5	0.0	64.0	111.1	111.1	111.1	111.1	111.1	111.1	111.1	111.1	111.1	111.1	111.1	111.1	111.1	111.1	111.1
532.0	133.1	0.0	76.9	134.1	171.0	171.0	171.0	171.0	171.0	171.0	171.0	171.0	171.0	171.0	171.0	171.0	171.0	171.0
533.0	146.3	0.0	88.0	157.7	211.0	239.0	239.0	239.0	239.0	239.0	239.0	239.0	239.0	239.0	239.0	239.0	239.0	239.0
534.0	163.2	0.0	97.9	178.5	243.6	314.2	314.2	314.2	314.2	314.2	314.2	314.2	314.2	314.2	314.2	314.2	314.2	314.2

续表

水位/m	库容/万 m³	泄洪闸单孔开启泄流能力																
		0.0	1.0	2.0	3.0	4.0	5.0	6.0	7.0	8.0	9.0	10.0	11.0	12.0	13.0	14.0	15.0	16.0
535.0	200.7	0.0	106.9	197.1	272.6	334.8	396.0	396.0	396.0	396.0	396.0	396.0	396.0	396.0	396.0	396.0	396.0	396.0
536.0	247.6	0.0	115.2	214.3	299.1	371.0	431.2	483.8	483.8	483.8	483.8	483.8	483.8	483.8	483.8	483.8	483.8	483.8
537.0	300.2	0.0	123.0	230.2	323.5	404.2	473.7	577.2	577.2	577.2	577.2	577.2	577.2	577.2	577.2	577.2	577.2	577.2
538.0	357.9	0.0	130.3	245.1	346.3	435.1	512.9	580.7	676.1	676.1	676.1	676.1	676.1	676.1	676.1	676.1	676.1	676.1
539.0	421.2	0.0	137.2	259.2	367.7	464.1	549.6	625.3	692.2	780.0	780.0	780.0	780.0	780.0	780.0	780.0	780.0	780.0
540.0	491.2	0.0	143.8	272.6	388.0	491.5	584.2	667.2	741.5	807.9	888.7	888.7	888.7	888.7	888.7	888.7	888.7	888.7
541.0	567.5	0.0	150.1	285.4	407.4	517.5	617.0	706.8	787.9	861	928	1002	1002	1002	1002	1002	1002	1002
542.0	649.0	0.0	156.2	297.6	425.9	542.3	648.2	744.4	832.1	912.0	985	1052	1120	1120	1120	1120	1120	1120
543.0	735.8	0.0	162.0	309.4	443.6	566.1	678.0	780.4	874.1	960.1	1039	1112	1242	1242	1242	1242	1242	1242
544.0	828.1	0.0	167.7	320.7	460.7	589.0	706.7	814.9	914	1006	1091	1170	1243	1368	1368	1368	1368	1368
545.0	925.7	0.0	173.1	331.7	477.2	611.1	734.3	848.0	953	1050	1141	1225	1304	1378	1499	1499	1499	1499
546.0	1028	0.0	178.4	342.3	493.2	632.4	761.0	880.0	990	1093	1188	1278	1362	1441	1516	1633	1633	1633
547.0	1137	0.0	183.5	352.6	508.7	653.0	786.8	910.9	1026	1134	1234	1329	1417	1501	1581	1658	1771	1771
548.0	1251	0.0	188.5	362.6	523.7	673.1	811.8	940.9	1061	1174	1279	1378	1471	1560	1644	1725	1803	1912
549.0	1371	0.0	193.4	372.3	538.3	692.5	836.1	970.0	1095	1212	1322	1425	1523	1616	1704	1789	1872	2057
550.0	1496	0.0	198.1	381.8	552.5	711.5	859.7	998.2	1128	1249	1364	1472	1574	1670	1763	1852	1938	2206
551.0	1627	0.0	202.7	391.1	566.4	730.0	882.8	1025	1160	1286	1404	1516	1622	1723	1820	1912	2002	2358
552.0	1764	0.0	207.3	400.1	580.0	748.0	905.2	1052	1191	1321	1444	1560	1670	1775	1875	1971	2064	2514
553.0	1908	0.0	211.7	409.0	593.2	765.6	927.1	1078	1221	1356	1483	1603	1717	1825	1929	2028	2125	2672
554.0	2084	0.0	216.1	417.7	606.2	782.8	948.6	1104	1251	1389	1520	1644	1762	1874	1981	2084	2184	2834

4 方案实现

沙南水电站上游水位受入库流量及机组负荷变化影响较大，当入库流量及机组负荷变化频繁时，运行人员需要不断调节泄洪闸来维持水位稳定，对泄洪闸使用寿命造成很大的影响。单从经济角度考虑，应最大限度利用来水多发电，然而与此同时频繁的闸门操作给运行人员带来较大的工作难度。据不完全统计，电站 2017 年度泄洪闸调节次数多达 13130 次，其中：超调 2510 次，占比 19%，欠调 1790 次，占比 13.6%。泄洪闸故障 231 次，更换闸门密封圈 12 次，维修费用 23 万元。为进一步分析闸门动作情况，整理 2017 年 6 月 23 日历史数据库相关数据，见表 6。

表 6　2017 年 6 月 23 日闸门动作情况

时间	负荷/MW	水位/m	入库流量/(m³/s)	闸门开度/m	出库流量/(m³/s)
1：13	50	553.5	600	0	321
2：20	50	553.8	600	2	725

续表

时间	负荷/MW	水位/m	入库流量/(m^3/s)	闸门开度/m	出库流量/(m^3/s)
3：10	50	553.5	600	2	710
4：05	100	553.3	1200	1	810
4：15	100	553.8	1200	3	1250
5：05	100	553.7	800	1	840
5：30	100	553.6	1200	3	1220
8：00	120	553.5	1000	1	950
9：00	120	553.5	1500	5	1686
10：00	120	553.6	1500	5	1690
11：00	150	553.8	800	0	950
12：00	150	553.7	800	0	955
13：00	150	553.6	800	0	960
14：00	150	553.5	800	0	962
15：00	100	553.3	1000	3	1200
16：00	100	553.0	1000	3	1230
17：00	100	552.6	1000	3	1240
18：00	100	552.3	1400	3	1200
19：00	100	552.0	1400	3	1210
20：00	100	551.8	1400	3	1240
21：00	100	553.5	1600	7	2030
21：10	100	552.8	1600	5	1620
23：00	150	552.7	1200	2	1310

根据以上统计数据不难看出，2017 年 6 月 23 日，机组负荷变化 5 次，入库变化 9 次（由于入库流量实时动态变化，将入库流量大于 $100m^3/s$ 的情况记为变化，小于 $100m^3/s$ 则认为入库流量无变化），闸门动作 12 次。从闸门动作情况来看，4：05 闸门开度为 1m，4：15 闸门开度为 3m，期间水位由 553.2m 上涨至 553.8m，入库无变化，闸门动作两次，属于典型的欠调现象。5：05 闸门开度 1m，5：30 闸门开度 3m，期间入库流量由 $1000m^3/s$ 增加至 $1500m^3/2$，入库流量变化幅度大，持续时间短，由于运行人员对上游来水判断不准确，造成了欠调现象。21：00 闸门开度 7m，21：10 闸门开度 5m，期间入库流量无变化，闸门动作两次，水位由 553.5m 下降至 552.8m，属于典型超调现象。

经分析，2017 年 6 月 23 日，闸门动作次数可以减少 3 次以上，并可增加一定的经济效益。为达到这一目的，电站对泄洪闸自动调节技术进行了探索，通过计算机实时采集入库流量与机组负荷，结合水位与库容的关系，有针对性地对泄洪闸开度进行计算。使上游水位保持在相对合理且稳定的位置，方法如下：

入库流量 Q_1 通过水调系统获得（上游电站出水 1h 左右到达我站库区，理论上可获得未来 1h 以内的入库流量数据），出库流量 Q_3 为机组耗水流量（Q_0）与泄洪流量（Q_2）之和。机组耗水流量可根据公式 $P=9.81Q_0H\eta$ 得到，其中 P 为机组有功，Q_0 为机组耗水流量，H 为水头（上游水位与下游水位差），下游水位固定为 536.0m，η 为机组效率，此处取 0.90（水轮机效率 0.93，发电机效率 0.97），机组耗水流量 $Q_0=P/(9.81H\eta)$。

现针对 2017 年 6 月 23 日超调与欠调现象，并结合表 5 中水位与库容关系做详细分析：

（1）4：05：$Q_0=100\times1000/[9.81\times(553.2-536.0)\times0.90]=658.8\text{m}^3/\text{s}$，此刻入库流量为 $1200\text{m}^3/\text{s}$，由于电站可获得未来 1h 以内的入库流量信息，根据 2017 年 6 月 23 日入库流量信息可知，4：05—5：05 期间，入库流量一直保持在 $1200\text{m}^3/\text{s}$，为保持水位稳定，则使入库流量基本等于出库流量，因此 $Q_2=Q_1-Q_0=1200-658.8=541\text{m}^3/\text{s}$，因此，计算机在 4：05 时刻将泄洪闸自动提升至 3m 即可，避免欠调。

（2）21：00：$Q_0=100\times1000/[9.81\times(553.5-536.0)\times0.90]=647.2\text{m}^3/\text{s}$，此刻入库流量为 $1600\text{m}^3/\text{s}$，根据 2017 年 6 月 23 日入库流量信息可知，21：00—22：00 期间，入库流量一直保持在 $1600\text{m}^3/\text{s}$，为保持水位稳定，因此 $Q_2=Q_1-Q_0=1600-647.2=952.8\text{m}^3/\text{s}$，计算机在 21：00 时刻将泄洪闸自动提升至 5m 即可，避免超调。

（3）接下来对 21：00—21：10 期间的超调产生的经济损失做简单评估，21：00 水位 553.5m，21：10 水位 552.80m。根据水位库容关系可知，21：00 库容为 $(2084-1908)\times(553.5-553.0)+1908=1996$ 万 m^3。

21：10 库容为 $(1908-1764)\times(553.0-552.8)+1764=1792.8$ 万 m^3。因此本次超调引起的损失水量为 203.2 万 m^3。以电量为 0.3 元/(kW·h) 来计算，造成的直接经济损失为 $203.2\times10000/457.66\times58\times1000\times0.3=21459$ 元。

由此可见，通过计算机精确计算，自动合理地控制泄洪闸开度，有利于减少或消除人为因素造成的泄洪闸误操作，延长泄洪闸寿命，就目前的方案，以每天减少两次误操作计算，全年可降低闸门动作 700 余次，增加经济收入 $21459\times365=7832535$ 元。

5 方案优化

仔细分析表 6，可以发现从 16：00—20：00 期间，入库流量小于出库流量，上游水位逐渐下降，此时虽然闸门未动作，但是一部分水能从泄洪闸流走，从一定程度上减少了经济收入。因此，可以根据上游水位情况，适当申请增加负荷，降低闸门开度，保持上游水位稳定；或者负荷不变，减小闸门开度，使上游水位在可控范围内缓慢上涨，提高水头，降低耗水率，从而增加水能储备，待系统需要负荷时再申请增加机组出力，增加经济效益。因此，在泄洪闸自动调节过程中，可加入经济性判断条件，不再单一以降低闸门次数为目的，适当调节泄洪闸，使机组保持在较高水位、工况较好的状态下运行。

6 结语

本篇文章对弧形闸门水流特性进行了详细的分析，并结合沙南电站闸门动作、库容、机组耗水等实际情况，对泄洪闸自动调节在径流式、小库容水电站中的应用进行了努力地探索，泄洪闸自动调节更加准确、及时，避免了人工操作的烦琐性和粗略性，一旦泄洪闸交由计算机自动控制，运行人员有更多的精力去处理其他重要的事情。当泄洪闸主电源全部失电后，计算机可利用备用电源迅速提起泄洪闸，保证大坝和厂内机电设备安全。因此泄洪闸自动调节对水电站运行的稳定性和可靠性有着深远的意义。

重锤关闭装置在贯流式机组中的应用

李肖君　陈洁华

（国电大渡河沙坪水电建设有限公司，四川乐山　614300）

摘　要： 灯泡贯流式机组是低水头大流量水轮发电机，利用其水平布置的有利因素，在导水机构控制环上配置重锤。用重锤关闭装置代替事故配压阀作为贯流式水轮发电机组中的防飞逸措施。本文详细介绍了重锤关闭装置的结构、控制系统及运行注意事项。

关键词： 贯流式机组；重锤关闭装置；应用

1　概况

沙南电站位于四川省乐山市峨边彝族自治县和金口河区境内，是大渡河中游 22 个规划梯级中，第 20 个梯级水电站，上接枕头坝水电站，下邻龚嘴水电站。水电站正常蓄水位 554.0m，总库容 2084 万 m^3，装设 6 台单机容量为 58MW 的灯泡贯流式水轮发电机组。机组额定水头为 14.3m，最大水头 24.6m，最小水头 5.9m，额定转速 88.2r/min，额定流量 457.66m^3/s，飞逸转速（协联/非协联）为 200r/min/(280r/min)。

如果机组运行中出现飞逸，容易造成烧瓦，特别是发电机转子，容易造成连接件的松动、断裂及塑变，如果再伴有强烈振动，很可能造成严重的机构损坏事故，降低机组的使用寿命，所以机组的防飞逸措施至关重要。贯流式水轮发电机组通常设置重锤关闭装置，利用重锤的自重在无液压力的情况下关闭导叶。重锤关闭装置是机组的最后一道安全保护，它必须有非常高的可靠性。重锤关闭控制装置采用了插装阀、行程阀、液控单向阀等标准液压件，利用先进的模块式设计，将各种液压元件组合成功能独特的液压控制组件。重锤关闭控制装置能在机组过速保护动作时，可靠的切断调速器通往接力器的控制油，利用重锤的自重关闭导叶，并使接力器关机腔吸入液压油，实现机组的快速停机。

2　贯流式机组常见的防飞逸措施及其沿革历史

由于灯泡贯流式机组转动惯量小，机组转速在甩负荷后短时间内即上升到最大值。而且灯泡贯流式机组是低水头大流量水轮机，其流道尺寸大，因此快速闸门尺寸也较大，采用快速闸门对于防止机组飞逸已无实际意义，还使设备费用增加较多，所以一般灯泡贯流式机组不采用快速闸门作为防飞逸措施。

灯泡贯流式机组一般为卧式布置，具备导水叶自关闭能力外，因而可以利用其水平布置的有利因素，在导水机构控制环关闭侧加装重锤以形成一附加关闭力矩，以利于导叶自关闭操

作者简介： 李肖君（1994—　），女，助理工程师，学士；研究方向：水电站监控控制系统。

作。所以灯泡贯流式机组一般采用重锤关闭装置作为防飞逸措施。

早期的灯泡贯流式机组一般将立式轴流式机组使用的事故配压阀来控制重锤关闭，现在有不少新电站仍在使用这种事故配压阀。这种阀的设计管路元件多、油路较复杂，某个环节出问题都会造成阀组不动作，系统可靠性较差[1]。

当发生事故时事故配压阀是将调速器主配压阀切除，将接力器关机腔和开机腔分别接通压力油源和回油，靠压力油操作接力器关闭，若压力油源消失则无法关闭接力器，而且增加事故油源不但会增加投资还会增加系统的复杂性。重锤关闭装置是将接力器开机腔接通排油，关机腔靠一单向阀与回油箱接通，在重锤和导叶的自关闭作用下操作接力器关闭，即使压力油源消失也能将接力器关闭。

事故配压阀是一种二位六通型换向阀，结构较复杂，油压损失也较大，而且在正常运行时接力器的开机腔和关机腔均经过事故配压阀与调速器主配压阀相连，增加了油压损失，而重锤关闭装置利用先进的模块式设计，将各种液压元件组合成功能独特的液压控制组件，在正常运行时油路基本不通过阀组，油压损失小。

传统的事故配压阀动作时不平稳会产生轰鸣声且由于其活塞惯性大动作滞后时间较长。重锤关闭阀组采用了插装阀结构其内阻小，泄漏小，结构简单，工作可靠，适宜大流量工作。采用新型重锤关闭装置作为灯泡机组的防飞逸装置只需重锤就能控制导叶关闭，无须压力油源，比采用事故配压阀好。重锤的重量要根据导叶的水力矩及导水机构的关闭特性计算来定，接在接力器关闭侧的单向阀要在较小的压差下就能动作。如果采用事故配压阀作为灯泡机组的防飞逸装置，则无须再设重锤，因为事故配压阀是通过压力油操作关闭导叶的。

3 重锤关闭装置的工作特点

灯泡贯流式机组因为机组转动惯量小，一般采用重锤关闭装置作为机组的防飞逸措施。根据卧式机组布置的特点，机组导水机构除具备导叶自关闭能力外，往往利用其水平布置的有利因素，在导水机构控制环关闭侧加装重锤形成附加关闭力矩，以利于导叶关闭操作。通常设置一套重锤关闭装置，用它代替了传统立式轴流式机组经常采用的事故配压阀，利用重锤的自重在无液压力的情况下关闭导叶。重锤关闭装置是机组的最后一道安全保护，它必须有非常高的可靠性，其控制装置必须安全可靠，而且还应具备应急的备用措施。因此，电站采用的重锤关闭装置除在自动工况外，还设了一种手动工况，可在紧急情况下操作紧急停机按钮，直接控制重锤装置电磁阀，通过人为干预来实现停机。重锤关闭装置是机组的最后一道保护，其控制装置必须安全可靠，而且还应具备应急的备用措施，以保证机组的安全。

4 重锤关闭装置的构成

重锤关闭装置采用液压元件利用模块化设计组合成功能独特的液压控制组件，如图 1 所示。重锤关闭控制装置主要由一个单向阀、两个插装阀、一个重锤动作切换阀、一个过速电磁阀、一个纯机械过速液控阀、一个集成块构成。除单向阀单独安装，其余各阀均安装在集成块上。现将各主要部件简介如下：

（1）单向阀：它是用标准插装单元构成的，具有开启压力低、密封可靠的特点。单向阀可防止在重锤关闭时或快速关闭时，接力器关腔出现抽真空现象，保护接力器，使接力器关闭腔

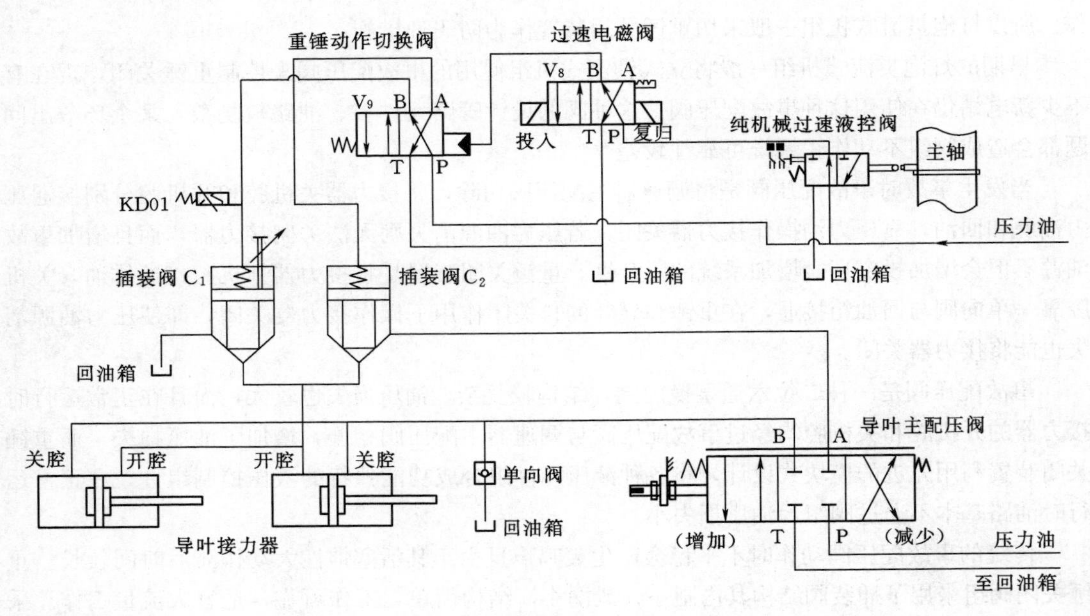

图1 重锤关闭装置原理图

吸入液压油。

（2）插装阀：选用了两个标准插装单元，在先导阀控制下组成了两位三通的滑阀机能。通过电磁阀、液控单向阀控制它的开启和关闭，来实现对接力器的控制。其特点是工作可靠、寿命长、通径大、压力损失小、抗油污能力强等。

（3）重锤动作切换阀：它是主要的先导控制元件，采用两个电压等级为DC 220V的湿式电磁铁；带阀芯定位器，可固定滑阀位置。

（4）过速电磁阀：它是紧急先导控制元件，可在非常状况时由人为干预，直接控制插装阀，实现停机。带有阀芯定位器，可固定滑阀位置。

（5）纯机械过速液控阀：发电机转速达到纯机械过速值，纯机械过速装置动作，直接作用于重锤的重锤动作切换阀。

5 重锤关闭装置动作原理

重锤关闭是机组最后一道保护措施，其控制装置必须安全可靠，而且还应具备应急的备用措施。因此，本装置在自动工况外，特设一种手动工况，供紧急情况时使用。

现将几种情况分别介绍如下：

在正常工作情况下，压力控制油通过过速电磁阀、重锤动作切换阀进入插装阀 C_2 控制腔，插装阀 C_2 关闭，切断了接力器开机腔和回油箱之间的油路，同时插装阀 C_1 控制腔接排油，插装阀 C_1 开启，打开主配通往接力器开机腔之间的油路，以实现调速器的正常控制[2]。

电气启动信号启动重锤关闭，过速电磁阀 V_8 关机侧电磁铁得电，压力控制油经重锤动作切换阀 V_9 进入插装阀 C_2 控制腔，插装阀 C_2 关闭，切断主配通往接力器开机腔之间的油路，并使插装阀 C_1 控制腔接排油，插装阀 C_1 开启，接力器开机腔接回油；此时，若主配在关机侧，接力器关机腔通过主配与压力油相连，重锤关闭装置和调速器联合作用关机；若此时主配在中位，在重锤的自重力作用下，接力器活塞向关闭方向运动，关机侧油路上的单向阀由于负压作用打开，无压油就充满接力器关机腔，实现了重锤关闭；若此时主配在开机侧，在重锤的自重力作用下，接力器活塞向关闭方向运动，产生负压，无压油经主配直接充满接力器关机腔，完成重锤关闭。第一段关机的速度可通过插装阀 C_1 控制盖板上的调整螺栓进行调节。

机械过速装置动作启动重锤关闭，当纯机械过速液控动作，重锤动作切换阀 V_9 动作换向，压力控制油经重锤动作切换阀 V_9 进入插装阀 C_2 控制腔，插装阀 C_2 关闭，切断主配通往接力器开机腔之间的油路，并使插装阀 C_1 控制腔接排油，插装阀 C_1 开启，接力器开机腔接回油；此时，若主配在关机侧，接力器关机腔通过主配与压力油相连，重锤关闭装置和调速器联合作用关机；若此时主配在中位，在重锤的自重力作用下，接力器活塞向关闭方向运动，关机侧油路上的单向阀由于负压作用打开，无压油就充满接力器关机腔，实现了重锤关闭；若此时主配在开机侧，在重锤的自重力作用下，接力器活塞向关闭方向运动，产生负压，无压油经主配直接充满接力器关机腔，完成重锤关闭。第一段关机的速度可通过插装阀 C_1 控制盖板上的调整螺栓进行调节[3]。

电源消失或过速电磁阀 V_8 故障而导致重锤动作，切换阀没有动作启动重锤关闭，此时必须人工干预。认为推动过速电磁阀阀芯至关机状态，重锤动作切换阀接排油，压力油通过重锤动作切换阀直接进入插装阀 C_2 控制腔，使插装阀 C_2 关闭，切断主配通往接力器开机腔之间的油路；并使插装阀 C_1 控制腔接排油，插装阀 C_1 开启，接力器开机腔接回油；同时打开液控单向阀，确保在任何状态下均能让接力器开机腔和回油之间可靠联通，使接力器关闭。

调速系统失压启动重锤关闭，操作油无压力，重锤动作切换阀 V_9 动作换向，操作油经重锤动作切换阀 V_9 流入插装阀 C_2，插装阀 C_2 控制腔进入压力油关闭，切断通往接力器开机腔之间的油路，并使 C_1 插装阀控制腔接排油而开启，接力器开机腔接回油；使导水机构在导叶自关闭力矩及重锤的共同作用下关闭，从而防止飞逸。

6 重锤关闭装置的动作条件

重锤关闭装置的主要作用，就是在发电机组处于危急状态时，能让机组紧急停机，以保护机组的安全。沙南电站机组在运行中出现以下工况时，重锤关闭装置会动作。

（1）发电机组的转速达到电气一级过速值（115%N_e），且主配压阀拒动或调速器停机故障；此时监控系统通过综合判断后，发紧急事故停机令，启动重锤关闭装置。

（2）发电机转速达到电气二级过速值（158%N_e），监控系统通过综合判断后，发紧急事故停机令，启动重锤关闭装置。

（3）发电机转速达到纯机械过速值，纯机械过速装置动作，直接作用于重锤的双切换电磁阀，启动重锤关闭装置。

（4）当上位机发出水淹厂房报警信号时，监控系统通过综合判断后，发紧急事故停机令，启动重锤关闭装置。

（5）按下机组 LCU 紧急停机按钮，动作信号直接作用于重锤的双切换电磁阀，启动重锤关闭装置。

（6）按下中控室紧急停机按钮，动作信号直接作用于重锤的双切换电磁阀，启动重锤关闭装置。

7　运行规定及注意事项

（1）机组重锤关闭装置的运行操作严格按照当值值长下达的操作指令进行。

（2）重锤关闭装置在发电机组正常运行时应跟随导叶开关一起运动。

（3）检修时，严禁任何人随意人工操作重锤关闭装置切换阀。

（4）出现以下情况之一，应立即发紧急事故停机命令动作重锤关闭装置：①机组停机时，无法正常关闭导叶；②机组过速保护动作，关闭导叶失效；③调速器压力钢管破裂。

（5）机组过速（158%N_e）保护动作：

1）现象：重锤关闭装置动作，导叶全关。机组有超速声。

2）处理方法：①若机组过速保护动作，全面检查发电机转动部分的焊缝是否有开裂现象及定转子之间空气间隙，是否有异常响声，如转子磁轭键、磁极键、阻尼环及磁极引线、磁轭压紧螺杆等；检查各部位螺丝、销钉、锁片及键是否有松动或脱落；检查发电机挡风板、挡风圈等是否有松动或断裂；②若过速保护未动作，立即在上位机或中控紧急停机屏启动“紧急事故停机”；密切监视压油装置及高压油泵运行情况，若有异常，应立即进行处理。

3）检查项目：发电机励磁滑环及碳刷有无损坏；发电机机架基础螺栓有无剪断；发电机转子有无明显变形或焊缝裂开，定转子是否明显接触；转子磁极螺栓有无松动；各轴承油箱及管道接头有无漏油；纯机械过速飞摆与大轴间隙是否明显减少；齿盘测速钢带和探头正常；导叶弹簧拉杆有无拉断；水封装置有无损坏；再次开机后应监视摆度和监视轴承温度。

8　结语

重锤关闭装置作为有效的防飞逸措施，运用于贯流式水轮发电机组，与同类的事故配压阀相比，结构简单，外围管路数量少，占地空间小，成本低，性价比高，具有较高的推广价值。目前，在新建的贯流式水轮发电机组中，该方案已越来越多的得到应用。

参考文献

[1]　陈康明．灯泡贯流式机组的防飞逸措施 [J]．红水河，2004，23（4）．

智能电厂中大数据的应用探讨

周俊全　何　滔

（国电大渡河沙坪水电建设有限公司，四川乐山　614300）

摘　要： 智能水电站建设已成为新时代水电站管理创新升级的必经之路。充分挖掘水电站建设和运营过程中积累的海量数据资源，对提升水电站管理、增加电站效益非常重要，以特大型灯泡贯流式机组为主的水电站对数据的需求更为突出。本文从大数据角度入手，分析挖掘特大型灯泡贯流式机组的运维数据特点，探讨该类型机组的运行维护中对大数据应用所面临的挑战和对策，并为该类型机组的水电站的智能化建设提供了参考。

关键词： 特大灯泡贯流式机组；大数据；智能电站；运维管理；数据挖掘；数据交互

1　智能电站的定义及国内发展现状

1.1　智能电站的构想

智能电站构想可分为6个范畴：①语言智能；②逻辑智能；③空间智能；④人际智能；⑤自我认知智能；⑥自然认知智能。

（1）语言智能：可以将不同系统不同设备的语言自动转换为统一的语言的能力，并准确无误地表达出来。

（2）逻辑智能：可以有效地分析、推理、归类各种故障，快速给出准确的处理方案。

（3）空间智能：以3D成像展现电厂内所有设备的状况，准确显示出故障点，使人一目了然。

（4）人际智能：能更好地完成与运维人员的信息交互，也可以完成外来人员的监护与引导。

（5）自我认知智能：能自我排查出电站的缺陷与危险点，并及时提醒运维人员消除隐患。

（6）自然认知智能：能准确提前推测出天气变化，水情变化等并做出调整和预防准备。

1.2　国内发展现状

国内智能电厂的发展可谓百花齐放百家争鸣，不同的单位对于智能电厂发展的侧重点也有所不同。以设计院和工程公司为主的企业侧重于三维数字化建设方向，电厂业主则趋向于智能检修及生产方向。

作者简介： 周俊全（1990—　），男，助理工程师，学士；研究方向：水电站继电保护控制系统、水电站大坝监测系统。

2 大数据在智能水电站运行维护的应用

2.1 大数据的概念

大数据就是海量巨大的数据集。大数据的5V特点：Volume、Variety、Value、Velocity、Veracity。

Volume（数据量庞大），某中型水电站全厂覆盖200多个摄像头，而每个摄像头每小时大概要占用1个多GB的空间，如此推算单是每天图像数据的生成就有4.68TB。此外，各类终端设备每天都会产生巨量的数据。

Variety（种类多样性），在大数据的时代中数据不再是数据库，而是包含了图片、文本、页面、报表等多种非结构化的数据。而非结构化数据的复杂多样性对分析手段提出了更高的要求。

Value（价值密度低），在日常运行维护中，每日生成的数据量庞大而杂乱，而这些数据价值高，利用率却极低，例如分析故障时，所需要的图像、声音、文本可能仅在毫秒级至秒级。

Velocity（高速的处理性能），在数据量巨大、种类繁多、价值密度低的条件下，传统的分析方式对比于配备了云计算等高速处理性能的大数据就显得相形见绌，数据的处理效率就是企业的生命。

Veracity（数据的真实性），大数据已不再是传统的抽样调查，而是对数据全面的发掘与剖析，那么结果也更趋近于真实的。

大数据的应用开展至今，已然成了一种概念，使用不同的维度，不同的分析方法深度剖析数据，提纯为使用者所需要的，让数据的产生价值，数据存在是历史性的，使用价值确是具有开拓性的[1]。

2.2 运维数据的特点

日常运行维护中，数据主要来源分为3类：

（1）动态数据集，其中包括监控图像生成、电流电压、温湿度变化量、漏水漏油、上游水量变化等信息。

（2）日常管理数据集，其中包括的工单管理、日常维护、报表报文等信息。

（3）人员信息数据集，其中包括交接班人员变更、外来访客、身体健康变化等信息。这些数据满足于大数据5V的特点。

2.3 运维管理中的大数据应用探讨

水电站在建设中产生了大量的数据信息，在水电站运维管理中更是会持续产生海量数据信息，是名副其实的大数据。通过研究，对这些大数据的应用处理可分三个阶段。

1. 大数据的建立与初步应用

水电站在建设中的数据与初步应用成果的收集。有许多在建或新建水电站，在建设过程中同步开展大数据的收集与运用，而特大型灯泡贯流式机组对大数据的依赖性更强，如某电站1号水轮发电机安装为例（以下简称1F），在建设施工中，记录下1F安装时的数据，在1F投产后，机组的振动情况、负荷能力、稳定性以及对运行水头的敏感性等数据，数据通过分析，可以得到安装工艺的优缺，为陆续后几台机组安装时都有指导性的作用。同时也为1F之后的检修消缺方面提供了参考；而在运维方面，记录的数据整理分析也可以排查出日常运行维护的重点关照对象。通过数据分析的初步运用，可以大大节约时间，提高工作效率。

2. 关联数据与算法升华

巨量的数据若没有“提纯”也只是一堆杂乱无章的垃圾，在从前的运行维护中，传统数据的处理是基于专家经验，这种方式也有不少弊端：

(1) 专家经验往往需要很长的周期培养，同时需要投入大量的资源培养。

(2) 经验对于运行维护来讲亦是一把双刃剑，专家的经验并不一定是准确无误的，并且会受到个人主观情绪的影响。

(3) 专家经验限制了多维度的思考与发展。

在日常运维中，会发现有一些缺陷往往只能短暂消除，无法根治。这是因为真实的故障信息鱼目混珠于大量的虚假告警中，从而麻痹运维人员的思维，对故障信息的甄别出现偏差，导致故障根本原因未发现。那么如何准确快速的发掘真实的故障信息，这依赖于如何挖掘数据之间的关联性信息并罗列出来加以排查。

Apriori算法：Apriori算法的本质就是利用迭代的办法找出频繁出现的项集，再将项集之间生成强关联性，通过算法运维人员可以筛选出与告警相关的因素，提高告警原因的辨识度[2]。

不同于Apriori算法，FP-树频集算法是不产生候选集的方式来挖掘关联性的方法，他通过构建一个高压缩的数据结构（FP-树）保持关联性数据的增长，而不用重新搜索之前的数据库二次重构关联性。相比于Apriori算法，树频集算法效率更高，但是对于庞大的数据，其FP-树创建所需要的内存量也是巨大的，投影模式下的FP-树构造算法很好的解决这一问题，也贴合了大数据这一模式的应用。

通过FP-树构造算法的应用，可以将大量的数据汇总从而提纯出“精华”，从而提高生产效益，保障生产安全，甚至还可以作为重要资源出售于新建的智能水电站。而这些重要资源的储存又尤为重要，而这就促使智能电站的建设进入了下一阶段，数据云的创建。

3. 私有云的创建

根据大数据的5V特性，数据千奇百态，这就使数据成了非单一结构的数据集。而这些非结构化的数据集合在一起，就称为“云”[3]。

云的使用并不意味着“云越大越好”（即数据越多越有意义），而是如何利用挖掘这庞大的数据。其中研究如何挖掘非结构化的数据更为重要，这些庞大的非结构化数据单靠一台计算机分析是不足够的，利用云计算可以解决这一问题。

云计算是一种按使用量付费的模式，这种模式提供可用的、便捷的、按需的网络访问，进入可配置的计算资源共享池（资源包括网络，服务器，存储，应用软件，服务），这些资源能够被快速提供，只需投入很少的管理工作，或与服务供应商进行很少的交互。其甚至可以让你体验每秒10万亿次的运算能力，拥有这么强大的计算能力可以模拟核爆炸、预测气候变化和市场发展趋势，试想下将如此强大的计算能力运用在运维中，天气灾害的预测、事故的预测预防、人员健康状态风险的评估等都可成为运行维护的工作的坚实

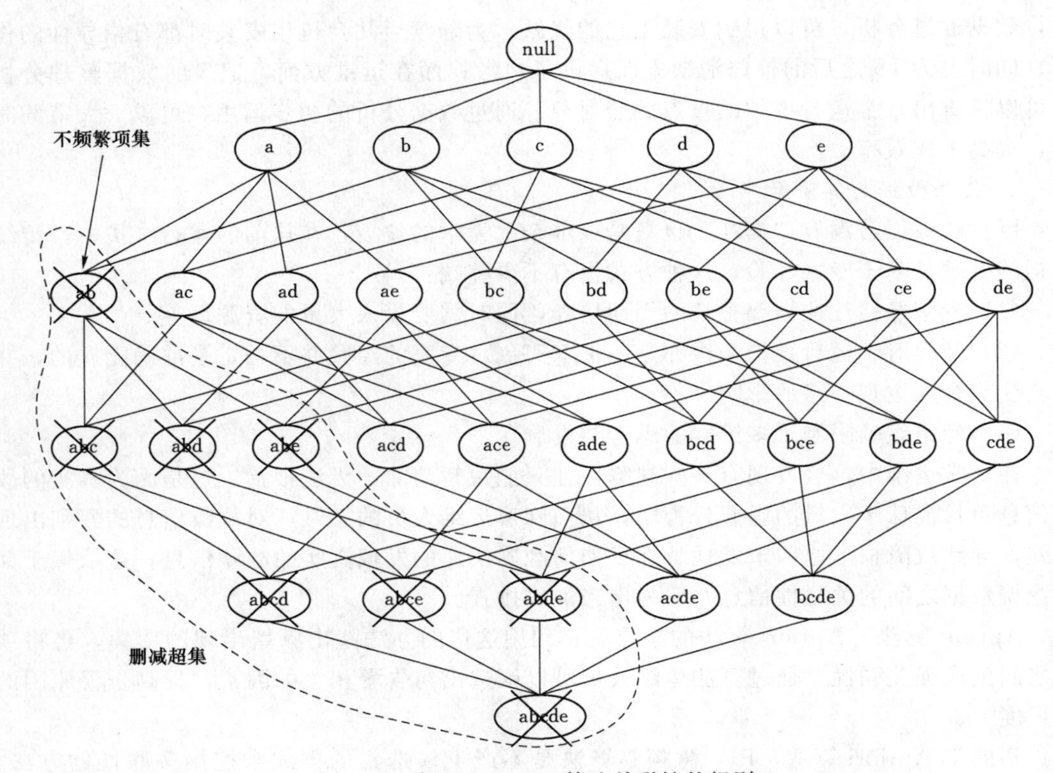

图 1　一种基于 Apriori 算法关联性的规则

后盾[4]。

云计算的使用离不开云平台的搭建，智能电站可以采用搭建“私有云”同时在需要时租用“公有云”这种“双云使用”的运用模式。“公有云”为对外付费获取需要的数据，这类数据可以是全球各大电站同类型设备故障信息的数据，也可以是员工在医院身体健康信息的数据。而“私有云”数据的主要来源则为电站（流域）的生产现场实时采集的非结构化数据。数据可能为故障（光字）信息与现场设备的状态，人员位置信息与工作内容的数据等。建设“私有云”不仅解决大量数据存储问题，并且有效的帮助非结构化数据的分析与挖掘。

2.4　大数据在智能电站运用的构想

“公有云”与“私有云”即是大数据的集合，其中“公有云”与“私有云”会有部分相类似的数据称为频繁项数据，这些数据可以利用来寻找关联信息或者故障预警。例如，某电站某台机组在 XXMW 负荷时产生过剧烈摆动，当时情况下的环境温度，水头，供油量等数据都应被记录（简称为故障 1)。之后的运行中某一刻再次满足或类似于故障 1 条件，平台会发出预警提示运行人员检查调整已避免再次发生该类故障。而这类故障信息将通过“公有云”提供，再与“私有云”的信息类比计算后筛选出有用的信息存储在“私有云”中，方便需要时提供使用。

“私有云”的数据通过云计算罗列整理，方便运行人员需要时使用，树频集算法适用

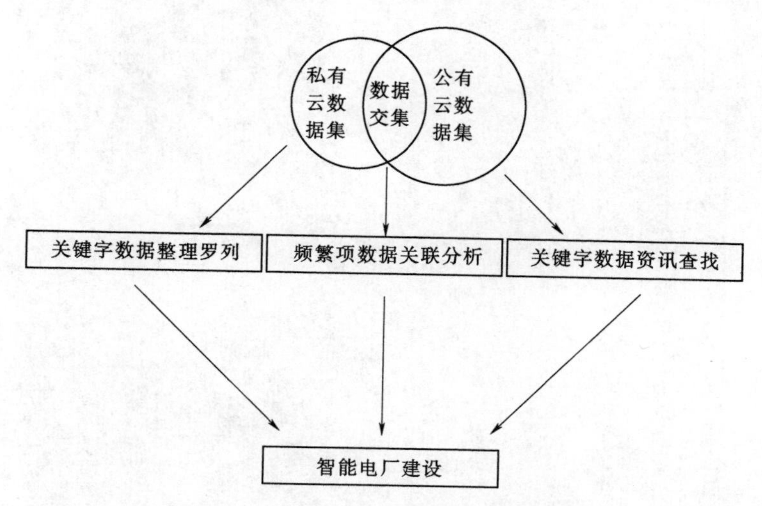

图2　大数据关联智能电站建设构想

于该条件。例如某电站的某台机组需要检修，检修期间往往需要同时进行多项工作，通过数据整理，值班人员可以快速查找该设备单元中进行的工作和将进行的工作，目标位置的图像，以及所采取的措施，以此合理规划时间表，避免交叉作业事故的发生。

“公有云”的数据海量且多样，通过付费索取所需信息，例如电站周边天气信息已作为电站防汛的辅助手段；也可以是员工在医院的医检报告方便员工申请疗养假期；也可以是外包单位的人员与设备的位置，以便于提前安排设备检修的工作[5]。

无论是“公有云”与“私有云”的使用，最终目标都是让电站的工作更为智能，更为简便。

3　结语

在大数据时代中，如何高效率地利用大数据资源将是实现企业竞争力的核心关键。智能电站的建设必然离不开对大数据的挖掘、分析和应用。从传统电站到智慧电站转变就是从被动到主动的转变。应用了“大数据”的电站在各个方面变得更为“智能”。

参考文献

[1]　刘晋东．迎接大数据时代［J］．考试周刊，2018（1）：133-134.
[2]　刘瑞．基于大数据系统的设备状态预警的设计［J］．仪器仪表用户，2018，25（1）：27-29.
[3]　皮霄林．基于大数据分析技术的电力运营数据管理［J］．电子技术与软件工程，2018（1）：151-152.
[4]　穆瑞辉，付欢．浅析数据挖掘概念与技术［J］．新乡教育学院学报，2008（3）：105-106.
[5]　顾加强，刘锦．大数据应用的关键技术研究［J］．科技广场，2017（7）：56-59.